本书由四川大学中国语言文学与中华文化全球传播学科群经费资助出版

# DESIGN PHILOSOPHY

吴兴明 著

## 设计哲学论

上海人民出版社

# 目　录

# 引言

在现代人文学术中，很少有哪一个领域像设计这样，极端重要而又缺乏基本的哲学反思。在西方还能看到一些设计哲学或者后现象学设计理论类的论著，虽然远远谈不上显学，但是在国内，对设计哲学的规范性研究几乎看不到。

以空间问题为例，国内人文领域空间理论的显学主要是西方的批判理论，是对本雅明、弗雷德里克·詹姆逊、大卫·哈维、福科、朗西埃等人的空间理论的译介和挪用。其研究旨趣，归根到底，一言以蔽之，就是揭露西方现代社会空间生产背后的权力与资本的操纵。大致相近的思路，也见于对中国古代建筑与城市空间的等级秩序及其权力背景的研究之中。

但问题是，这样的揭露对于空间本身要说的内容是什么呢？事实上，即使是西方现代社会城市空间的生产动机，内容其实也是非常丰富的：社区发展、审美需求、商品交易、文化开拓、公共领域拓展、疆域守卫、宗教信仰、战争需要、政治领域变迁、社会交往、旅行旅游，等等。当我们把如此丰富复杂的社会需求简缩为单一的权力操控与资本动力的时候，我们自己在空间生产上能够借鉴的内容是什么呢？——显然，过度的意识形态批判已经遮蔽了空间理论翻译和解读的思想视野，以至于在国内，当设计家和社会各界想看看我们在思想层面是否可以借鉴西方的空间理论的时候，才发现可资借鉴的东西很少很少……

我们知道，自人类进入现代社会以来，设计就是世界产业竞争的智力核心，尤其在进入全球化的消费社会之后。就是说，设计之成为世界经济竞争的智力核心，是有其深刻的社会历史根源的：它是人类进入现代社会的产物，是现代性晚期的社会生产—竞争—生活方式总体演变的急先锋。

这就意味着，我们要在设计与消费社会时代演变的深刻联系中才能够恰切地理解、掌握产品设计这种看似非常形而下的活动的深度内涵。遗憾的是，我们的相关研究还几乎没有开始。我们看见的绝大部分通用性设计理论都是常识的描述，或者是基于某些设计经验的分析总结，鲜有哲学反思的深度和思想含量，甚至当下的很多设计研究，其实就是产品的营销术加技术分析或经验陈述。

本书力求突破这一点。力图在全球化时代从传统社会到消费社会转型这一深刻的时代背景中，从哲学的高度去求解产品设计的深度依据，从内部打开现代设计哲学思考的相关维度。

# 第一章　论域分析：设计哲学与通用设计学

序言中已经简单指明，自从人类进入现代社会以来，设计就是世界产业竞争的智力核心，可是关于设计的哲学研究却非常之少。

这是一个极不平衡的文化现象。国内有一般的通用设计学理论（General design theory），其中较为突出的是"事理学"，它包括柳冠中先生的《事理学论纲》（中南大学出版社，2006 年）以及新近增补修订的《事理学方法论》（上海人民美术出版社，2019 年），甘明华先生主编的《事理学纲要》（中国科学技术出版社，1995 年）。此外的设计研究，主要的概念工具大都是从美学或艺术概论一类的教科书改头换面移植过来的。这样的学科状况表明：除少数学者外，很长时间以来，我们的设计理论都没有自己独立的思想视野。设计哲学的研究的情形更不乐观。笔者近期查中国知网关于"设计哲学"一语的论文标题，绝大部分"设计哲学"一词的语用都主要是指设计的方法论原则，作为规范性学科用语的"设计哲学"的论文实际上屈指可数。

这样的情形与现代设计极端发达的时代状况是不相称的。一方面，这样的状况多少注定了各个设计领域的设计家们在构创自己的设计与陈述设计思想的时候，先天就缺乏有深度和穿透力的领会与把握。另一方面，尽管几乎每一个宾馆、每一幢办公楼、每一片小区乃至每一家人都有过家装、空间布局及室内家具需求和思考设计的时刻，可是，设计思想及设计意识并没有成为一种有影响力的社会文化。设计哲学与设计理论的社会影响力和普及率之低由此可见一斑。

目前，国内规划与设计理论界影响较大的是由伦敦大学巴利特学院的比尔·希列尔（Bill Hillier）、朱利安妮·汉森（Julienne Hanson）等人于20世纪70年代创立的"空间句法"理论，该理论已经非常成熟而且产生了巨大的设计效益。在建筑学领域，"空间句法"理论已经成为一个十分热门的学科，国内有体量巨大的研究论文发表。不过该理论主要是对于具体设计方法的论述与探讨，且只是关于城市空间设计的理论——毫无疑问，这些都是设计理论的重要开创，但是，它们并不是设计哲学乃至对设计思想的总体性探讨。

这里不得不提及一个令当代中国人多少有些汗颜的情况：自近现代以来，德、美、日、法、英，包括韩国，它们都有自己影响世界的现代设计，且在现代设计背后大都有关于人与物时代关系的深度意识，比如日本的"物派"理论，德国的包豪斯学派。但是对现代造物文化的开创性贡献，中国人几乎没有。我们没有本民族具有世界影响力的现代设计。当然，正如有学者指出的，我们没有经历过工业革命的漫长现代化进程。我们住的房，我们开的车，我们天天在用的手机、电脑、网络等，它们作为原创性的开创，很少是出于中国人之手。近三百年来，我华夏民族很少拿得出手的造物设计理论及流派，这种状况与我们民族的巨大体量、与中华民族几千年造物体系的辉煌历史相比是不相称的。

就设计哲学与设计创造的而言，虽然不能说设计的创造力、影响力就是来源于设计哲学，但是追问现代中国设计的世界地位何以低下，打开现代设计的思想视野，却毫无疑问是需要设计哲学来深度反思和开启的。

# 一、设计哲学的思想论域

什么是设计哲学？要明确：设计哲学既不仅仅是关于设计方法的深度思考，也不仅仅是关于设计活动及其社会流程的分析总结。

首先，就论域范围而言，对设计方法的深度思考属于设计方法论的范畴，它可能包含着深度思考的哲学内涵，也可能只是一般的设计方法规程。比如密斯·凡·德·罗（Ludwig Mies Van der Rohe，1886—1969）的名言"少就是多"，它既是属于现代设计的方法论规程，也包含了对现代人与物深度关系的哲学思考，因此，算得上是有哲学深度的设计方法论。可是，比如"SOLIDWORKS"，它仅仅就是一个制图软件，我是很难到里面去发现什么哲学思想的。

其次，设计哲学也不等于对设计活动的系统研究。比如赫伯特·西蒙（Herbert Alexander Simon，1916—2001）著名的《人造物的科学》（The Sciences of the Artificial，1996），该书的目的是力图创建一个科学的设计理论体系。他的基本做法是系统研究设计活动的各个层面，以形成一个具有普遍指导意义的设计学理论体系（详见下章）。我们知道，对一般设计活动的系统考察就是对人类设计活动总体结构方方面面的系统分析和研究，包括造物的创意、目的、手段、材料、策略、程序、工艺、生产、产品及其转化、效益以及与此相关的理论、思潮、历史、文化、体制，等等。这是对适用于所有设计活动内在规律的规范性研究——毫无疑问，这里面包含了设计哲学，但是它并不等于设计哲学，而是通用设计学。与此相比，设计哲学更高一个层次——它并不是具体科学，无论那是范围多么巨大广阔的科学。

那么设计哲学究竟是什么呢？简单地说，设计哲学所要做的事，是在总体上对设计活动活动及其后果、价值，设计背后的广阔关联展开系统的反思、分析、确认与评判。就是说，设计哲学是在人类生存的总体性视野之中去考察、反思、确认、批判。更具体地说，设计哲学所要展开的，是设计活动与人类的命运之学。之所以给予设计哲学这样高度的论域定位，是因为设计关乎人类生活的一切现实可能性及其后果的开启。我们都知道，设计是人类生活现实凭靠的前提：举凡人类现实生活的一切——建筑、工具、武器、日常生活用品，居住、生存、护卫和约束、压制、自由展开的现实生存空间，等等——哪一样不是设计带来的呢？人类现实生活的能力以及种种空间、自由和危机，包括生态、人与物、人与自然的现代性危机，整个从古代到现代的世界样态，哪一样不是设计带来的呢？需要特别指出的是，设计并不仅仅给人自由，它同时也提供了给人带来毁灭、奴役和分裂的可能性。比如核武器，比如监狱，对现代人的无所不在的监控，等等。一言以蔽之，就其总体性而言，设计就是对人类现实命运的物质开启和筹划。

何为设计？从设计学的层面看，设计是人类一切物质产品及其可能性的智力规划。而从哲学的层面看，设计则是人工物世界的开创，是人对自身生存世界可能性的开创与筹划。一直以来，人类凭借自身的智慧与自然的关联来创造自己的世界，孜孜不倦、利尽天人，终至开辟出凌驾万物的文明史。如果没有设计，根本就不会有人类的进步乃至进化的产生。因此，不仅设计实际上一直是人类存在的直接智慧根据和文明进化的前提，而且是关乎人类生存与否的智力核心。

如上的论域定位，决定了设计哲学反思性展开的广阔视野：那是人类世界结构之总体性的时空坐标。设计哲学在这一时空坐标系统中去反思设计活动及其成果的创造、开启、地位、价值、后果以及前进方向。它在世界结构之时空一体的总体性视野之三个相关性层面展开、分析、评判：第一，空间性——包括天人（生态）、人际（自由）、人神（灵肉，超越）三大维度；包括与造物世界的空间性开创直接相关的种族、国别、区域、个体、身心、文化等多层次上的交互反思与展开。第二，时间性——过去、现在、未来之贯通与连续性关系上对设计的时代性、创造性、前卫性、时代影响与积淀的反思分析。第三，价值总体性——从人类存在之可能性的自由、安居、发展、解放、风险、道德性等方面对设计展开总体性的反思性批评与检测。

值得强调的是，严格的设计并不包括对非物质领域的设计，比如制度设计、工作规划、法律体系、纯艺术创作。我们考察的设计有两个方面的限定：第一，物质性。设计是对人与物相互形塑的内容的筹划，简言之，即对人工物的设计，物质上手性是对设计对象的基本规定。第二，实用性、功能性。设计与艺术相区别的特征在于实用性，设计总是对实用功能物的设计，这使设计与雕塑艺术区别开来。当然，设计具有物质性和实用性并不意味着它没有艺术性和精神性、超越性。

## 二、通用设计学

前面已言，赫伯特·西蒙的《人造物的科学》就是一个通用设计学的范例，他写这本书就是为了要创建一个科学的设计理论体系。但是一门科学的设计理论体系研究创立起来是很困难的，因为设计活动不是纯粹的精神活动、艺术活动或者实践活动，它在人类的活动中具有一种居间性的特征。它是一个居间的环节，把想法与生产、现在与未来、人与物、空间与时间、文化与物质等都聚集在一个扭结点上，即在设计这个扭结点上将它们贯通一体。而这样一来，我们立刻会遇的问题是：无法归类。西方知识传统对人的活动是有分类的，这个分类就是知、情、意，从古希腊到康德都是这种分类。知，就是认知，比如社会科学研究，人文科学研究；情，就是审美活动、艺术活动、感性创造；意，就是人的实践活动，包括道德实践与物质实践活动。可是，设计活动属于哪一类呢？它究竟是属于"知"、属于"情"，还是属于"意"呢？显然，都有。它是知、情、意的聚合，是人与自然的内外交换。对此，我们怎么分类呢？

我们知道对研究对象的分类是所有科学研究的前提。因为只有通过分类，我们才能对其基本性质、品质进行规定，确定对象的种属关系，形成关于对象的论断与陈述。那么，对设计我们怎么办呢？它是属于哪一个门类的精神活动呢？赫伯特·西蒙认为，对于设计的研究我们只有一个办法：研究设计活动。就是说不管在逻辑上怎么分类，只要把设计活动表述清楚，把它的内部结构分解为各个环节，然后分析它要关涉哪些方面，从而形成一个关于设计活动的科学理论模型，这样就能够提出一套设计理论了。因此，赫伯特·西蒙的《人造物的科学》是迄今为止关于正面研究设计的最为经典的文献，它引发了关于设计科学的广泛的有巨大影响力的讨论。但这本书的问题是很明显的。因为他研究的是设计系统：(1) 寻找设计的逻辑；(2) 通过手段目标的分析确定目标或解决问题的步骤；(3) 设计最小消耗的资源的分配；(4) 从设计生产检验到再修改选择的过程；(5) 设计中的替代；(6) 设计的评估与理论总结。西蒙研究的方式是将设计理论做成对当代设计操术的经验总结，是一种操作模块，一种规程意义上的科学。这样的方法就使西蒙陷入一种悖论之中。他认为设计是一门科学，是可以像模块一样操作的，但其实不是。因为实际上科学是理性的、严格的、客观的，但是设计是要靠灵感的。设计是有科学的含义，技术设计要靠科学，但是设计又不仅是技术设计，还有物感和意义的设计，而物感和意义的设计属于人文设计的范畴。人文设计是一种创造，这样一来，设计就处于理性与非理性之间、科学和艺术之间，处于技术和人文之间了。这里要反复强调一下设计的形式感，也就是设计的物感创造。设计的物感创造是一个高智力的活动，非常需要才华，这种才华一点都不亚于艺术家创作艺术作品的才华。艺术家创作艺术作品是不受限制的，而设计创造它的物感——就是审美的感性力量——它是要受限制的，它是在这种实用性、功能性的前提之下对物品的物感进行创造，这种创造是很困难的。形式感的创造是天才的事业，因为真正能够击中人类心灵的形式感是不会来自任何理性的推导的，它一定是电光火石般一刹那间的灵感的产物。也就是说，在人类的智力活动当中，灵感的出现就是奇迹。灵感意味着连续性思维的断裂，意味着思维的断裂性的跃迁。

到了维贝克 (Peter-Paul Verbeek)，其设计理论的一个核心的要点是：对设计的研究要有一种后现象学的方式。什么是现象学？20 世纪西方思想的五个流派，排在首位的就是现象学运动。现象学是一种学说，一种方法论，一种思想。现象学的核心，简单来说，就是我们一切精彩的感受和语言表述都要回到原初的意识直观。就设计而言，可以说一切动人的东西都是对原初直观的击中。某种东西人一眼看过去就被打动，理论上要描述这种东西就需要用语言或其他方式将最初一见就被打动的感觉揭示出来，也就是要不断抵达击中心灵的原初直观。我们创造的设计品就需要拥有这种让人眼前一亮的直观力量，这就是新感性创造的力量。同样，语言表达也要能揭示、抵达这种原初直观的东西，语言才会有力量。我们的设计和我们对设计的研究就是要不断抵达、不断揭示这种原初直观，这就是现象学方法。但是维贝克认为，用现象学方法来研究设计还不够，还要用后现象学方法。因为设计不仅是物感，它同时还是技术。因此，在现象学研究的基础上，还要有对技术、功能的精细研究。此外，还要有对人与物之间相互形塑关系的研究。这就涉及了设计伦理学和设计政治学。

维贝克认为设计涉及人与物的关系，涉及人与自然、人与社会、人与文化、人与未来的关系。因为没有设计，就没有进步，就没有人类生活的改进。也可以说，没有设计，就没有人类生活形态上的时间。时间是不断推进的，有效的时间是不断变化的。生活不断变化才有了时间，因此黑格尔说中国古代是没有时间的，亘古如斯，从来如此，一直如此，它在时间上就是一个空洞，既没有开始，也没有结尾。所以只有有了设计才有未来，有未来才有时间，才有人类生活系统的不断展开。简言之，设计的最后就是要重建新物序。不断通过设计物来改进人与物的关系、物与物的关系以及物的秩序。因为设计的秩序是由物的秩序来奠基的，物的秩序不仅是功能的秩序，同时也是审美的秩序，更是社会生活的秩序。因此，物序的改进就是社会整体的改进。

法国哲学家朗西埃（Jacques Rancière，1940— ）曾经指出，我们设计出任何一个产品，包括艺术品，就是创造一个新感性，而我们创造出的任何一个新感性，都是一次对世界感性分配的新主张。因为世界是有感性分配的，设计一个新产品实际上就是提出了一个感性分配的新主张，而这种感性分配的新主张就意味着一次政治权力的区分。所以朗西埃认为应该有一种感性分配的政治学。"我所谓的可感物的分配格局，即是一个自明的意义感知事实的体系，它在显示了某物在公共场合中的存在的同时，也划清了其中各个部分和各个位置的界限。"[1] 朗西埃的看法实际上是非常深刻的，尽管这种认识有几分夸张。设计创造新物序，这一点是毫无疑问的，尤其是在消费社会，现代社会。

海德格尔（Martin Heidegger，1889—1976）在论物的时候写了一篇文章，叫《筑·居·思》。他认为，设计是为人建造家园，设计是人存在的根本活动，是奠基性活动。这既是设计现象学的基础性文献，也是空间现象学的基础文献。

如上的历史展开就是现代西方关于设计研究展开的思想史概貌。其理论精髓可以总结为一句话：在人与世界内在诸维度的关系视野中去打开设计思想的方方面面。因此，设计哲学是关乎所有设计领域的，是对人类设计诸领域贯通性的纵深思考。

而"通用设计学"在思想的层面，同样是属于设计哲学需要展开研究的内容。这就是设计哲学与通用设计学的关系。

关于西蒙、维贝克、海德格尔等人的设计理论在下一章我们再做进一步的具体分析和展开。

---

[1] Jacques Rancière, *The Distribution of the Sensible*：*Politics and Aesthetics*，Trans.，Gabriel Rockhill, *The Politics of Aesthetics*，London：Continuum, 2004. p.12.

# 第二章　设计研究的思想视野

　　设计在当前时代的高歌猛进使设计基础理论的研究显得复杂而急迫。一方面，汹涌而来的人造物已经彻底地改变了人类的生存，另一方面，迄今仍没有一个系统独立的设计理论。一方面，设计为我们带来了一个多彩多姿的新世界，另一方面，生态危机、环境污染、生物体变异等实际上都是现代设计的结果。无数的例证说明，资本集团、消费社会与现代设计的结盟是当今世界诸多噩梦的罪魁祸首。我们不可能不要设计，但是同时如何规范设计乃至如何批判分析设计，迄今为止仍然缺乏基本的分析参照理论。理论家们极力追踪当前设计的新动向，力图描画出一个可以分析、规范设计行为的思想坐标，但设计无定向、无限度的高速发展使捕捉设计的诸理论常常来不及完善就已经被突破。设计就像一个百变的魔鬼，让企图掌握这个世界的理论家常常尴尬回避或者束手无策。设计本身并不神秘，它就是我们身边触手可见的一切器物的智力来源。它远不如海德格尔的"存在"那样虚玄，它甚至不是意识、物自体、人性那样的抽象之物，可是它似乎恰恰应了那句老话：离我们最近的东西在思想上离我们最远。

　　如果谈论系统的设计理论还为时太早，那么，可不可以先探讨一下设计的规范性基础？——这就是本书写作的缘起。因为无论怎么忽视理论，这一点是必须的。因为如果没有一个在设计之上的总体性观照的思想视野——至少，如果没有可以批判、推动设计良性发展的规范性基础，我们真的不知道设计会把人类带往何方。

设计哲学首先要考虑的是，除了各个具体设计门类作为设计科学的规程、方法、内涵以外，在更高的思想层面——即在人与物相互形塑的最一般的层面，其思想视野是如何组建的呢？

## 一、以西蒙为例：设计理论的困境

赫伯特·西蒙说，设计是"创造人造物的科学"[1]，这是我见过的对设计最简洁的定义。西蒙的《人造物的科学》被认为是"产生了不可估量的影响"的"激发人们对设计科学进行讨论和研究的最基本的文本"[2]，可以说是关于一个统一的设计理论的最杰出的成果。西蒙说：

> 一门完整的设计科学是关于设计过程的学说体系，它是知识上硬性的、分析性的、部分可形式化的、部分经验性、可讲授的。[3]

在西蒙看来，"这样一种设计科学不仅是可能的，而且现在已经真的出现了。它已经开始渗透到工程学院（主要是通过电脑科学和'系统工程'程序）和商业学院（主要是通过管理科学）"。西蒙甚至宣称："此时此刻，我们已经能够看到它的相当清晰的形状，由此出发，我们就能够预言，明日的工程院与物理系之间、明日的商学院与经济系和心理学系之间，究竟有哪些重要的不同。"[4]

西蒙是如此自信，他所说的设计对象远远超出了我们一般所说的人工物品，是包括诸如社会、艺术、符号、科学、农场种植等在内的一切

---

[1] 赫伯特·西蒙：《设计科学：创造人造物的学问》，《非物质社会——后工业社会的设计、文化与技术》，马克·第亚尼编著，滕守尧译，四川人民出版社，1998年，第106页。

[2] 马克·第亚尼：《非物质性主导》，《非物质社会——后工业社会的设计、文化与技术》，马克·第亚尼编著，滕守尧译，四川人民出版社，1998年，第5页。

[3] 司马贺：《人工科学：复杂性面面观》，武夷山译，上海科技教育出版社，2004年，第105页。

[4] 同上书，第109页。

"人工"领域。可是如果我们深究下去，就会发现西蒙的逻辑很难自圆其说。

首先是设计的广阔度和居间性。这是创建统一设计理论的根本困难之所在。对此，西蒙有充分的意识。《人造物的科学》一书的副标题就是"复杂性面面观"，他所谓人工物的"复杂性的系统"包括社会系统、生物系统、物质系统和符号系统。除了大自然的无机界，一切都已经包括在他的"设计系统"之中。他在论述设计与人的关系的时候说：

> 人造世界恰恰就位于内部和外部环境之间的界面上，它关心的主要是通过使内部环境适应外部环境这一中心目标。那些关心人造物的人所要研究的，就是找到使手段适应环境的方法，而这一过程的关键就是设计本身。[1]

设计是通联各个领域的居间活动。在社会、物质与符号之间，艺术、科学、自然与生活之间，经济、技术和心灵之间，内在世界与外部环境之间，设计是唯一聚集、通连各个界面并实现其界面转换的中介性活动。这意味着，设计是关涉领域最广阔的活动。由于这种广阔性、居间性，设计一直没有作为一个独立的研究领域被提上议事日程。在现代知识体系中，在知、情、意的划分之外没有设计单独的知识空间，并没有一个独立的认知性的设计的科学。尽管设计实际上包含了知、情、意三大领域的综合性运用和转换，但是它只能被打散、分割到诸如艺术、建筑、环境、工业制造等学科之中，去作为应用教育的附属物。长期以来，设计被看作是一种不登大雅之堂的实用性知识。"我们以往所知的多数（如果不是全部的话）设计和人造科学，在学术上都是软性的（具有弹性和灵活性）、直觉的、

---

[1] 赫伯特·西蒙：《设计科学：创造人造物的学问》，《非物质社会——后工业社会的设计、文化与技术》，马克·第亚尼编著，滕守尧译，四川人民出版社，1998年，第109页。

非正式的和食谱性（就像是边看食谱边烹调一样随意）的。"[1] 中国传统的设计知识，诸如《天工开物》《营造法式》，一直就是工匠的操作术累积。在现代西方，虽然自工业革命以来设计早已成为显学，但是相比于其他种种学科，一种有影响力的、统一的设计理论并未产生。

对一个几乎纳入并包括了人类精神活动的各个领域和人类生活一切方面的巨大对象，统一设计理论的困难在于：无法形成一个总体的、有切实分类学根据的逻辑陈述。我们说什么似乎都是以偏概全。但是，研究的前提首先就是要确认研究的对象和范围，并要有一种超越其上的思想视野。同时，决定设计的参照因素不断变化，每次的参照因素都有所不同，这就是西蒙所说的设计的"权变性"（contingency）——它使统一的设计理论看起来意义非常有限。这就是设计虽然重要但并无统一理论的逻辑根源。它使得设计虽然已经被无数次定义，但没有一种得到公认；虽然有种种从属于各门知识的二级设计学科，但设计究竟是一种什么样的学科仍然含混不清；虽然前赴后继的设计大师实际上已经彻底地改变了这个世界，但是全世界似乎都没有设计学博士；虽然今天设计对经济、文化、时代、人类发展的意义已经举世公认，但是一些杰出的设计大师，包括国内的一些首屈一指的设计家，还是要拼命说自己是艺术家。设计的身份危机在于它无法获得一个分类学背景的准确定位。设计是科学吗？是技术吗？还是艺术？或者是包括科学、技术、艺术乃至其他经济人文因素融为一体的综合性实践活动？如果是综合性的活动，那么对这样的活动总体，我们该用什么样的理论来描述呢？是行为理论、社会理论、企业管理学、经济学理论还是西蒙所说的统筹学、系统论？这就决定了，即使我们抱着对科学最宽泛的理解，也会对西蒙的说法感到迟疑，因为哪怕我们把设计勾勒为一个含义最宽泛的学科，也会远远延伸到科学之外——比如艺术设计，比如设计通

---

[1] 赫伯特·西蒙：《设计科学：创造人造物的学问》，《非物质社会——后工业社会的设计、文化与技术》，马克·第亚尼编著，滕守尧译，四川人民出版社，1998 年，第 108 页。

过物序和人际秩序的塑形而楔入的社会体制机制和意义机制，甚至包括物序的伦理、经济—市场无穷无尽的变动性要求，等等。

西蒙所谓"设计科学"的实际内容是对如何展开设计行为的知识总结。他根据设计作为一种精神活动的要素、程序、操作模型和评价方法将设计行为的展开归结为6个层次：（1）寻找设计的逻辑；（2）通过手段—目标的分析确定目标和解决问题的步骤；（3）设计"最小消耗"的资源分配；（4）从设计—生产—检验到再修改选择的过程；（5）设计中的替代（代理）；（6）设计的评估与理论总结。[1]西蒙的方式是将设计理论做成对一些当代设计操作术的经验总结，即一种操作模块、操作规程意义上的"科学"。这使西蒙更深地陷入了理论混乱和科学主义的泥潭。第一，他混淆了设计理论和设计行为之间的质性差异。一种设计行为理论的研究或许可以向科学的方向努力，但设计活动本身因为居间性实践的缘故，无法被看成是科学。就像电影理论可以向科学努力，但是电影不能说是科学。第二，西蒙太相信数据程序和设计模块的力量，不惜因为比如作曲之类可以在电脑上操作，就把一切设计领域都视为计算性操作的产物。尽管西蒙宣称他的理论可以适用于一切设计，但是对许多设计尤其是艺术设计而言，西蒙的模块只是讲到了一些众所周知的常识。他忽视了几乎对所有设计来说最关键的一环：作为断裂性飞跃或连续性思维中断的创造。我们很难想象，一个富于现代形式感的设计师仅通过这样的训练就可以培养出来。所谓电脑自动设计出动人的音乐更是痴人说梦。第三，最重要的是，在思想视野上西蒙的设计理论是科学主义的产物。如果仅仅分析那些急功近利的设计术本身的环节、模型和构成，我们就无法超越设计的局部性实践而去打量设计之于人类的整体意义。如果将包括社会世界、精神文化、农作耕种在内的整个人类生活都看成是科学系统设计的产物，我们就会从根本上

---

[1] 赫伯特·西蒙：《设计科学：创造人造物的学问》，《非物质社会——后工业社会的设计、文化与技术》，马克·第亚尼编著，滕守尧译，四川人民出版社，1998年，第110—128页。

漠视世界的开放性、不可预知性并剥夺社会多元参与、选择的自由。这将是科学系统对生活世界真正彻底的殖民化。如此，世界就会以一种总体系统的理性强制去取代公民个体自由选择的权利，取代对设计师和全社会的作为参与主体的"设计的良知"的呼唤和培养，并最终取消阿切惠斯（Hans Achterhuis）所说的"人造物的道德"（morality of artifacts）问题。在那些具体模块的操作摆弄中，我们看不到更纵深的思想视野的关联性敞开。这也几乎是国内外一些设计理论和教材的通病。

## 二、设计中人与物居间性展开的三个维度

实际上，不管是设计本身的广阔关涉度，还是今天的生态危机、现代性危机都表明，设计绝不能够仅仅是科学，而是必须将自然、社会、文化、人类的生存前景等一体性纳入其中的综合性创造。换言之，作为现代生产之一往无前的智力发动机，在设计背后的智力坐标决不能只要科学，而是要有文化、思想和良知——借用存在主义者的话，要有对人类生存价值及其前途的考量，尤其是在所谓"技术的批判理论"（critical theory of technology）已经有深度展开的当代语境下。

由于设计活动的广阔性、居间性和分类学基础的缺乏，目前在短期之内要设想一个独立的通用设计理论还很困难。那么，在此种情形下，我们该如何打量设计呢？本文认为，统一设计理论的不成熟，并不妨碍我们将设计作为一种人类独特的生存活动来打量。设计所关涉的基本要素是人与物，是生成着的人与物的居间性展开。在这一独特的视野下，我们是可以深度思考设计的。从现象学的观点看，研究人与物的关系就是观察"物"以何种方式被给予，但是在设计中，"物"并不是静观地被给予，相反，它开启和建立物被给予的方式。一个条桌或方桌再加上方位的习俗，比如中国人通行的"坐北朝南"，围坐者之间就有了等级秩序，可是一张圆桌则不同，"一张圆桌并没有'头儿'，它带给围坐其周边的人以平等的地

位"[1]。因此,设计之于物并不是现成的被给予,而是行动着的人与物的关系的打开和建立。这就决定了,人与物居间性的研究实际上就是人与物居间性展开的维度研究,这些不同的维度延伸于人际、社会、交换、生存,延伸为时间和文化,延伸为海德格尔所说的世界性——本文认为,这就是我们打量一切设计得以可能的思想视野。

那么,人与物的居间性展开究竟有哪几个维度呢?

首先是一个打量物的总体性视野。我们知道,在现代思想史上,这一视野最初是从海德格尔开始的,他对物的研究首先为诸维度的考察奠定了一个整体的存在论视野:

> 物是从世界之映射游戏的环化中生成、发生的。唯当——也许是突兀地——世界作为世界而世界化(Welt als Welt weltet),圆环才闪烁生辉;而天、地、神、人的环化从这个圆环中脱颖而出,进入其纯一性的柔和之中。[2]

在海德格尔看来,物不是一个孤离的片断,而是天地人神之"环化"结构中的一环。海氏将人与物的居间性展开概括为:"唯有作为终有一死者的人才栖居着通达作为世界的世界。唯从世界中结合自身者,终成一物。"[3]因此物必然通向环化展开着的世界性。由此,打量物的视野就从自然物、有用性向存在性即生存、社会、神圣等世界性结构敞开。在此视野下,海德格尔将物所展开的维度分为三种:(1)现代科学技术下的"促逼"之物;(2)作为居留于天地人神"四重整体"中的被看护之物,比如传统的农作与培植;(3)作为居留于天地人神"四重整体"中的被"建立"(筑造)的物,比如传统时代广义的建筑和设计。此一物在"居"的意义上

---

[1]  Peter-Paul Verbeek, *What Things Do*: *Philosophical Reflections on Technology, Agency and Design*, Trans., Robert P. Crease, Pennsylvania: The Pennsylvania State University Press, 2000, p.207.

[2][3]  海德格尔:《物》,《海德格尔选集》(下),孙周兴编选,上海三联书店,1996年,第1183页。

同时意味着人的生存，意味着时间和开放的未来。海德格尔理论的关键在于，他通过"世界性"，揭示了技术、设计的存在尺度。正是基于这一尺度，我们才能看到现代技术的僭妄：现代技术对物的有用性的强力"促逼"打破了天地人神的自由嬉戏即世界结构的平衡，让技术这一摄取有用性的维度片面地突进并遮蔽了其他维度。这就是海德格尔所说的诸神隐匿而人道僭妄的时代。

海氏之后，不同的理论家对物的诸维度及其关系的研究有如下纵深的展开：

第一，物的社会—符号性维度。这一维度的突破性探索从巴塔耶、列斐伏尔、罗兰·巴特到波德里亚早期，演变为现代消费社会理论的基础。实际上，只要一提出物的社会—符号性维度，就已经意味着两个维度之间的区分：物的功能—技术维度与社会—符号性维度。在此，波德里亚的突出贡献是强有力地区别了功能—技术物与物符码维度的差异。技术物所对应的是物的功能系统。技术哲学家西蒙顿曾以气缸为例说明物的体系结构，他说在当代研发的气缸里，由于在能量交换的过程中每一个重要零件都和其他零件紧紧相扣，使得每一个零件都无可取代，比如气缸盖以其形式及金属材质和其他爆炸循环的元素相互作用，制造出火花塞电极所需要的温度；而反过来，由此产生出来的温度又作用到点火及整个爆炸过程。整个工业世界就是这样由功能—技术所构成。波德里亚指出，西蒙顿的分析只是涉及了功能物的维度。"科技向我们诉说物的一部严谨历史，其中，功能的冲突在更广阔的结构中得到辩证性的解决。每一系统演变朝向一个更好的整合。"[1] 科技就是实用功能的系统解决。由此，西蒙顿和波德里亚实际上已揭示了物的功用—技术维度的基本内涵。

但是，如果我们认为仅用物的技术—功能体系"便足以完全说尽真实物品构成的世界"，那就"只是一个梦想"。功能解释"会马上在物品真实

---

[1]　尚·布西亚：《物体系》，林志明译，上海人民出版社，2001年，第4页。

生活中的心理学和社会现实上遇到困难，因为后者在物品的感官物质性之外，形成了一个有约束性的整体，并使得科技体系的合理一致性持续受到改变和干扰"[1]。在实际生活中，波德里亚说：

> 我们的实用物品都参与到一至数个结构性元素，走向一个二次度的意义构成，逃离技术体系，走向文化体系。[……]

> 更有甚者，形式和技术的引申义（connotation）还会增益功能上的不和谐，也就是整个需要体系——社会化或潜意识的需要、文化或实用的需要——一整个生活体验的非本质（inessentiel）体系反过来影响技术的本质（essentiel）体系，并损害了物品的客观身份。[2]

因此：

> 如果我们排除纯粹的技术物品，[……]我们便可观察到两个层次：客观本义（denotation）和引申义（connotation）层次，透过后者，物品被心理能量所投注、被商业化、个性化、进入使用，也进入了文化意义。[……] [3]

功能物是世界结构的物质性基础，这是物的"客观本义"，而它的"文化意义"则是属于物的政治、文化、美学——简言之，社会、人际的意义关系范畴，是"一个二次度的意义构成"。在波德里亚看来，这正是物组建成消费社会体制的秘密：诸物围绕日常生活的家居、交往、休闲、运动等结成生活"空间"，组成一种可自主选择和自由调节的情调、氛围，

---

[1][2] 尚·布西亚：《物体系》，林志明译，上海人民出版社，2001年，第6页。
[3] 同上书，第7页。

进入模板化组合的"氛围的游戏";通过古物、艺术品、珠宝、圣像、手稿等成为身份卓越的"物质性记号",组成一个"私人帝国主义"之流行时髦中的"超卓的领域",从而承担起拥有者自我突出的标志性记号功能。由此,物品组合最终发展成为一种新的社会地位(social standing)的能指,组成一个巨大的符号系统并操纵着社会全体向着更高社会地位的模范团体攀升。因此,在消费社会,物变成了波德里亚所说的另一种物:物符码(object-sign)。关于波氏所述的物符码如何形成消费社会的符号—体制机制已众所周知,此不赘述。同时,他对消费社会物序建构的开放性和正义性、伦理性也存在着深重的误解。尽管如此,波氏早期的物理论毫无疑问为深入展开物的社会—符号维度的研究奠定了思想基础。

第二,物的感性—美学的维度。波氏早期的物理论可以看作是对海德格尔物的世界性维度的具体展开,他克服了海德格尔总体论的形而上学倾向,将对物的社会性维度的探索推进到消费社会符号系统的深度结构性解剖,由此,物的文化维度不再只是一种主观性,而是一种体制性的建构力量。但同时,波德里亚早期物理论的缺陷也非常明显:(1)他对物的社会—文化维度的理解过于狭窄;(2)他还从根本上遗漏了一个维度:直接物感的审美性维度,而这正是列维纳斯、利奥塔、梅洛-庞蒂等人——包括波德里亚本人晚期——的物理论和现代设计家们所关注的重点。

威廉·荷加斯的《美的分析》一直被认为是艺术设计学的奠基性著作,该书几乎全部是论物的形式:适应、多样、统一、线条、构型、明暗、色彩、姿态、动作。但是在列维纳斯看来,物的出场并不在于形式,而就是物本身。具有艺术感的物也不是天地人神之世界结构中的物,它就是赤裸裸的"物"。比如现代抽象艺术,它去除了任何再现和符号的因素,我们凝视这样的画,找不到任何可以做"意义理解"的缝隙或参照,而只能沉浸于画面的直接物感之中,从而"物"本身便从时空、世界中脱落出来。由于没有任何再现性和符号因素的理解参照,抽象艺术变成了纯粹的、赤裸裸的"物":它就是那些纯粹的立方体、色块、色团。列维纳斯将这种物称之为"对世界的去形式化"：

> 诸物，作为一种被目光自设背景的普世秩序中的要素，已经无足轻重。一些裂缝从各个方向撕裂天地的连贯性，个体在它存在的赤裸（mudité d'être）中凸显出来。

> 这种对世界的去形式化（déformation）——也就是这种赤裸化的过程——在这种绘画对质料的表现中，以一种特别引人注目的方式实现了。事物表面连贯性的断裂，对断线的偏好，对透视和事物"真实"比例的蔑视，这些都宣告了对几何曲线之延续性的反叛。在一个没有视阈的空间里，一些将其自身强加于我们的片断。一些碎块、立方体、平面、三角形摆脱了束缚，向我们迎面扑来，互相之间不经过过度。[1]

列维纳斯以惊人的敏感性揭示了另外一种人与物的深度存在性关联：在现代世界中物的"质料"的凸显，在建筑、服装、家具、生活景观和艺术中那些充满品质感的物，那些简约极简的物，那些击穿心物阻隔、让人感动的直接的物。在这些物中，人不是与"意义"（海德格尔所谓"世界结构的因缘联络"）打交道，而是与物本身相互交融和激荡，或者说物本身的质感变成了意义。列维纳斯说："这是一些赤裸、单纯、绝对的元素，是存在之脓肿！""在万物坠落在我们头上的过程中，它们证明了其作为物质客体的力量，而且似乎达到了其物质性的极点。尽管绘画中的形式从其本身看来是合理而光亮的，但绘画所实现的，却是它们的存在（existence）本身的'自在'（l'en-soi）。"[2] 它们在一种奇特的"无世界"的视野中显示为"存在那非形式的攒动（grouillementinforme）"，"一切存在者（être），通

---

[1][2] 列维纳斯：《从存在到存在者》，吴惠仪译，江苏教育出版社，2006 年，第 60—61 页。

过形式的光亮而指向我们的内部，而在这些形式的光亮背后——物质就是'il ya'的事实本身。"[1] 这种物我们曾在许多现代设计大师和艺术家的作品中看到过。在这里，物就是本质，就是存在，就是艺术。列维纳斯要深度揭示的是人与物关系的本源状态和在世界化状态中人与物的阻隔：在现代性状态中人与物关系的另一面。自从物被看作理性的客体——看作符号、有用性、财富、资源、研究对象，等等，物就变成了手段，物本身、物的自足性消失了，有意义的只是物的功效。所以不是在天地人神的世界结构中，恰恰相反，只有在"对世界的去形式化"即纯粹物的涌现中，人才有返回存在本源的希望。在此种状态下，人才能打破心物阻隔，向创造力的本源之域返回。列维纳斯的洞见揭示了世界的开放性之源：那是更深层、更根本意义上人与物的原始存在性关联，在艺术与生活中，它以打破世界性的方式源源不绝地产生世界的新质、异域和未来，让世界走向新生。

这就决定了，现代艺术的核心不是在文化构架下某种符号意义的追逐，而是原初物感的断裂性呈现。艺术创造的核心不是某种形式的度量，而是内感觉活性物感的萌动，是物从身体深处的击中和涌现，就像洪荒进入这个世界。用利奥塔的话，在现代艺术中物的闯入是理性的他者，"是一个意识的陌生者，而非由意识来构成"，"它是离开意识、涣散意识的那种东西，是意识无法意识到的，甚至是意识必须忘掉才能构成自己的东西。"[2] 显然，这才是真正的现代审美之域：物之审美或艺术的维度，是真正世界的开放性维度。同时，这也是现代新感性的自我创造和自我确证的维度，是审美和艺术之所以能够矫正现代性危机、实现创造力植入的至深根源。

在技术哲学中，功能、审美、符号三个维度实际上已成为考察设计的理论基础。在《设计中的秩序和意义》(Order and Meaning in Design,

---

[1] 列维纳斯：《从存在到存在者》，吴惠仪译，江苏教育出版社，2006年，第61页。
[2] Jean-Franois Lyotard, *The Inhuman: Reflections on Time*, Trans., Geoffrey Bennington and Rechel Bowlby, Cambridge: Polity Press, 1991, p.90.

2001）一书中，维姆·缪勒尔（Wim Muller）详审地分析了设计中的三个维度之间的关系。他把物的实用功能看作是物的第一级功能，物的社会—文化功能看作是第二级功能。社会文化功能即所谓语言符号功能。比如买一只游艇，并不仅仅是为了航海，它还要表示使用者的身份、情趣、生活喜好，等等，在这一点上，缪勒尔与波德里亚的观点并无二致。他们都指出在传统社会、现代社会和后现代社会，设计的功能结构发生了重要的变迁。在传统社会，物的第二级功能是权力的象征，比如传统家庭以父权为核心的家居布置、中国古代对住宅规模形制的详细规定。波德里亚将此种文化功能物称之为"象征物"（object-symbol）。但是在现代社会，权力的象征性符号被抹去，而代之以实用功能为核心，此时的装饰被减到最少，产生了一种纯形式本身的美感，此谓之"形式跟随功能"（form fallows function）。正是此一时期的设计，大规模凸显了现代设计对物的品质感、物感美本身的探索，决定了现代世界基本的生活景观。而在后现代时期，由于对千变万化的生活风格的强调，社会—文化的功能得到极大的提升，又反过来形成了"形式跟随趣味"（form fallows fun）的浪潮。各种风格的极端化发展与强调形成了令人眼花缭乱的设计风潮。而实际上我们知道，后现代社会物品的审美形式与符号功能的凸显还基于一个更重要的社会经济运行的原理：在消费社会激烈经济竞争之下社会购买动员的需要。由于全球化市场体制下的自由购买与大规模的产能过剩、各类型产品的高度趋同，任何一种产品都要通过审美—符号的特异性将自己从众多同类产品中凸显出来，由此决定了趣味性在形式设计中的决定作用。同时，缪勒尔指出，设计物的实用功能也要靠物品的指示功能才能进入使用，比如一张椅子的形状要显示出它能够拿来坐，有方便于坐下、站起来的空间，这是设计物的实用指示功能。这样，物的符号功能就分为两个层次：身份显示即意涵功能（connotative）和实用指示功能（indicative）。而审美形式功能是与符号功能相对独立的功能。缪勒尔用图表显示如下：

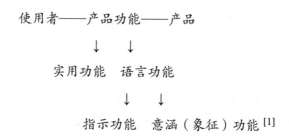

使用者——产品功能——产品
↓　　↓
实用功能　语言功能
↓　　↓
指示功能　意涵（象征）功能 [1]

## 三、设计活动的规范性基础

实际上，功能、审美与社会—符号性维度已经涉及人与物的交互性问题。物从来就不是单方面地被利用，而是人与物的相互形塑和交互构成。因此，维贝克提出要在人与设计物之间"超越主客体"。人造物是我们遭遇世界的媒介，但是"作为媒介，它决不能仅仅看作是'在主体和客体之间'，它是主体与客体交互组织的具体构成"[2]。"媒介是主体和客体具体组织关系的交互形塑"，它总是超出了主客关系本身。比如我戴一副眼镜，与没有带眼睛的世界是迥然不同的。没有这副眼镜，我不能弹钢琴，不能开车，字也写不好。因此，"我的世界和我存在的方式已经被眼镜深刻形塑了"[3]。

正是基于人与物的交互形塑，维贝克质疑了缪勒尔的图表。他认为，如图所示，缪勒尔是从符号学的角度去理解物的社会功能的，但是物形塑人与世界的实际展现要从后现象学（postphenomenological）的视野才能描述：

然而对物品，用符号学的方式和后现象学的方式考察是不同的。

---

[1]　Wim Muller, *Order and Meaning in Design*, Utrecht：Lemma, 2001, p.299.

[2][3]　Peter-Paul Verbeek, *What Things Do：Philosophical Reflections on Technology*, *Agency and Design*, Trans., Robert P. Crease, Pennsylvania：The Pennsylvania State University Press, 2000, p.130.

如上所述，符号学的考察并没有凸显桌子的秩序对围坐者关系的形塑，它只是讲述了这些关系中存在的文化。但后现象学的视野却凸显了桌子如何形塑这种文化，因为它显示了桌子对围坐者之间究竟是平等的还是与"头儿"之间的关系的积极组建。[1]

所谓后现象学是去除了现象学的先验倾向而着眼于经验描述的现象学。一个符号学者对物的中介作用并无初始兴趣，他只是关心物品拥有者对物品的态度：他如何看待使用物品。而物品之成为身份的标志则是在与其他人使用物品的等级相比较中存在的。由此可见，"物品的第二或社会文化功能由其参照因素所组成"，但显然，"这并不是中介功能的角色"。[2]维贝克认为，为了形成关于物品中介作用的准确概念，不能将其视为所谓"第二功能"或社会文化功能的一种类型。"与确实可以准确表述为指意性或象征性功能的产品的符号特征相反，物品的中介性不能被设想为一种功能的手段。符号可以看做是某个目的的手段：一辆轿车不仅是交通工具，也表示人的身份；一只咖啡壶不仅用来冲泡咖啡，也表示一个人的情趣习性。可是物的中介，与其说是产品的功能，还不如说是其功能性的副产品（byproduct）。"[3]

"在完成其功能的过程中，产品比完成功能做得更多——它们形塑了人和世界之间的联系。"[4]只有当东道主出于某种餐饮文化而刻意选择"平等的"或"有权威的"的桌子来表达某种意图的时候，桌子对客人之间关系的组织才可以描述为某种目的的手段。但是描述一张桌子怎样中介餐饮文化，关键不是描述其功能，而是描述基于其功能性基础而发生的一种现

[1] Peter-Paul Verbeek, *What Things Do*: *Philosophical Reflections on Technology*, *Agency and Design*, Trans., Robert P. Crease, Pennsylvania: The Pennsylvania State University Press, 2000, p.207.
[2][3][4] Peter-Paul Verbeek, *What Things Do*: *Philosophical Reflections on Technology*, *Agency and Design*, Trans., Robert P. Crease, Pennsylvania: The Pennsylvania State University Press, 2000, p.208.

象：桌子将人们组合进吃饭活动中，从而使一种存在的经验成为可能——从座位上桌子中介了围坐者之间的关系。因此，维贝克强调，"中介并不是发生在产品的第二功能或社会文化功能领域，而是在更原初的功能或物质性作用领域"[1]。"物的中介不是以语言的方式而是以物质的方式来形塑人与世界的关系。"[2] 同一棵树在显微镜下观察与太阳镜中观看产生不同的解释，部分是因为解释的框架不同，但部分也是因为感觉接触的方式不同。比如行人当看见一个飞快抛来的物体时停下来，他完全是出于一个具体情境中的本能反应，在瞬间的感觉状态中完成了动作——显然，飞来的物体不是符号，飞来物的作用也不是社会性、文化性的。行人的理解力和动作是与现实感觉紧密相关的。因此与此相应，"这样的中介也不是发生在解释的水平上，而是发生在感觉的水平上（a sensorial level）"[3]。我们用直接的物感觉与世界打交道。

物与人的关联是物质性的形塑——显然，这样一种对物与人在物质性原初层面关系维度的揭示极其重要。长期以来，我们的设计研究都主要是在实用功能与社会文化功能两个层面展开，符号学是我们研究物的社会文化维度的基本方法。但物质性形塑的中介作用显示，物形塑人存在世界的作用不同于符号示意，它在符号学的视野之外，甚至也不能被归结为文化，它比符号、文化的维度更基础。在这个意义上，物既是他者，又是人存在的根据和构成，它既外在于世界，又是人与社会、世界关系组织的具体形塑。我们既利用物、使用物，又被物所决定和操纵。物的形塑作用实际上体现在广义的物的功能的所有维度中：在审美中，陌生物进入精神的创造力激发形塑了生活世界的景观、品质和生存感觉的构成；在实用功能

[1]  Peter-Paul Verbeek, *What Things Do：Philosophical Reflections on Technology*, *Agency and Design*, Trans., Robert P. Crease, Pennsylvania：The Pennsylvania State University Press, 2000, p.208.
[2][3]  Peter-Paul Verbeek, *What Things Do：Philosophical Reflections on Technology*, *Agency and Design*, Trans., Robert P. Crease, Pennsylvania：The Pennsylvania State University Press, 2000, p.209.

中，人造物决定了人的生活方式和对生活时空的塑造；在社会中，人造物序具有对人际秩序的构型、塑造以及对促进社会解放、物的解放与人的自由的巨大作用——这些都决定了，必须超越主客体而在人与物交互形塑的视野当中，才能够真正描述物与人的居间性展开。

那么，对设计而言，描述物的中介形塑究竟为我们提供了什么呢？答曰：它在对人与物关系的正确揭示下显示了设计所迫切需要的规范性基础。具体地说，在技术的层面它显示出人与物的本源关系及其危机，这里有提出设计伦理学的根据；在审美的层面，它显示出物作为感性世界的广阔范围，这里有提出物美学的根据；在社会——符号的层面，它显示物序结构与社会自由的关系问题，这里有提出设计的政治或设计政治学的根据。而设计的伦理学、物美学、设计政治学共同呈现出一个前景：人类在没有统一的设计学或在所谓设计的科学尚不成熟的条件下，仍然可以超越科学主义或实利主义而对汹涌而来的设计风潮，做出深刻的人文反思和价值评判。

设计伦理学可以在宏观和微观两个层面展开。宏观而言，后现象学视野关注技术设计对生态、人类生存环境的整体的形塑和影响，这远远不只包括限制杀伤性武器、核电站、动物植物保护等内容，还包括节能、环保、无碳、节约资源等。由于今天地球的物变态归根到底是来源于人对物的设计、操弄以及为使用而开展的强制性开发，如今，一系列人与自然关系的危机已经积聚、演化为物质变态——生态、环境、土地污染、空气污染、水污染以及转基因和生物体变异。由于全球性物变态的升级，今天，物与人的关系已经发生敌对性的转变。当此之际，可以说考虑设计对生态、人类生存环境的影响已经成为所谓设计良知的首要内容。对物的看护已上升为对所有设计者的首要道德要求。在晚期波德里亚看来，在克服现代性危机的种种方位中，唯有物才是打破无所不在的理性、无所不在的意义统治的希望之所在。"物是一个无法溶解的谜，因为它不是它自己，也不知道它自己。"[1] 它既没有目的，也没有意义，既不是主体，也不是客体，既没有表象，也没有深度。物就是一个大写的他者。在当前语境下，物本身已经成为一个有希望翻转主客体关系的诱惑。设计的任务首要的不是在物中寻找诗意，而是要看护非人性的物和保护物的非人非世界性。

在微观的层面，设计必须具体而微地考量产品使用、操作过程中与生命安全、舒适感等等的交互影响。正如阿切惠斯对轿车保险带设计的分析，开车如果不拴保险带车子就发不燃或者就发出让人讨厌的嘟嘟声，这是一个典型的人车互动的案例。实际上自发明以来，这一富于道德性的设计已经挽救了无数人的生命。

"物美学"是维贝克力图在设计上用后现象学视野取代后现代设计文化研究的主要内容。在他看来，由于后现代风潮对产品差异性、独特风格的强调，所谓的艺术设计或"美学"已经极大地窄化了真正美学所包含的内容。美学已经变成了关于物的美丑的关注：一种仅仅局限于视觉感官性的研究。可是美学（Aesthetics）原本是来自古希腊词 aesthésis，原意是"感觉的领悟"，因而美学应该定位于包括人与世界之间的所有感觉联系，简言之即整个感性世界的感知互动领域。这样，物美学就包括了物对于人与其世界关系形塑的所有方面，它不仅关涉视觉，也关涉听觉、触觉以及整个身体、氛围等的调节与互动。而在本文看来，在今天设计的物美学维度更重要的是还担负着在整个生活世界抵抗系统理性统治、实现现代性分化的解分化使命。后现代世界无处不在的审美性渗透实际上已成为生活处处软化、转移、和解理性强制的重要力量。

设计政治学是关注设计延伸于人际的结构性关系调节。前述方桌和圆桌对人际平等与否的调节显然是政治性的。国内一些建筑的夸张和飞扬跋扈、动车座位的刻板、学生食堂的粗糙、住院病房的等级制等都是"政治

---

[1] Jean Baudrillard, *The Transparency of Evil*, Trans., James Benedict, London and New York: Verso, 1993, p.172.

性"的。设计政治学考量的是设计之于人际结构性关系的形塑和影响。自远古以来，物品的设计就一直不仅是审美性、道德性的，尤其是政治性的。所有人对人的监管、强制、压迫其实都是通过物的中介来实现的，物的系统实际上形塑和对应着整个社会的严密等级秩序。在此意义上，人的自由首先是社会物序的开放和自由，甚至可以说，人类社会最终解放的标志就是物序的解放和自由。比如当代西方，在政治上已经是一个权利约法下的公民社会，自由和权利平等已经是系列政治法律体制的基本内涵，但是严重的贫富分化仍然导致了牢不可破的等级物序。物序的解放比政治的解放更迟缓和艰难。由于现代社会体制，等级身份的政治垄断和强制已经被取消——它体现在设计上就是传统强制性等级符号系统的解体和实用设计的大规模兴起。但是按波德里亚的分析，一种新的等级物序——物符码系统的统治又在消费社会呈现。因此，在消费社会背景下，如何协调两种追求——既追求普遍物序的开放和自由，又追求产品质量的提高成了摆在当代思想界面前的难题。买东西，我们总是要求更好，然而物与物之间，只要形成系统，就必然出现好和不好的差异，而一个有序的市场经济必然会形成物品等级的系统编码，否则市场的价格体系就会崩溃。人类如何走出这样的悖谬？这是笔者现在仍未想清楚的——或者它干脆就是一个无解的难题。

　　总之，联系本文的前后讨论，人与物居间性展开的诸维度实际上已经敞开了我们深度批判、思考现代设计的规范性基础。人与物相互形塑的展现为我们确认此规范性基础提供了现象学根据。依据于此，一种超越科学主义的、批判的现代设计理论的产生将不会为期太远。

# 第三章　人工物内在结构分析

要分析一个人工物，一个设计产品，我们应该怎么去分析呢？比如我们举三个设计产品为例：一件皇袍，一件包豪斯式的家具——椅子，一个LV品牌的包。

我们一看就知道这是不同的、属于三个时代的设计品，可如果要问这三个时代的设计品究竟有什么差异，好像又不太容易说清楚。但是，如果在产品品质上我们搞不清楚这些差异，那么又如何去把握我们今天的产品设计呢？这里就出现了一个问题：我们今天的设计产品不可能完全是依靠感觉，它总有内在根据。要追问的是，这种根据究竟是什么呢？如果我们刨根问底的追究下去，就会发现实际上，不要说区分这三种产品，就连任何一个人造物产品，它内在的基本结构在理论上都是不清晰的。比如说LV包，这样一个产品，它内在的结构层次究竟包含哪些内容呢？对此，我们并不清晰。

显然，对人工物的结构分层是我们研究所有人工物内在切入的开始。没有这个开始我实际上就抓不住"物"。综合各家关于人工物的理论研究，迄今为止，对人工物的理论分析实际上可以分为三层——注意，这是对人工物的分析，而不是对自然物的分析。这三个层次不是附加的，基本上只要是产品，只要是有商品价值的人造物，都含有这三个层次。这三个层次是：

1. 功能（the function）

功能是指人造物的实用价值。用波德里亚的话来说，就是人造物作为商品的"原始品质"。因为产品和艺术品不同，它是有实用功能的。一个人造物首先就是它的实用功能，这是它的原始品质。我们对很多东西的购买，其实就是购买它的原始品质。比如说我们买一袋米，买一瓶酱油，基本上就是买它的原始品质。

2. 物感（the feeling of object）

物感就是它的审美品质，就是物的感性力量，直感力量。一个物是有它的直感力量、直观力量的。比如飞亚达品牌（FIYTA）的手表，它是有物感的，是美轮美奂的。任何一个产品，只要是稍微好一点的，都有物感，哪怕是没有直接物感的产品，比如大米，它也有它的包装形式。

3. 意义（the meaning）

一个产品是有意义的，我穿上一套西服，情不自禁会感到某种自尊，一想到新房，就常常感到一种温暖——显然，这个"意义"并不是很多广告词里所说的仅仅是产品功能的"附加值"。产品的意义是内在于产品的构成的，用海德格尔的话说，由于产品与生存的内在相关性，它具有内在于人生的"因缘联络"。只不过这种意义，我们常常讲不清楚，我们常常以为这种意义就是一种感觉，如此而已。

这三个层次的关系是层层奠基的。实用功能是最基础的，底层奠基级的；文化功能就是物感的审美功能，是第二层级的；第三层级是符号层级的功能。符号层级的功能，在消费社会，甚至在古代社会，它的主要功能是社会身份的标志和象征。实际上，这三个层次——功能、物感、意义——从更大的方面去区分的话，它是可以分为两个层次的：第一个层次，在设计层面上，是它的实用功能，实用功能也就是技术设计的层面；第二个层次，就是它的文化功能，就是它文化设计的层面。

这两者的区分非常重要，我们对此要做一个纵深的分析。

对这个问题研究的最好的一个人是波德里亚。大家知道，他著有一本书叫《物体系》，这本书是波德里亚1968年写的，是他的博士论文。这本书奠定了波德里亚在西方思想界的地位。关于波德里亚在后面我们还会一再谈到。《物体系》这本书的理论意义在于：它实际上是整个消费社会理论进入理论化、系统化的标志，它为整个消费社会理论奠定了基础。我们看一下它的目录，就知道这是现代做设计的人必须读的经典：物、商品、摆设、气氛、古物、收藏、钟表，等等。

关于商品物的层级构成，波德里亚举气缸为例来分析。比如西蒙顿也研究气缸，但他对气缸的研究是功能性的分析。西蒙顿研究的是老式的气缸和现代气缸的差异。西蒙顿发现气缸的活塞，它的点火装置，它的发动，它的整体结构随着技术的推进，各个层次各个环节之间是联动循环的。所以现代的气缸和原来的气缸不一样了，现代气缸的联动循环使它作为技术物的整体变成一个功能的完美结构。所以西蒙顿在研究物的时候就认为，要从技术角度、从功能的角度对技术物的结构系统进行研究。可是，波德里亚指出：严格地说，这样的学问只适用于有限的领域，就是实验式的研究及其高科技的进展领域。比如航空工程、太空科技等。技术的发展依循的是一条纯洁无瑕、不受干扰的道路。可是，我们很清楚，要了解日常生活中的物、物体系，这一类技术结构的分析将是破绽百出、非常单薄的。

西蒙顿说，技术物系统的反复挖掘是要区分两个维度：技术的维度和文化的维度。他说整个工业世界就是这样为功能—技术所构成的。但是波德里亚指出，西蒙顿的分析实际上只是涉及了功能物的维度。"科技向我们诉说物的一部严谨历史，其中，功能的冲突在更广阔的结构中得到辩证性的解决。每一系统演变都朝向一个更好的整合。"[1] 科技就是实用功能的系统解决。但是，如果我们认为仅用物的技术—功能体系"便足以完全说尽真实物品构成的世界"，那就"只是一个梦想"。功能解释"会马上在物品真实生活中的心理学和社会现实上遇到困难，因为后者在物品的感官物质性之外，形成了一个有约束性的整体，并使得科技体系的合理一致性持

---

[1]　尚·布希亚：《物体系》，林志明译，上海人民出版社，2001年，第4页。

续受到改变和干扰"[1]。就是说，技术物是按照功能来不断演进的，它形成自己的一个有机体系，可是仅仅从功能的演进体系出发是无法解释日常生活中的物品的。恰恰相反，我们看到生活中物品的很多形态、很多结构，它们的展现样态是持续不断地对功能的结构逻辑产生干扰。

那么，这种干扰的力量是从什么地方来的呢？究竟是什么使物"形成了一个有约束性的整体，并使得科技体系的合理一致性持续受到改变和干扰"[2]呢？在实际生活中，波德里亚说："我们的实用物品都参与到一到数个结构性元素，走向一个二次度的意义构成，逃离技术体系，走向文化体系……"[3]

> 更有甚者，形式和技术的引申义（connotation）还会增益功能上的不和谐，也就是整个需要体系——社会化或潜意识的需要、文化或实用的需要——整个生活体验的非本质（inessentiel）体系反过来影响技术的本质（essentiel）体系，并损害了物品的客观身份。[4]

文化的需要扭曲了功能，而且使功能受到了损害。因此，"如果我们排斥纯粹技术物品，我们便可以观察到两个层次：一个是客观本义（denotation），一个是引申义（connotation）。通过后者，物品被心理的能量所投注，被商业化，被个性化，进入使用也进入了文化意义……"[5]

这是一个十分重要的区分。比如我们在讲一部汽车的时候，讲的常常是汽车的功能如何先进，但实际上，设计一部汽车远远不仅是功能先进，它还有很多东西，包括文化对技术的干扰。这样，就进入了第二个维度——物的社会符号性维度。功能物是世界结构的物质性基础，这是物的

---

[1]  尚·布希亚：《物体系》，林志明译，上海人民出版社，2001年，第5页。
[2][3][4]  同上书，第6页。
[5]  同上书，第7页。

"客观本义"。而它的文化意义，则是属于它的政治、文化、美学——简言之，就是社会人际的意义范畴，是"一个二次度的意义构成"[1]。"二次度"，就是在功能之上的二次性的意义构成。在波德里亚，这正是物组建成消费社会体制的秘密——质言之，消费社会体制的秘密是由功能物的二次度意义系统来构成的。

在波德里亚看来，诸物围绕着日常生活的家居、交往、休闲、运动等，结成了生活"空间"，组成了一种可自主选择的且可自由调节的情调、氛围。举例来说，我们购买的很多产品实际上是功能性的，比如洗衣机、空调、电冰箱……但这些东西在家庭里并不是功能性摆布的，它们要和灯光、墙面、室内的空间一起组成一种氛围，一种文化情调，组成一种环绕性的空间的文化结构。又比如变压箱，变压箱里的零件全部是功能性的，可是我们原来看到的变压箱的样子都很难看，将变压箱的盖子做得美观又好开启，就完全是出于一种义化性的要求。我有一个朋友的公司就是专门做这个产品，好多年以来都几乎一直供不应求。所以，进入模板化组合的氛围的游戏，通过家具、用具、古物、艺术品、珠宝、圣像、手稿等，就构成了一个物的系列，一个为个人拥有的"私人帝国主义之流行时髦中的超卓的领域"，从而承担起拥有者自我突出的标志性记号功能。也就是说，诸物在实际的生活当中组成了一个自我身份的标志性记号系统，而且是一个客观的、物质性的、具有普遍有效性的记号系统。这就表明，物在实际生活当中是具有二次度意义构成的价值的，它不仅仅是一个使用功能。经由此意义构成，物品组合最终发展成为一种新的社会地位的能指：物品的组合成为了指涉一种意义的符码，组合成一个巨大的符号系统。由于不同团体的身份符码是不同的，这些身份的符码是分等级的。等级低的人孜孜以求的是如何攀登到更高的等级，因此，这一系统进而操纵着社会全体向着一个更高社会地位的模范团体攀升。消费社会的整体运动于是形成了，

---

[1]　尚·布希亚：《物体系》，林志明译，上海人民出版社，2001年，第6页。

从消费到生产、到文化、到人们生活的意义都一并纳入其中了。

与传统社会不同，在消费社会人们的生活是通过自由购买、自由交换来展开的。传统社会以政治地位为核心的生活方式经由社会全面的消费化转变，于是转变成了现在以自由竞争、自由交换为核心的独特生活方式。由此就决定了，在消费社会，人的身份地位不再是由其政治身份来决定，而是由他的消费地位来决定。不同的团体拥有不同的物品，这些不同的物品成为不同社会身份的符码等级。每一种产品系列都要构成不同等级的系列，我们划分这些产品的系列，实际上就是划分这些产品的等级。比如说德国大众机车厂制造一个大众汽车系列，从普通桑塔纳到桑塔纳2000，到迈腾，到辉腾，等等，这个系列实际上是从定位开始，是一个低品级到高品级的复杂系统。不同的人付不同的钱，购买不同等级的标志。而不同的等级远不只是功能的差异而已，而是更根本的身份感的社会文化差异。这就造成了一个现象：一种不断攀升的社会物质追求。所有的人都在追求攀升，所有的人都在为追逐这一攀升而努力——显然，这一身份攀升的社会标志就是通过人所购买的物品来实现的。物品提供的就是人们标志身份且用于攀升的地位符码。同样显然的是，这种攀升不是一个局部现象，而是全社会总体性的攀升，是社会总体不断从一个模范团体向另一个模范团体攀升，它所形成的是整个社会不断攀升的运动。这种运动就是消费社会人们的奋斗目标，也是消费社会基本的生活秩序。它提供人的奋斗目标，提供人生活的动力，提供产品消费的意义，提供产品不断浪费、不断扩大、永无止境的越来越高的追求，它笼罩着整个消费社会的商品生产。由此，物品组合最终发展成为一个新的社会地位的能指，组合成一个巨大的符号系统并且操纵着社会全体向着一个更高社会地位的模范团体永继攀升的运动。因此，在消费社会，物，也就是商品，变成了波德里亚所说的另外一种"物"：物符码（object-sign）。

波德里亚早期的物理论为我们深入展开物的社会符号学研究奠定了思想逻辑基础。如果没有这样一套系统，我们其实是无法解释消费社会的商品生产的。可是，波德里亚的理论有一个根本的缺陷：他将关于物的文化层面的区分仅仅归结为社会地位的区分。其实，文化层面的构成远远不只是社会地位，除了社会地位，它还包括其他很多东西，比如，审美的层面显然也属于文化的层面。我们都知道一个产品不好看就没有人买。实际上，许多产品经常是为了好看而扭曲它的技术，扭曲它的功能。在实际生活中我们平常购买产品，用来标志身份地位也只是一个方面，产品的偏好更代表了一种对生活态度、生活世界的感觉上的追求。所以，消费社会的物品设计不仅提供了身份地位，更提供了人生的意义支撑，提供了不同的人对这个社会的人生感觉，提供了各种梦想支撑的元素——简言之，物品的设计不仅是一种身份，更是一种新感性的创造。

# 第四章　人工物演变的三个阶段

回到问题本身，皇袍和 LV 的包差别非常大，这种差异究竟是怎么形成呢？

如前已述，在《物体系》和《消费社会》中，波德里亚把物的不同阶段分成三种物：象征物、功能物和物符码。象征物是指古代世界的物，功能物是现代物，物符码是消费社会的物。这是很关键的区分，正是这一区分为我们切入人工物发展历史的研究提供了内在的考察方法和逻辑线索。

当然，站在今天学术发展的立场上，我们稍加思索就会发现，这只是一个大致的区分，因为古代社会也有"功能物"，消费社会也不仅仅只有"物符码"。

下面，我们按照这一线索对人工物演变的三个阶段做一个简要陈述。

## 一、古代社会的"物"之构成

纵观中西方，我们可以看到，在古代社会，人工物的基本构成方式是：在"物"的内在结构要素之功能、物感、意义的三重关系当中，意义统治物感，而功能与意义相互缠绕增值。由此，设计品在整体上成为意义表达的工具，而物感被控制在意义体系之中，全社会通过符号系统的意义统治来实现分配、达成等级统治和全社会的意义整合。简言之，传统的设计是意义优先的设计。

需要指出的是，古代造物的意义是特定的、选择性的。比如比较洛可可建筑和包豪斯式的现代建筑，我们一眼就可以看到洛可可建筑有非常繁复的装饰，它的尖顶和装饰都是有象征意义的。可是包豪斯式的建筑却很干净，它实际上已经是典型的现代社会的物了，它的功能性的物感显得特别突出。

在中国古代，建筑、器物、装饰、服装，包括它们的用料全都有严格的等级划分。从可考的文献看，《周礼》对不同等级的居室就有详细的规定，包括占地面积、开

洛可可建筑

间数量、层高、台阶数、进深、用料及色彩等。中国古代建筑的等级规定还包括纹饰，比如龙纹、旋子纹、苏式彩绘、盘龙彩绘等——它们全部都按照官员的等级高低决定能够穿什么样的服装，佩戴什么样的装饰。比如衣服的材料，我们在古代的戏文中经常会听到某个人被称作"布衣"。什么是"布衣"啊？"布衣"就是指没有官职的人。因为没有官职的人只能穿布料，不能穿绸料，这是被严格规定的。同时，百姓家的房屋只能用青

包豪斯式现代建筑

色，古代中国各地的民居都是青色的瓦，江南、北方、云贵、百越等地的民居概莫能外。所以古代有一个关于读书人的叫法，叫作"寒士"。"寒士"之为"寒"，不仅是因为无官无职，而且还因为生活世界的色彩与生活的意义感是贫瘠的、清寒的。也就是说，古代世界有非常严格的等级区分，这种区分以至于最后变得非常累赘、繁复、复杂，附加了很多符号。所以古代稍有档次的家具、房屋，哪怕是其中的某一个细节，雕饰都特别复杂，给人以臃肿繁复之感。比如故宫，地上、台阶、栏杆、台榭、门墙、座椅、摆件到处都是雕龙祥云，房顶上有蹲兽，有金色琉璃瓦饰，有宏大庄严、繁复细致、极尽奢华的藻井与房屋结构，整体显得无比辉煌、厚重、威严——凡此种种符号，绝大部分都是等级的象征。同样是居室，同样是功能物，由于等级的不同，功能的取舍、豪华度、审美侧重等均为不同。不同等级的房屋都有物感，但等级最高的物感是最炫目、宏伟，最具震慑性、撼动性的物感。在这种意义上，它的物感就是一种权力力量的象征性表达，一种权力力量的辉煌、威慑、庄严和压迫感。这是设计所刻意创造的权力的感性冲击力。

当然，有时情况也有例外，这里只是就一般情况而言。在古代社会，身为高官的也不乏朴素节俭之士。象征物之为象征，是说它所象征的等级秩序是政治性的，是有固定的身份标准的，这是由它的贵族身份或官家身份来决定的。这种身份是体制性的，不允许流动的，就是说它不向社会开放，是一个典型的封闭系统。因为这种等级身份的象征是实现社会区隔与权力统治的手段，它必须以物质符号和物质空间的形式，以各种器物的之无所不在的形式区隔和力量，让人的政治身份得到物质性保障，通过它们而强力固化不同的社会阶层。

当然，实际上，所谓古代的物是象征物，其所象征的还不仅仅是政治权力的封闭性塑造，它还象征了其他许多东西，比如象征道德、伦理，或者指涉信仰与神话，象征终极价值的神圣性。就是说，古代的物不仅是政治权力的象征，而且也包括伦理秩序、精神秩序的象征。比如，中国传统的椅子都是方的、宽的、正的，坐起来使人感到很不舒服。记得我看过一个电视节目：一个德国家具设计师要想打开中国市场，专门来北京，到各个博物馆和社会各阶层去考察中国传统家具。他搞了七年研究，对于中国人习惯的方凳、座椅感到非常迷惑，因为那样的凳子坐在上面并不舒服。他的疑问是，以中国人的聪明才智，为什么不发明像沙发这样的坐具呢？"难道他们不累吗？"他多次对采访他的记者这样发问。当然，德国人可能不知道，因为在中国古代，人的坐相实际上代表着一种伦理姿态。要使人正襟危坐，这个椅子就要方正。座位要方正，这是一种伦理要求。因此，此时的"物"不仅是政治象征，还是伦理秩序的象征。再例如，古代的官员、衙门、富豪显贵们的会客厅布局往往充满了夸张的压迫感，为什么呢？因为它完全是一个封闭、严整的伦理秩序的关系结构。这种关系结构还包括房间的摆法，比如说正堂、侧室、后堂、耳房，摆法都方方正正的，而且哪个方位的房间只能住什么人，也都是规定好的。一直到今天，这种居室内的大方形式样仍然是所谓中式空间的或新中式房屋室内结构的基本特征。

另外，中国古代造物的象征还包括信事、鬼神方面的象征。比如风水，中国古代房屋的方位设计是要讲究风水的。实际上，当我们讲风水的时候，是在讲人与神的关系。但这种人与神的关系是通过人与物的关系、人与自然的关系，也就是"天人"关系来体现的。刚才讲权力、讲道德象征的时候，是在讲人与人的关系。事实上，古代的物是以象征的意义为核心来展开对功能、对物感的塑造，它在三个维度上有不同的展开：（1）人人关系，人与人之间，这是政治考量与道德伦理考量。（2）人神关系，人与神之间。中国古代人与神之间的考量实际上主要是人与天道关系的考量，而这种天道代表的是一种神秘、命运的决定性力量，一种能够支配命运的意志。因此，人神关系的核心是所谓的风水考量。（3）天人关系。除了人神关系，我们还可以看到另外一种情况，就是中式建筑又有使人很舒服的一面，它主要体现在园林、院落的空间布局上。中国古代的园林是使人非常舒服的，在这里，天人关系着重从两个层次来考量：第一，是身心舒泰与自然的关系，也就是所说的"天人合一"。"天"指的是把自然风景、自然环境、自然因素引进到人居，引进到人与"物"的关系结构之中，从而构成一种天人融合的、天人合一的状态。第二，天人关系此外还有一个很重要的东西，就是一种人融入大地、融入自然、融入宇宙洪荒的世界感。这一层面可以被看作是一直到今天都具有强大生命力的中国传统造物的空间精神，这也是一种象征，象征着人与天地的亲和关系，是一种富有临在感的"人"与"物"的关系。

通过这些考量，我们可以看到许多古代吸引人的空间。比如说，中国画所揭示的就完全是一种人隐逸于自然怀抱之中的一种感觉。将中国古代传统的国画与西方现代画相比，二者是非常不同的。中国古代人与自然的关系是隐逸于自然之中，弥合于自然天地之中的。人、居所低调隐伏，无机物——山、水、石、树、阵、天空、云气等——极度凸显。这种天人弥合呈现了一种境界，就是天地感、宇宙感，就是"秋水共长天一色，孤鹜与落霞齐飞"（王勃《滕王阁序》），"星垂平野阔，月涌大江流"（杜甫《旅夜书怀》）这样一种感觉。当然，这种世界感，不仅仅存在于国画之中，在中国古代的园林之中，同样也有十分明显的体现。中国古代的园林是典型的人类造物与自然风物之间的相互展开与渗透。园林讲究的是借景，哪怕是一个窗户，也必须要面对自然；哪怕是一个回廊，这个回廊也必须处于自然回环之中；哪怕是一个亭台，也必须面对辽阔的湖面与山影……也就是说，人工的造物与自然相互之间形成一种天地一体、浑然天成的世界状态。这同样可以看成是中国古代象征物的第三种含义。

象征物还有一种含义，就是物与人的历史有一种生存性经历的联系与记忆。由于物在人的生存历史中打上了烙印，所以它具有一种使人一看到物就会想到时间，想到往昔，想到历史的象征意义。它是一个以物而引发联想—回忆的心物结构体。实际上，我们每个人都会有这样的体验——自己用久了的物就具有一种象征意义，它继而就变成一种象征物……

苏州沧浪亭月亮门

苏州拙政园

结果，这样多重象征关系的累积就使古代的造物在总体上变成了一种象征物，古物的世界进而形成了一个象征物的世界。关于传统古代象征物构成的逻辑可以用这样的词序来简要概括：意义统治物感——功能与意义相争执——设计品在整体上变成意义表达的工具——物感被控制在意义体系中——社会通过符号系统的意义统治来实现分配、等级统治和意义整合。归根到底一言以蔽之，传统的人造物设计是意义优先的设计。

当然，由此也就造成了一种物意义扩张的扭曲与变形：在累累垂垂的意义高压之下，物变得臃肿、扭曲、笨重、繁复。这是非常重要一点。为什么要强调这点呢？因为今天很多设计传统家居、传统街区的人不懂这一点，他们做的很多仿古街区、家具乃至服装设计都非常压抑、难看，因为他们不知道古代的许多人工物传统是由那么多的意义的附加压垮、扭曲了的物。显然，今天的人面对一个街区或者一件商品的时候，已经不需要那么些意义了，由于时代变迁，这些象征物的整个意义体系已经彻底地崩溃了。

正是在这种情况下，我们才需要重新考虑我们的"中国风"设计。现在中国风的设计大行其道，从建筑、设计到旅游、街区，再到家居、服装，等等，可是据我的初浅考察和接触，设计者们在深度的设计意识绝大部分都没有搞清楚古代器物在物感、意义和功能三者之间的关系。古代很多器物的物感累累垂垂、扭曲压制、夸张、压抑、繁琐，那是因为它是有沉重的意义担负的。但是今天，这些意义担负对现代人来说已经完全无效了。我们谁还会去追求房屋方位及其摆设的伦理要求呢？谁还会热衷于考量桌椅坐姿的伦理效应呢？在现代境况下我们面对这种物，这种空间，这种语义内涵，我们就会感到很不舒服。例如，成都的文殊坊，它是一条仿古街道，完全按原生古街道的形制做了很多古时候的院子、殿堂，而在传统时代，那是一条紧挨成都佛教圣地文殊院的地方，是成都佛教信事活动的中心。今天这种以买卖临终关怀、信事器物、信事交往为中心的空间功能已经完全湮灭了。按这样的形制去建造，焉能有不失败之理？因此自开街以来，到文殊坊去的人很少，几乎是门可罗雀，仿古街道上百业凋零。

## 二、现代物的突破

真正的现代物的大量涌现，是从包豪斯开始的。在现代设计中，"物"变了，它变成了"功能物"（functional objects）："家具古老象征意义的笨重结构消失了，继之而起的是元件家具取代了象征物。"屋角长沙发、靠角摆的床、矮桌子、搁板架子、元件家具取代了古老的家具项目。"组合方式也变了，床隐身为软垫长椅，大碗柜和衣橱让位给可隐身自如的现代壁橱。"东西变得可以随时曲折、伸张、消失、出场，运用自如。"[1]波德里亚说："这便是现代家具的布置系列：破坏已经出现，但结构却未曾重建——因为没有任何别的东西前来弥补过去的象征秩序所负载的表达力。然而进步确实存在：在个人与这些对象之间，由于不再有象征道德上的禁制，它们的使用方式更加灵活，它们和个人之间的关系更加自由，特别是，个人不再受到以它们为中介的与家庭联系的束缚。"[2]

以我之见，这就是设计现代性的核心：物的解放。物不再被意义扭曲，而是以功能来设计物，物以它本来的面目和功能的需求来组建。即以删除了繁复装饰和象征意义的直接物感为标志的设计感。"物感"（feeling of things），按阿达姆·卡尤索的解释，是指"建筑的物理现场直接具有的情感效力"[3]。"在现代设计中，物不仅摆脱了外在装饰的约束，同时也极大地摆脱了历史赋予的外在社会性含义的约束"。由是，物得到凸显，显示出它不是作为符号、象征，而是作为物理现场的直感、情绪效力。这里面有一个很奇怪的变化，就是当包豪斯纯粹注重功能的时候，却恰好凸显了物本身的品质感。不是在商品上雕花，也不是商品的符号，而是物本身的

---

[1][2]　尚·布希亚：《物体系》，林志明译，上海人民出版社，2001年，第15页。

[3]　Adam Caruso, "The Feeling of Things", *A+T Ediciones*, Vitoria-Gasteiz, Spain, No.13 (1999) : p.49.

西方复古风格
室内家居及装饰

包豪斯风格家居

品质感。"仔细审量，这正是包豪斯与巴洛克、洛可可等传统设计在美感品质上的鲜明区别。格罗皮乌斯的包豪斯校舍、密斯·凡·德·罗的巴塞罗那的展览馆、布兰德的金属器皿、布鲁尔的瓦西里椅子，等等，让我们首次看到了现代设计品质的全新出场：一种由材质，而不是由任何装饰性附加所呈现出来的流畅的空间、线条、造型、块面和光影。"[1] 表面上看起来它们似乎纯粹为功能而建造，但这种纯粹为功能而建造却忽然显示出来物本身的品质感，它所呈现出的流畅的空间、线条、块面、光影。这种东

---

[1] 吴兴明：《反省中国风——论中国式现代性品质的设计基础》，《文艺研究》2012 年第 10 期。

西在包豪斯的设计中随处可见，而它们此前是从来没有出现过的。之前我们看到的都是有花纹的、雕饰的，非常复杂的东西。也就是说，到了包豪斯的时候，它的纯粹为功能而建造的东西忽然呈现出了另外一种美，就是物感本身，物感本身的材质美，是物感自身的直观力量。很多人认为包豪斯的设计纯粹是为了功能，功能物就显得很笨重。但是这些说法都忘记了一个事实，就是设计物的现代感不是靠装饰，不是靠符号，而是靠其本身材质的简洁、轻盈、鲜明来达到的。所以，这样就"让我们首次看到了现代性设计品质的全新出场：一种由材质，而不是由任何装饰性附加所呈现出来的流畅的空间、线条、造型、块面和光影。物的空间按功能的需求而组建，解脱了外在权力等级的仪式性、符号性的约束，变得流畅、轻盈。这就是密斯·凡·德·罗的名言'少即是多'"[1]。"多"就是自由，就是物本身给人带来的流畅的自由感。"自由（'多'）是由于没有功能之外多余物和意义附加的累赘。借用海德格尔的说法，物回到了物本身，物由于意义的解脱而获得了实体性，物的呈现以其本身之故而得以凸显和自由。犹如一场暴风雨的洗礼，从包豪斯开始，物突然干净了。密斯们在结构上简化结构体系，精简结构构件，让建筑向功能的不定性开放，创造出无屏障阻隔的'流动的空间'；他们在造型上，净化造型形式，只由直线、直角、长方形与长方体组成的几何型体，设计出没有任何多余物的流畅的物感和人流动线。"[2] 这种流畅的物感和人流动线，我们处在里面就会觉得很舒服。"他们通过精严的施工、选材与对材料颜色、质感与纹理的精确暴露，使造型显示出清晰纯洁的肌理与质感。同时，由于材料使用的科学化、标准化，建筑、家居、商品设计大面积使用抽象的同质物，大批量的抽象功能物的本色直呈成为现代世界的基本景观：混凝土、玻璃、不锈钢、木材、纸张、布料、纤维、塑料、铝合金、陶瓷……"[3] 现代世界设计物的现代感和传统物的根本差别就在于现代世界生活周遭无所不在的是这些大面积

---

[1][2][3]　吴兴明：《反省中国风——论中国式现代性品质的设计基础》，《文艺研究》2012 年第 10 期。

功能物的本色直呈。也就是说，功能物的凸显造就了设计的现代感。而这种设计的标志，是物本色的呈现，是物的自由呈现，直接呈现。以女士服装为例，在"包豪斯"之前，女士服装是以繁复为美的，而"包豪斯"之后，出现了很多非常简洁的服装。它给人以现代感。这种服装以其轮廓、流畅线条和材料本身的质感凸显出人身体的美感。因此，西式现代服装非常简洁，更不用说桌子、椅子、建筑了。"于是，既超越了自然形态，又摆脱了意义束缚的具有科技感特征的物感空前清晰地呈现出来。物的肌理、线条、形体、块面、光影以及空间首次变得触目，干净的物感而不是物的意义成为一种时代标志性的美。一种纯净、尖锐的物本质，一种似乎是删除了任何内容的纯形式，一个无法还原为任何一个再现性内容、象征性意义和自然形态的物感美在设计中有所呈现。"[1] 这就是现代物的特征。

我们看到很多建筑史的书都说包豪斯是追求功能的，因为它追求这种纯粹功能，所以世界就变得很苍白。但实际上，这种说法就忘记了一点，就是包豪斯对物感解放的作用。这里要反复强调一下，就是关于物感美自始至终在设计理论当中没有得到凸显。以建筑来说，比如梁思成，在获得建筑学博士回国后，痛感中国建筑设计的落后，但是他又觉得中国古代的建筑非常美，然后就进行了详细的研究。他做了很多开创性的工作，在清华大学组建营造学社，组织了十几个人，成年累月在中国大地上奔跑，然后对各种各样古建筑进行测量。写了《中国建筑史》以及中国古代建筑经典《营造法式》《营造则例》的点校。也就是说，他在将中国建筑推广到西方世界这方面是功不可没的。但是梁思成一直在思考一个问题，就是怎么能够让中国的建筑设计具有中国性。终其一生，梁思成对于这个问题也没有考虑清楚。为什么呢？因为在他的心目中，中国建筑就是卯榫结构，是坡屋顶之类，是中国传统建筑的形制。实际上，很多建筑师在 20 世纪二三十年代都意识到了中国传统建筑有坡屋顶，所以一直到五六十年代，

---

[1]  吴兴明：《反省中国风——论中国式现代性品质的设计基础》，《文艺研究》2012 年第 10 期。

凡是大的公共建筑，例如北京车站、四川大学行政楼都是那种大屋顶。可是，大屋顶建筑是有中国感的现代建筑吗？它有现代感吗？显然是值得怀疑的。又比如我们现在各种各样的衣物设计，很多人强调不仅要移植西方，还要有民族性。可是，怎么才有民族性呢？就是在现代西方设计的基础上加许多传统文化符号。比如在女性的衣服上加上云肩，在连衣裙上印上国画、水墨画，茶杯上贴上青花，烟盒的设计上也贴上青花瓷，包括大型会议的场地设计。又比如上海世博会的中国馆。它是一个榫卯结构，榫卯结构的下半部分是一个中国冠。它的头上边是中国古人的冠冕，它的结构取中国卯榫结构的方式。用五十六根横梁、竖梁代表五十六个民族，又加上各种彩绘。但其设计品质其实并不成功，因为它充满繁复的象征符号，丝毫没有现代气息。

那么，我们是不是可以创造出一种现代设计呢？当然可以。比如许燎源的酒瓶设计（见附录）。他的酒瓶设计非常现代、东方、中国化，它被创造出来了。这里就有一个意识前提，就是要意识到现代设计的核心是物感，物本身直呈的品质感。手表尤其如此。因为它是一个很小的器物，一定要简洁，避免过多装饰，要没有任何装饰而能够动人。但简洁而动人是很难的，这才是现代设计的高难之处。以物本身的形式感击中人的心灵，使人眼前一亮，这才是现代设计的核心。

现代设计在这里有一个突破，就是从最初的功能追求到忽然发现完全纯粹按照功能要求来设计，这样一种搞法解放、释放出了一种东西：物本身的直感力量。然后就开始追求物感力量的设计。这样一来，设计感就变成了：最初是功能优先，物感为功能服务，意义则可有可无；进一步则是物感凸显，物感解放。今天，大家争相购买的都是一种物感，物感特别能够击中人心，有时尚感、现代感。而这种时尚感的产生是基于在一定的时代，人对某种形式具有一种这个时代所特有的敏感性，这种敏感性是随着人的生活的演变、文化的演变、历史的演变而不断生成、不断变化的。所谓时尚感，并不是西美尔所说的纯粹是一个操纵性的东西。时尚的物一定拥有对人的心灵敏感性一击即中的形式感。而这种击中不是通过装饰，而是通过物的呈现本身。于是，物感凸显，物解放出来，功能与意义的关系发生倒转，意义在新时代的基础上重新集结，创造全新的时代新感性。这一情形几乎遍及所有设计领域。实际上，从现代艺术到现代设计，全世界的艺术和设计都在进行一场轰轰烈烈、浩浩荡荡的运动，这场运动就是追求奇异的、能够击中人类心灵敏感性的物感。物感的创造、解放，物感力量的释放可以看作是 20 世纪最重大的艺术事件。家居、服装、居室、宾馆、交通工具、首饰、环境、平面设计等领域都在追求直呈的物感。

最后，就达到了这样一种程度：最初是"形式跟随功能"（form follow function），到了 20 世纪 80 年代时变成了形式跟随审美（form follow fun）：形式不是跟随功能，而是跟随"趣味"，也就是跟随它的美感力量。为什么呢？后来人们发现，很多时候人们是为了美感力量去购物。比如说城市里的写字楼楼盘，有很多商家入驻其中的最核心理由就是这个楼盘本身形式上的吸引力。举一个例子：英国盖特·谢特的《千禧桥》。桥上巨大的弧形的栏杆可以像彩虹一样倒下去，中间有一个巨大的回旋空间。由于千禧桥建造的特别好看，最后就造成了一个结果——聚集的人气特别旺盛。所以，每隔一天，千禧桥下的圆盘空地就有一场演出。于是，千禧桥就这样成为了一个含金量极高的空间。后来我们看到扎哈和卡拉特拉瓦的设计，都是"奇形怪状"的。这种"奇形怪状"的设计跟传统完全不一样。他们的建筑完全像太空时代的建筑一样，但是设计一幢就成为一个人气非常旺盛的景点，含金量极高。

这是第二阶段，作为功能物的现代设计的变迁。


## 三、物感的凸显


当功能转过来跟随审美的时候，就形成了人工物现代感的一个重要特征：物感凸显。西方关于物感凸显的大规模探索还有一个相对应的运动，就是抽象艺术。

西方抽象艺术比较发达，西方人从小就接触抽象艺术。

我们先来看两幅画，第一幅是克劳德·洛兰的画，它是古典的传统画，另一幅是梵高的《群鸦乱舞的麦田》。

这两幅画有什么差别呢？第一幅画我们可以将绘画对象看得清楚，它是在一个非常理性的透视法则之下再现一个对象。可以想见，画家在绘画的时候，面对那个景观，他是通过严格的透视法，清晰、准确，有纵深感、立体感，有明暗光影地把这个对象描绘下来。这样的绘画在19世纪晚期的时候遭遇到一个问题，就是照相术的诘问。这个时候，一大批画家就开始探索：在照相术能够精确再现一个对象的前提之下，我们怎么让绘

克劳德·洛兰：
《风景与阿波罗》

梵高:《群鸦乱舞的麦田》

画延续下去呢？照相术是不是可以取代绘画？如果可以，绘画就没用了，如果不能取代，原因是什么？思考这个问题，要挣脱的第一个魔咒就是再现。就是绘画并不是要以对象为中心来再现并构成一个意义。绘画的核心是营构一个具有直接直感力量的二维平面。这个二维平面上，它的图像可以是再现的，也可以是不再现的，而且它的再现与否，精确与否，纵深与否，立体感与否，不能够决定这幅画的价值。所以就出现了梵高的《群鸦乱舞的麦田》这种情况，它的对象再现是十分模糊的。

但是我们看梵高的作品，都很动人，很有力量。这种力量是我们实际看到的麦田所没有的。很多人都认为梵高是表现性，表现一种情绪，但是在欧文·斯通为梵高写的传记当中却有这样一句话："当我画一片稻田，我要别人感觉稻草的原子是在向外冲突。……正如它们的生命也都流回那太阳。"[1] 也就是说，他要把这样一种"流"呈现在画布上。而实际上，这一对象向外冲突的"原子流"所凸显的东西就是物感，就是画面上直接的感性力量，直接的、动人的物感力量。所以，在梵高以后的绘画就越来越

---

[1] 伊尔文·史东：《梵谷传》，余光中译，台北九歌出版社，2009年，第510—511页。

抽象，我们都看不懂了。但是看不懂其实就对了。为什么呢？因为这里所谓的"懂"是以再现性为参照的，我们看不懂是因为我们不知道它再现了一个什么对象。但是它既没有象征，也没有再现对象，这就迫使我们只能够关注画面本身。实际上，这就是抽象画的核心功能：凸显物感本身力量的功能。当然也是很多抽象雕塑的功能。所以后来托尼·克拉克干脆说："我从来都不做表达已存在事物的作品。"[1] 他做的都是我们没见过的东西，你根本就叫不出它的名字。他做了一些软体动物似的东西，却又不是任何动物。就是因为这种东西，他成为了非常有名的雕塑家。这种软体动物式的东西有什么价值呢？意义是什么？它没什么意义，它就是创造了一种新的物，一种新的能够打动人的感性的对象。它没有任何含义，我们要在其中求索含义总会失败，但它看起来又很动人，很新奇。

　　千变万化的物感的创造其实是人的一种几乎是本能就具有的感性追求，尤其是人类进入现代社会以来。因为在审美生活上，现代性的核心就是感性解放，本能造反逻格斯。新物的呈现是现代以来的源源不断的视觉创造的核心追求，它既包括设计，也包括艺术，当然也包括服装，包括建筑。中国的艺术家、批评家特别不接受或者说不理解这一点，所以中国人接受的对象除了梵高，就是表现主义和超现实主义，因为它们归根到底还是有追求意义的。弗雷德《艺术与物性》就是专门在讲这个问题。

　　我们中国人比较能接受的抽象画家是赵无极。为什么呢？因为赵无极的画一看就有东方的背景，它跟罗斯科和波洛克的画完全不同。他的画有一种混茫感，有一种世界感，也就是说有中国人特有的宇宙天人之感——当然，有这样世界感，这就很不简单。因为他创造了一种东方式的现代抽象画。赵无极的局面很大，视野非常宏阔，有一种天地宇宙的形上气韵。但是你还是能够看出来他融入了西方的元素，很复杂。西方的风景、建

---

[1]　乔恩·伍德：《条款和条件：托尼·克拉克访谈》，《托尼·克拉克：雕塑与绘画》，中央美术学院博物馆编，中央编译出版社，2012年，第244页。

筑、绘画有一种含蕴：它骨子里有一种忧伤和崇高的东西。它不像中国传统的天人境界，中国的天人境界很动人，但是又很空无，它骨子里很冷，很虚无。可是赵无极的画却让你感到温暖，因为它同时融合了中画和西画的色感意蕴。

　　吴冠中《笔墨等于零》是1992年发表的一篇文章。在1992年之前，吴冠中画了很多中国画，他的中国画的突出特点就是把西画的一些基本的技巧融入画中，这就造成了他的中国画极简但又有现代感。尤其是他对江

波洛克的抽象画

南民居的绘画，极简而动人。这是他将林风眠的画向前更推进了一步。可是1992年以后，吴冠中的创作方向偏转了，他画油画。油画里用的是中国画的笔触。油画和中国画的笔触是不一样的，中国画的笔触讲染，讲皴，讲骨法用笔，他将这些都运用油画里面。这使吴冠中开创了一种崭新的境界。吴冠中开创的这一新画法影响了一大批画家，比如周春芽、何多苓，他们都是将中国画的气韵、晕染用到油画里面。这样一来，就使他们的油画变成了典型的中国式油画，也就是说，他们的绘画内在的带有一种恍惚迷蒙的天地感、世界感。

从前大家好像不怎么重视传统绘画，到了2000年以后，传统绘画通过各种各样的展览忽然崛起，比如城市水墨、现代水墨等。其实到2010年以后，油画基本上全部都转向了，都不同程度地融入了中国绘画的画法。

周春芽的油画，一看就知道他受到两个方面的影响。一个是梵高，吸取梵高的基本色调和构图，但他的画法里面又运用了很多中国画的晕染，比如《绿狗》就是这方面典型的作品。仔细分析，周春芽的"桃花"和梵高的"桃花"还是不能比较的。梵高特有的笔触感、色彩堆积感的力度、尖锐度是很难有人达到的。印象派之前，西方的绘画是有素描基础的，先运用透视原理勾勒线条，而后上色。但是印象派取消了线条，取消了明暗对比和高光。梵高的"桃花"感觉是整个世界都被桃花化了，地上颜色的变化，田野栅栏的颜色，树枝的颜色，等等。实际上，梵高画的目标非常明确，就是感性的击中和释放。这和传统绘画是不一样的，传统画是怎么把一个对象刻画得精确生动。可是，周春芽的方向很快发生了转弯：转向了具有明显后现代特征的局部变形式的凸显和夸张。这使他的"桃花"系列具有一种逼人的压迫感和触目惊心的力量，然而与梵高不同的是，这种力量显然出于一种空洞的外部夸张，一种随时都可能垮塌的美艳——当然，你也可以说，这正是他突入时代精神的深刻之处。

画家抓住瞬间感的作画，在学术上有个命名，叫"瞬间现代感"。瞬间现代感是真正直观的感觉，是瞬间恍惚的感觉，是最能击中心灵的感觉。而这种恍惚的瞬间感才是视觉现代性最核心的品质，这就是直接的原初直观。

实际上，物感的凸显也与前卫艺术的独特力量密切相关。比如塞尚、梵高，如果他画纯粹再现的东西是不会产生那种力量的。他们使熟悉的东西陌生化，产生陌生感、异物感。这种异物感是有它的开启方向的。它朝向击中人的感性力量的向度去深度开启。可是，为什么传统绘画击中人心灵的力量不如梵高呢？因为当我们面对一个对象，仔细刻画的时候，我们与对象的之间关系是一种非常理性、很冷静的关系，我们是用理性的观察来接触这个物的，心物之间没有融解。但人在直接直观击中的恍惚状态下，心物是溶解的。物本身对你来说是打开状态，物与心灵之间是打开状态。这就是庄子所说的"形开"：一种相互融解，相互打开的"心物感通"的状态。这个"感通"不是说看了这个物才有感通，而是说心灵和物之间在一种神秘的原始的感性状态下的相互敞开。"物"向我们敞开，那就是"形开"；物对人形开，而人入于物。譬如"庖丁解牛"，"未尝见全牛也"（《庄子·养生主》），为什么？因为他已经聚精会神到这种程度，以至于他与物之间的心物感通已经达到了物向他完全开放的程度。同样的，梵高也处于物对他形开的状态，色彩对他来说也是形开状态的。正因为如此，它就非常的丰富，泛化出各种各样的色彩与光晕。所以他的整个色彩都是混沌的、流动的色彩流，心物流。心物打开的这种东西，我们后边还要专门论述。

## 四、消费社会的物：物符码

"物"符码（消费物）是消费社会商品的结构扩容。

消费社会的"物"，表面上看是实用功能主导，实际上是符号编码居于主导地位，引领着整个消费运动的攀升。也就是说，消费社会的物是身份主导的。波德里亚说：在消费中人们并不是真的要使用物本身，人们总是把物当作能够突出自己的符号，"或让你加入一个视为理想的团体，或参考一个更高的团体来摆脱本团体"[1]。在《物体系》中，波德里亚更直截了当地说，物编码的原则是"社会地位"（social standing）。"物在一个普遍的社会身份的承认系统中形式化：一种社会身份的符码。"[2] 而且波德里亚认为，地位的符码成为我们这个社会排除其他编码的一枝独秀的符码。这种说法，对于消费社会来说基本上是有效的。物的流通不是使用价值的交换，而是身份和地位的符号性占取。于是，作为编码根据的物的差异性不是使用价值、功能、自然特征等的差异性，而是身份等级的差异性。

这种论述当然是很有效的，但是我们马上就会问，皇帝的衣装不也是一个编码吗？可是它的编码不是开放性的，也就是说它的编码是封闭性的，而消费社会的编码是一种普遍的编码。谁有钱谁就可以拥有这个编码，所以它是一个普遍的编码。

波德里亚的书绝大部分已经翻译到国内来了，《消费社会》《完美的罪行》《符号的政治经济学批判》，他的书很多，被翻译过来的大概有二十本左右，据说是现在在欧美被研究的最多的两个人之一。

## 五、如何理解印象派之后的绘画与艺术？

和印象派同时的运动，有未来主义、达达派、立体主义、超现实主义、野兽派、抽象主义、极简主义，大概是这样一个序列。但是这样一个序列，实际上我们可以看到，这些流派都有一个共同的目标，就是对绘画二维平面性的探索。

其中，印象派的转折是根本性。印象派已经从再现对象为中心转向以画面为中心，转向对画面本身的营构。虽然它转向了以画面为中心，但是它还保留了再现性的内容，只不过它追求的是一种瞬间现代感。由于它以

---

[1]　波德里亚：《消费社会》，刘成富、全志钢译，南京大学出版社，2000 年，第 48 页。
[2]　同上书，第 29 页。

画面为中心，所以它就有理由随意的塑造它的色彩感、画面的直感力量，可以扭曲对象，夸张对象，可以不按照素描原理、明暗原理，尤其是它彻底摆脱了西洋透视法，取消画的纵深感。印象派的转折对于西方艺术的转折来说是根本性的，但与此同时，探索的指向是多样的。其中一个很重要的指向是未来主义。

贾科莫·巴拉：《链子上一条狗的动态》

　　未来主义也是要再现的，但是未来主义的再现跟印象派的再现不一样。未来主义的再现是想要做一个事情，它想要在静止的二维平面上呈现动态的时间流程。但是这一努力有一个很重要的前提，就是莱辛在《拉奥孔》中曾经区分过诗与画的界线。莱辛在讲画的时候就专门讲了，画再现对象，画是一个空间艺术，它是一个视觉艺术，它不擅长叙事，而擅长再现空间。如果它要叙事，就会很困难，因为画面只能截取时间流动中的一瞬间。但未来主义就想突破这一点。他想在二维平面上，在一个纯粹空间艺术上纵深地呈现时间的流动。未来主义在这个上面做了很多探索，比如巴拉《链子上一条狗的动态》，这条狗有很多摆动的、模糊的印象，狗的尾巴的甩动形成一个弧圈，而这个弧圈上的好几条尾巴都在同一个画面上呈现。这时它呈现的是一个摆动的时间持续状态下的呈现。又比如杜尚《下楼梯的裸女》，他画的不是一个具体的人物形象，而是一串。他要画的是什么呢？他要画的是一个在静止的画面上呈现时间的过程，也就是说它同样是对绘画的二维平面的局限的突破的探索。所以说，未来主义真正的探索是对二维平面上流动的时间呈现的探索。

　　立体主义的核心在于解构物体，立体主义的信念在于将一个物体的各个面解构、呈现在一个平面上。这样一个平面上的物体就发生了很大的变化，我们都看不懂。因此，看到立体主义的东西，我们是晕眩的。

杜尚:《下楼梯的裸女》

而达达主义和野兽派在这一点上有一个相似的特点，就是它们完全打破了绘画和非绘画的界限，艺术和非艺术的界限，完全否定意义、再现。这样便造成了一种结果，就是把各种生活现成品纳入艺术之中。如杜尚的《泉》，实际上就是将一个小便池拿去做展览。到现在为止，讨论杜尚拿小便池去展览的文章起码有上千篇，但是还是没有说清楚。因为这样一种艺术冲动，实际上它从属于另外一个东西，就是对艺术媒介的无尽的探索。艺术的媒介不一定是画笔，不一定是形体，各种各样的现成品堆上去也是艺术，主要是它们对艺术本身，对在二维平面上的艺术探索。达达主义和野兽派都有这种倾向。

超现实主义认为真正的现实是人的无意识当中的心理现实，这是受伯格森哲学理论的影响。认为人的生命之流是在意识表面之下的无意识、混沌的生命直流，这个才是真实的。所以超现实主义认为真正的现实就是要揭示生命真正的真实，而生命真正的真实是这种真实。所以他会表现很多的梦境。

表现主义和超现实主义有异曲同工之妙，表现主义认为真正有意义的东西是处于神秘的物像深处的东西。表现主义实际上是一种神秘主义，它认为一切物像呈现的是人与物神秘冥合的层次的这样一个东西。但现实中的德国的表现主义有许多流派，随着各个流派的发展，表现主义变成了对人类各种历史罪行的揭示，比如阿塞姆·基弗、蒙克、博伊斯。博伊斯的艺术作品看起来也很让人恐怖，基弗的作品里边都带有很多历史现场去集齐这些材料。

抽象主义就是对直接物感的追求，纯粹回到二维平面性上。对绘画的物感，物的直感力量的追求。这些丰富的物感可以还原到那些最基本的物感之中，所以抽象绘画就走向了另外一个层次，就是极简主义。可以还原到最原始的，最基元的物感的追求之中。比如，蒙德里安画的基元色。蒙德里安最初是画树枝的，但是他画着画着，最后就还原成红黄蓝三原色。极简主义最后就还原到木头方块（如唐纳德·贾德）。

与此同时，媒介探索的不断扩大，使艺术从架上艺术到装置艺术到大地艺术到多媒体艺术、行为艺术……每一种艺术的出现都意味着媒介的突破，最后会突破到人体活动。然后是各种媒体的综合运用。比如 LV 品牌采用的草间弥生的设计，并不是一个简单地运用，它是一个复杂的场景，是各种光影的综合运用。

实际上，20 世纪的艺术可以这样说，从印象派开始就有一个延续不断的三条演变主线：首先，二维平面上物感的追求；其次，媒介探索的不断突破和扩张；第三个是，它不断地扩界，打破艺术与生活、与实用品的界限。这三条线索，几乎可以概括整个 20 世纪艺术的追求。

Louis Vuitton × 草间弥生

# 第五章　消费社会与"物"的变迁

## 一、什么是消费

消费社会理论其实包括很多层次，但首先要问的问题就是"什么是消费"？是不是就以波德里亚的定义为准，这个值得商榷，不过他的定义至少是抓住了消费的一个非常核心的东西。波德里亚是这样定义的："消费既不是一种物质实践，也不是一种丰盛的现象学，既不是以我们所吃的食物，穿的衣服，开的小车来定义，也不是以视觉，味觉的物质形象和信息来定义，而是定义在将所有这些作为指意物的组织中。"[1] 所有我们前面所说的东西，作为符码都是指意的，是有意义的。"消费是当前所有物品、信息构成一种或多或少连接一体的话语在实际上的组合"[2]，也就是说所有这些物品信息构成了一种话语，一种意义指涉，一种元素。也就是说，消费是一种语言的同等物。消费是一个组织化的话语系统，消费有意义的用法，是指一种符号操控的系统行为。这种符号组合的特殊性在于，它的话语符码不是我们用嘴说出来的话，而是由物品来编制的符码。这是他对消费的定义。

关于这一点，波德里亚有非常详细的分析。他曾经举了很多例子，比如说，过去那些大财主都有很多奢侈性的宴会，经常在逢年过节的时候非常奢侈的请很多人去聚会，很奢侈地用各种物品，吃也吃不完，这是不是

---

[1][2]　Jean Baudrillard, *Jean Baudrillard：Selected Writings*, Edit, Mark Poster, California：Stanford University Press, 2001, p.25.

消费？他说不是。消费社会，是不是我们平常理解的在马克思的意义上是对物品的使用？不是。波德里亚认为，对物品实用功能的使用只是消耗，而不是消费。消费一定是一种语言性质的话语系统，也就是说消费是对意义的占取，是对意义的享用。消费的语言就是各种各样的物品信息组成一种符码，通过这种符码的占有、拥有，形成一种意义的占取，形成一种人生的意义感，他认为这个才是消费。消费是一种符号操纵的系统行为。因此在消费当中，物品变成了符号。

"要成为消费品，物品必须变成符号，它必须以某种方式外在于这种与生活的联系。它仅仅用于指意，是一种强制性的指意，与生活联系断裂，它的联系性和意义反而要从其他物品中抽象获得。"[1] 这句话他想说的是语言符码含义的来源。比如我们说一个词，按照索绪尔的观点，它的意义从什么地方来的？它的意义不是来自我们与这句话的联系，而是来自这个语词和其他语词之间的区别，来自这个语词和其他语词之间的顺序。也就是说，语词之间的区别顺序，即符号结构的差异决定了一个句子、一个词语的含义。简言之，一个语言单位的意义决定于这个符码在语言系统中的关系位置。这个我们都能理解，比如说，语文老师经常跟我们说一个词语含义要放在具体的语境中才能确定，语言是系统性的，不能孤立地去解释一个词。我们经常看到词典里的那些词，它们都是从系统中抽离出来的常规用法而已。从古至今并没有人规定这个词就代表什么意思，有一个隐形的、霸王性的东西在，其实不是，它的含义来源于具体的语言用法当中。语言是一个巨大的系统，在这样的符码系统中，一个语词，它的含义决定于它的结构关系，就是它的关系位置。

语言是这样的，在波德里亚看来的消费物品的含义也是这样的。我们平常会以为，比如我们使用一个品牌，戴一只手表，它作为身份的标志是

---

[1]　Jean Baudrillard, *Jean Baudrillard*: *Selected Writings*, Edit, Mark Poster, California: Stanford University Press, 2001, p.25.

ВВВтая

来源于我跟手表之间的联系，波德里亚认为这是错的。这个手表之所以能够标志你的身份，不是因为跟你有联系，而是因为这个手表跟其他的手表有联系，也就是说这个手表与其他手表之间有差异。这种物品之间的差异性品质在消费社会进入了一个编码系统。比如我们看到保时捷汽车，它的位置是取决于它和奥迪之类的汽车的符码之间的关系。任何一个消费物品的含义，它所标志的社会地位不是来自物品与使用者之间的人生的关联，而是来自这个物品在众多物品当中的关系位置，也就是在编码系统中它所占据的位格。由于含义取决于位格，因此，符，物，消费物在这里变成了一个物符码。

在消费当中物品变成了符号，这跟前面讲的古代社会的象征意义就区别开来了。比如我拿出一个自己老父亲的草帽，说它对我有特殊的意义，甚至于它对我们全家都有特殊的意义，我们甚至可以把老父亲抽过的烟斗戴过的草帽放在一个很尊崇的地位，经常拿出来看一看，看见这个草帽就想起了老父亲。这样一个草帽对于我们的意义是象征性的，但是这种象征性意义的取得，这个意义的来源是内在于你的生活经历的。也就是说，它跟你的生活，你生命的经历交融一体，它因为与你生命的交融取得了一种含义。但消费品不是这样，劳斯拉斯不是因为我使用得久它就有意义了，它的含义不是来自产品与人之间的生活的内在血肉联系，而是来自这个产品与其他产品之间的编码性差异。这样我们就可以理解这句话了，"要成为消费品，物品必须变成符号它必须以某种方式外在在于与生活的联系，以便它仅仅用于指意，一种强制性的指意和与具体生活联系的断裂。它的联系性和意义反而要从其他物品中抽象来取得"[1]。比如飞亚达手表它内在的系列，它在所有同类产品中的位置，它的含义是从这里来的，至于你戴了飞亚达手表多久，新的旧的都毫无关系。当然也有特殊情况，比如说飞

---

[1] Jean Baudrillard, *Jean Baudrillard*: *Selected Writings*, Edit, Mark Poster, California: Stanford University Press, 2001, p.25.

亚达手表是恋人送的，这只对你一个人有效。它不是一个社会承认的编码系统，一个社会承认的编码系统是对人人都有效的，它具有社会认同的普遍有效性。符号的意义是社会性的，公共性的，共享性的，普遍性的。

## 二、消费社会的三个层次

如果这个说法成立的话，马上就会推出第三点，即消费是一种系统联系的社会行为。只是在这种情况下才会出现消费，就是社会的物品都进行了系统性的编码或者说广泛的普遍性的社会身份、等级差异的编码，而且社会都承认它，只有在这种情况下它才能成为消费品。因此消费是一种系统联系的社会行为。"'作为社会分类和区分的过程'，物和符号对不同意义的区分、排序形成了整个社会的系统制约，这种制约的解读就是语法分析。"[1] 这种语法分析正如波德里亚展开的整个消费社会运行逻辑，消费规则的分析。这里有三个分析：首先是价值分析，价值分析的核心是研究消费从经济交换价值向符号价值的转变。波德里亚说，对消费社会而言，所谓政治经济学批判就是对符号交换价值的理论分析。符号交换价值，他提出了一个概念，波德里亚认为传统马克思经济学它是经济交换价值。但是马克思不知道消费社会，马克思去世的时候现代社会还根本没发展出消费社会，那个时候还是生产主导。到了现在就出现消费社会，所以马克思并没有预料到今天这个消费社会，所以他完全是对消费经济价值的分析，但实际上，今天我们要理解消费不能光借助经济交换价值分析，要从符号交换价值的分析才能彻底理解，因为整个社会发生了一个转变，就是从经济交换价值发展出向符号交换价值的转变。他的立意有以下几点。

一是要将政治经济学批判延伸到对使用价值的批判。总之他提出要对社会进行符号交换价值的分析，并且符号交换价值在消费社会已经占据了

---

[1] 波德里亚：《消费社会》，刘成富、全志钢译，南京大学出版社，2000年，第48页。

统治地位。符号交换价值统治经济交换价值，这是消费社会的基本价值规律。必须抓住这一点我们才能深刻的理解消费社会价值的生成以及经济利益，经济交换取得的根源。不了解这一点，我们就是不知道。我们总是倾向于原始的生产功能，因为经济交换价值，就是使用价值。

二是物的分析，是研究在消费社会当中人和物关系的转变。它从需要——满足的关系转变成纯粹符号性的消费关系。首先是获得编码，它通过生产体制的所有层次的组成，通过广告、招标、价格、购买场景、功能化、个性化设计等将物建立成一个标志权力地位等级等制度关系内涵的符号系统之中，又将广告以无所不在的消费形态的意识动员把我们全部转换到这种编码当中去。

就是说，消费社会的编码是通过文化设计的一系列环节来实现的。而这些每天在我们生活中出现的这些环节实际上都是在实现编码，而编码的实现过程就是它的社会化过程，而它的社会化过程实际上就是把人的整个社会生活转化进这种编码系统的过程。波德里亚说："这种编码组织的力量是如此之强大以至于没有人能够逃开它。我们个人的逃避无法取消这样一个事实，每一天我们都参与了它的集体庆典，使支持这个编码的行动贯彻到了它与那个要求它与之相适应的社会关系的自身之中。"[1] 这意思就是说这种编码的力量非常强大，甚至你跟社会的联系都变成了对这种编码的支持。可以理解，我们跟着这个社会的联系不就是买卖关系么？是一种消费关系，只要我们去消费，只要我们按照这种编码方式去购买，去追逐，我们就变成了对这种编码系统的支持。因此他说："这是一种社会总体性的编码，它不仅编码了消费社会所有的物，而且编码了与物相联系的所有的人。"[2] 这是讲人和物的编码。其次是讲人的编码，人的编码不是说人必

[1] Jean Baudrillard, *Jean Baudrillard: Selected Writings*, Edit, Mark Poster, California: Stanford University Press, 2001, p.22.
[2] 吴兴明：《反思波德里亚：我们如何理解消费社会》，《四川大学学报（哲学社会科学版）》2006 年第 1 期。

须和商品发生关系，而是说"人的内在性和主体性包括人和自身的关系都已被这种编码的力量所分解并且转换到符号系统当中去，就好像需要、感情、文化、知识，人自身的所有需求都在生产体系中被整合为商品，以便被出售。同样，今天所有的欲望，计划，要求，所有的关系都被抽象化和物化为符号和物品以便被购买和消费"[1]。我们今时的需要，我们非常内在的需要，包括情感的需要，我们呼吸新鲜空气的需要都被编码到消费符号系统当中去了。所以波德里亚认为，在这里并没有所谓个体的需求，需求经过生产体制的系统分解编码已经显现为抽象的社会需求力。"主体的一切，他的身体和欲望在需求中被分解和催化，在物品中或多或少加以限定，在需求中，所有的本能都被合理性，终极性，客观化，因此都被象征性的取消了。"[2] 通过这样的转化，人和自身就变成了消费品，他和他自身的关系，他的本能欲望等都变成了一种购买和消费关系，"在商品和交换价值中，人不是他自己，而是交换价值和商品"[3]。这是波德里亚的分析，他的分析后面部分我是持保留意见的，我认为他的说法说过了。实际上我们丰富的满足对人是有好处的，是人自由的展开，是人生活的丰富性，并不仅仅是一种被操控。接着看下去，"我们会问，如果情形真的如此，那么推动消费社会的主导力量究竟是什么呢？波德里亚说是消费关系本身的自我消费。这是一种符号差异系统中不断自我指涉并无穷推演的能指的游戏"[4]。波德里亚认为，编码系统自从生成了，操控社会后，编码系统就不断的进行自我繁殖，最后就变成整个社会的动力不是由人的需求来决定的，而是由自我繁殖的系统本身来决定。"最重要的是通过区分的系统化工程，消费活动和内在意向发生了根本性的改变，区分变成了为区分

---

[1]　罗钢、王中忱：《文化读本》，中国社会科学出版社，2003年，第26页。

[2]　同上书，第32页。

[3]　同上书，第35页。

[4]　吴兴明：《反思波德里亚：我们如何理解消费社会》，《四川大学学报（哲学社会科学版）》2006年第1期。

而区分。"[1] "它取消一切原始品质，只将区分的模式及其生产系统保留下来。"[2] "这样一来，正是凭借这些，消费被规定为这种东西，一，不再是对物品功能的使用拥有；二，不再是个体和团体名誉和声望的简单更改；三，而是沟通和交换的系统工程，是被持续发送接收并创造的新的符码。一句话交换本身成为目的，这就是消费关系的自我消费。"[3]

第三个层次就是规则分析。按照波德里亚的观点，"消费社会不仅是一个由能指所指进行意义区分的符号系统所统治的社会，更重要的是，在这个系统当中，消费活动作为社会分类和区分的过程体现了一种秩序。物作为符号不同意义的区分，这些区分的排列顺序，由这些顺序所建立起来的社会等级，在这些社会等级上所获取的法定价值等，区分制约着整个社会"[4]。追逐不同的社会生活的含义就是追逐不同的区分档次。这个区分是整个消费社会认同的，我们在消费社会，我们的生活都要靠这个符码来约定，因此这种区分就变成了社会的物序，物序对应的是人的社会身份的秩序，而这个社会身份的秩序对应的是社会的生产秩序，社会生产秩序又对应于人的日常生活的心理感受，对应人奋斗的不同的阶梯。这样一来这个区分就变成对于整个社会生活的总体性的系统的区分和统治，系统的等级和层次的区分。因此它就把人生，人类的活动全部融贯到编码系统当中去。我们所追溯的各种各样的生产规律、营销规律、生活规律、生活目标都可以在这样一个系统区分的秩序中得到解答。这是讲消费社会系统联系的社会行为三个区分。

## 三、消费社会关于社会身份的微观政治学

其实我们今天在研究符号地位，研究商品设计的时候，其实是要进行

---

[1][3][4]　吴兴明：《反思波德里亚：我们如何理解消费社会》，《四川大学学报（哲学社会科学版）》2006年第1期。

[2]　波德里亚：《消费社会》，刘成富、全志钢译，南京大学出版社，2000年，第88页。

微观的政治学分析。我们日常中的策划也在做这些，但是一些精彩内容被掩盖。

我们首先问，什么是社会身份？我们会以为社会身份就是你从事什么职业，你在职业系统当中的身位，这是最实质性的理解，这是肯定的。但是这种位置它对于人来说它具体的生活感意味着什么呢？实际上，一种社会身份意味着一种人生的意义关系的支撑，在人与人之间意义关系的支撑。这种支撑是政治性的，也就是说在人际当中是等级性的。我们时常会看到，年轻人想去买全身的名牌衣物，这是虚荣心嘛？不见得。我们也经常看到这样的故事：一个富翁，他虽然很有钱但非常节俭，人们都很尊重他。这种说法它表明一种观点，就是我们如果有财富了，不一定是对财富的实质性占有，不一定要去花掉它。但是实际上，一个人对财富的享用和消费实际上不仅是在消耗物品，他是在占有这种消耗过程中人和人之间的意义关系。人和人之间是充满意义关系的，我们每天面对的所有人都跟自己有着一种意义关系。他尊重你，他鄙视你，他讨厌你，他团结你，他羡慕你，他敬爱你，等等，所有这些构成了人真实的人生感。所谓社会身份是这种人生感的凝聚，这不仅是虚荣心的问题，这是人生感的意义结构问题。人是意义的动物。这种意义不仅仅是说我内心的理想，我个人在追求一种高尚的人格，人的意义是要结成一种社会关系。社会关系的根本内涵不仅是结成物质上的勾结，更关键的是一种意义的约束，或者说意义的结构性规定。这点常常被我们很粗糙的人生哲学搞的面目全非，而实际上，人无处不在意义场中。这种意义场域不仅构成了氛围，而且构成了每个人的情绪性的感受、领会。这种情绪性感受领会才是最真实的人生体验。不管这种情绪性的感受、领会有没有被分析过，我们都是生活在其中的。那么，按照波德里亚的意思，消费其意义在于它揭示了消费社会的人的意义关系是由物品符号的意义来组建的。消费社会人的意义关系是由物品的符号意义来组建的，同时这种组建又是开放的，人人都可以去买，只要有钱，只要具有相应的时空处境就可以拥有它。这样意义关系格局，意义关系的组建和流动构成了消费社会本身的无穷开放性和生活意义支撑的多样性。每个人可以按照自己兴趣，自己的经济条件都可以购买不同的物品，而不同的物品它所指示的不同的意义最后会组合成物品的意义，即你在人人当中的基本的生活感受。这样一种基本感受不是简单的虚荣心可以解释的，它对于人的生存价值要深邃的多，内在的多。也不是像波德里亚所认为的，这种统治是固定的，把人生的高尚意义全部删除了，不是这样的。

西方人对于社会的意义关系，人生活在意义当中是有很多研究的。20世纪20年代德国有个哲学家叫舒茨，他就专门写了一本书，叫《社会的意义结构》。60年代末期，西方兴起了一个很著名的研究潮流，就是"文化研究"（Culture Study）。网上关于文化研究的论文，专著很多。70年代以后，西方文化研究甚至占据主导地位，文化研究把传统的学科分类全部打破了，这个事情在国内也引发了很多争论。欣赏、喜欢文化研究的人突然发现，要打破所有的学科，要以人生的意义感、意义样式为核心来组建研究系统。这样一来，传统的文学、哲学、社会学、语言学全部都打破了。因为意义系统的分析是要对各个学科都进行介入的，它是综合性的研究。而西方文化研究的核心就是对微观政治学的研究，所谓微观政治学就是意义的政治，专门研究意义的政治关系。人和人之间的关系不只是一种权力关系，权力关系到底是一种什么关系呢？举个例子，比如福柯，研究知识和规训，他认为知识是一种权力，知识对人有操纵作用。我有知识我就拥有话语权，我就操纵了你的思想，我就支配了你。话语权是有权力功能的，而这种权力功能到底是什么？话语权是什么？它就是意义关系的支配权。意义关系的支配权并不仅仅体现为知识、话语、体制，更重要的是体现在无所不在的消费，无所不在的消费物品对人的意义关系的组建。所以波德里亚说，消费关系最终是把人与人的关系转化为人与物的关系并通过人与物的关系来占有人与人的关系。后来的文化研究专门分离出来几个主题，比如亚文化研究、女性主义研究、少数民族研究、话语中政治正确的研究，这里都涉及一个东西，就是微观政治学的研究，即意义的政治。

以上说的是关于消费的纵深分析。

## 四、消费社会历史转变的时代机缘

但是我们也要看到，波德里亚这种对消费的解释虽然有深刻的地方，但是他并没有深刻地追溯到消费社会发生的时代根源，如果不追溯时代根源，实际上远远不够。波德里亚的消费社会理论只是抓住了局部现象，而不是从根本上去把握消费社会。因此，目前整个消费社会理论都缺乏一种正面的、基础性的展开。

消费社会兴起的时代根源可以分成五个层次来说，一个是世界性的产量过剩，生产主导转变为市场主导，经济竞争的核心变成市场的竞争。第二个是社会结构上，世界格局从政治军事主导转变为经济主导，世界纷争的主题转变为经济利益的竞争。第三个是竞争方式上，由政治军事竞争转变为自由购买、商品贸易为主的竞争，就是由政治对抗、武力对抗让位于和平竞争。而这同时意味着市场体制的普适化，市场联通跨越国家、地区、语种、社会阶级的界限，承认公众的自由购买为唯一合法化的全球性的竞争方式。这里要强调的是，真正的市场体制它是必然是以一种权力约法系统的契约为基础，它必须承认人的产权，人和人之间的平等性，必须承认买卖的公平自由。实际上现代法系是建立在权利概念的基础之上的，所以它叫做权利约法系统。市场在国家监督下实行公平的自由交换和竞争。第四，资本市场生产原料"四位一体"的全球化格局。很多跨国公司的资本都是全球性的，市场更是全世界的，生产、原料都是全球性的。也就是说，资本、市场、生产、原料"四位一体"的全球化格局形成。全球性的竞争意味全球性市场竞争和跨国公司生产资源供应的全球化体制逐渐成形，全球性的人才、原料、生产、市场、空间分割及资本聚集一体化，形成了一体化的流动性的全球化的大公司。

消费社会的核心标志不仅是波德里亚所说的那些，它有一个非常重要的东西，就是消费关系的基础化。消费公众面对的最大的社会转型就是消费关系的基础化。由于社会生活的全面消费化，消费关系变成了生存关系的基础性维度，形成了消费关系的"座架"。关于什么是消费，我的观点和波德里亚是不一样的，我认为买卖关系就是消费关系，不能说只有符号才是消费关系。我认为符号是消费，物品的实用品质也是消费。所有符号的编码都是以实用品质为基础的，比如劳斯莱斯，它的品质被认为好，号称永远不出故障。所以，波德里亚只说到一部分。所谓消费关系的"座架"是指，社会事务，社会生活方方面面整体的被框范在这种构架之中。这是一种基础的构架，通联、交通、转化生存内容之各个方面的中介性通道。人的欲望，人的奋斗，人的生存都要通过这种买卖交换来实现。"就正如货币成了万能商品，价值的一般等价物。消费关系成了一种'万能关系'，关系的一般等价物。也就是说，它可以有效的兑换一切关系，一切关系都要通过消费关系的转换才能获得坚实的基础和强有力的社会表达。从大处看，消费关系实际上成为全球化时代重新整合政治、经济、文化关系，整合人群、国际乃至个人生活关系的逻辑基础。一切都要在建立市场，争夺市场空间，维护市场秩序的基础目标下重新建构和调整。从小处上看，它也可以获得金钱、文化、权利乃至美女、爱情、友情亲情，等等。关键是，在这样的关系构架之下，由于每一个人独立生活的实际凭靠都来自他在这个世界上的买卖与交换，因此人在这个世界上的生活感、体验结构就发生了变化。人生在世基本的生活感，情绪样式及需要等都在或快或慢或明或暗地发生转变和位移。"[1] 它将一切关系转化为消费关系，它将一切需要，包括情感、精神、本能所有的激情，所有的关系都抽象化为可以买卖的物品和符号。让消费关系支配着整个文化、性欲、人际关系以

---

[1] 吴兴明：《从消费关系座架看文学经典的商业扩张》，《中国比较文学》2006 年第 1 期。

及个体的幻想和冲动，因而一切关系都转换成了消费关系基础上的派生关系。波德里亚面对这种关系非常绝望，他认为消费关系已经成了一种超关系。他认为最核心的精神的超越性和先验本身在这种消费关系的座架中崩溃解体，比如我们对形而上价值的追求，追求一种崇高感啊，追求一种信仰啊，追求一种道德感啊，如此等等。但是这些东西在消费关系座架化的社会当中全部解体，崩溃。这样一来，人类就再也无法建立超越物品，超越消费符号之上的道德和精神价值。在波德里亚看来，人的很多价值是超越消费价值的，比如说正义、信仰、审美、纯粹的爱和友谊等，所以波德里亚非常失望。他认为，消费关系成为消费社会真正的超关系形式，消费社会以此为基础，建构起了消费社会无所不包吞噬一切的巨大的超空间。但是，我认为他说得有点过了。因为，消费关系虽然基础化了，但它跟其他关系是相容的。它是一种兼容关系，并不是一种矛盾关系。我们能欣赏好电影，当然要出钱去买（票），但是我在看电影时候可以产生很崇高感觉。我对父母有赡养责任，但是在这之上并不能够排斥我尽到赡养责任也是对父母的一种爱。消费关系基础化，它成了一个超关系形式并不是说消费关系跟其他关系，消费价值，符号社会身份的价值跟其他价值之间就是一个矛盾关系。实际上社会身份价值，社会的意义关系价值它也包括了各种各样的其他价值，比如超验价值和形上价值，这是不矛盾的。

作为一个理论工作者，我们要思考的是波德里亚为什么会这样偏激。在我看来，消费社会实现了人人都努力生产，设计众多的、各种各样的彼此竞争的物品来满足人的消费需求，这很好。那么波德里亚为什么要这样想？他这样想的原因究竟是什么呢？

其实，这是因为波德里亚在他的思想背景上它是一种主体哲学的思想。他总是把社会想成一个主体，一个巨大的主体，一个大写的人的主体，这个主体有很多层次。现在消费关系把所有层次都瓦解了，只有一个层次。这样的一种把社会设想成一个巨大的人，从人的价值层级来设定社会等级安排，从这种角度去构想叫做主体哲学。但是，实际上真实的主体从来不是一个巨大的主体，真实的主体是每一个个体，每一个"小人"。每一个个体的消费者，每一个分散的个体，每一个具体个体。真实存在的情况整个社会是由这些无数个个体所联合而成的，他们之间是一种平等的交往结构关系，每一个人他所组建的人生价值序列都是不同，是松散的、自由的、开放的这样一种社会结构。这样一来，波德里亚的评判就完全是无的放矢了。

## 五、消费社会的体制规定

消费社会体制规定的内涵可以分为以下几个层次：现代市场教义是由法定的规范性交往为合法交易的自由买卖体系，因此我们首先要看到是关于公民消费的体制性内涵，这是以全世界认同的权利法案和物权制度为根据的交往活动，是以货币市场为中介的公民持币者之间的自由交往。它的体制交往的内涵是：（1）买卖主体平等的公民身份；（2）非强制性的自由买卖；（3）以购买认同为根据的社会有效性要求，就是消费社会之间的交往是一种有效的交往，这种交往是基于一种认同，比如我买一种产品是表示对这个产品的认同。以购买的行为表示对这个产品的认同，以付钱的方式表示一种认同。所以付钱不仅仅是交换行为，它同时是一个社会认同行为。蒋荣昌甚至说"消费社会的买卖就是民主投票"[1]，公民持币者以购买方式向某个产品投票。所以说，消费社会产品竞争的胜利就是商业民主的胜利，就是对公民自由权利的真实的经济上的维护。因此，消费社会的市场竞争就是民主选举。这句话很深刻。消费社会是实现了由生产主导向着消费主导转型的社会，因为前消费社会没有产能过剩，那里通行的是以社会匮缺为必要条件的生产主导法则。可是在消费社会，消费社会

---

[1] 蒋荣昌：《消费社会的文学文本：广义大众传媒时代的文学文本形态》，四川大学出版社，2004年，第108页。

普适化的全球化背景下，这一法则失灵了。不管技术多么先进，资本多么雄厚，消费者不买就毫无意义。这就是以购买认同为依据的社会有效性要求。

这是第一个规定，第二个规定就是规范行为类型。消费社会的买卖活动作为一种活动模式，是一种交往的互动。从单方面的买或者卖来看，消费是一种目的行为。需要说明一下的是，在现代哲学当中对人的行为是有分类的，有目的行为、交往行为、戏剧行为。那么，从每一个单方面的买或卖来看，消费是一种目的行为，买卖双方在各自主观世界的范围内所实行的是一种功利性的行为，但是从买卖的规范性、平等性、自由性来看，连接买卖行为的沟通及其有效性约束这种活动体系，是"未被损害的交互主体性结构"[1]。解释一下，先说有效性约束。就是说它作为一种规范行为，在消费社会体制下，它的有效性约束就是完全遵从双方的自愿、自由意志、等价、等值购买。就是说，这个行为是规范性，理性的，平等的，是完全尊重买卖双方的自由意志的。表面上看我是为了需要才买家具，卖家具的人是为了赚钱才卖家具，这种买卖之大成的行为结构是高度公平的交互主体性的规范行为。它是互为主体的，买是买的主体，卖是卖的主体，它们相互之间都是承认对方的主体性的。这就是未被损害的交互主体性结构。完全遵从两个主体完全自由的，非强制性的来交往，来交换。买卖是一种社会行为，它的有效性来自一系列合法性规程基础上的相互认同，道德的、法律的、政治的、审美的、文化的认同因素融合在买卖行为的决断之中，买卖的平等性自主性是买卖合法性的根本保证。消费关系的体制性规定，是人类正义的根本目的。

---

[1] Jürgen Habermas, *Philosophical-Political*, Trans., Frederick G. Lawrence. Massachusetts：MIT Press, 1983, p.173.

# 第六章 文化进入基础领域：当代世界的根本变动

## 一、文化设计爆发性出场的动力

前文讲的是什么是消费，消费社会的时代根源以及消费社会的核心标志——显然，消费社会的体制性要求在本质上就决定了消费社会产业竞争的要求。消费社会商品生产的实质是以实用功能为基础的意义生产的消费。这是消费社会综合文化设计爆发性出场的根本原因。

从消费的需求来看，它作为意义消费，是产品市场空间的根据。因为广泛社会购买的意义动员从两个方面来决定了消费社会的商品生产从根本上讲就是以实用功能为基础的意义生产。由于经济在全球范围内竞争，同类产品的技术含量高度的趋同，世界经济主导转向买方市场，这样，产品之间的差异的凸显不仅是靠技术含量和实用品质的差异。波德里亚把这种技术含量和实用品质的差异称作真实的差别和原始品质。也就是说，商品的实用功能是商品的原始品质，它的这种差别是真实的差别。但是，商品的畅销不仅仅是要靠这种东西，更重要的是要靠产品的影响力，也就是说要靠附着在产品上的生活情调、文化情趣的差异，靠将这一切影响力文化因素含纳编织于其中的商品符号的编码性区分。按照波德里亚的理论，商品的社会编码的实现就是要在商品的原始品质之外消费性因素的进入。如果把消费理解为意义消费的话，我们就能很明显的看出所谓消费性因素就是商品的文化意义，而不是实用价值的符号性凝结。所谓商品的消费性因素，是商品的文化意义而不是实用价值的符号性扭结，也就是一种社会地位含义的综合指涉。因此，波德里亚认为在消费社会编码性区分的逻辑力量已经达到这种程度："它取消了一切原始品质，只将生产模式及其区分保留下来。"[1] 这就是传统的商品转化为消费品，传统实用性购买转化为消费活动的关键。这是一方面，即从生产过剩到产品竞争。

另一方面，由于市场经济对消费活动的基本的体制规定是自由购买，所以消费者的购买是由整个法律制度及其执行系统来保障的。这就决定了，市场销售的主要根据在于消费者能否自愿购买，限购购买或大售都明确为法律规定所禁止，这就是市场经济之所谓自由最基本的含义了。"这就使得整个经济的增长都必须仰赖、依托于这样一个环节，即对消费者购买意向的文化动员。购买的空间就是经济增长的空间，购买力的强劲、大小取决于文化动员的效力，尤其是其中活生生创意刺激的效力。"[2] 这样，几乎所有的商品生产都必须考虑要将文化动员作为经济生产，作为经营的内部环节。因此，文化设计就变成了经济运行内部的普遍环节，文化的信持力、影响度就直接转化为经济空间。由此商品设计就变成了实用功能与综合文化设计融为一体的大设计，也就是说变成了设计的扩容。商品成为了涵盖前面三个层次并以意义为统率的消费品，也就是商品结构扩容。这样一种商品的结构性扩容，文化从附加值延伸到商品内部，变成所有商品都必须考虑的内在环节，这样一种东西，它导致了整个社会运行发展的一个根本突破，就是文化进入基础领域。

按照马克思的经济基础和上层建筑的区分，文化属于上层建筑，它是经济之外的东西，不起决定作用。它是生产发展的一个表征，上层建筑是决定于经济基础的，而文化是上层建筑的一部分，所以物质生产是第一的。现在看起来，消费社会这样一种消费的概念，这样一种消费的扩容，它就把文化转化成经济生产的内在环节，文化由此就变成了所有商品生产的内部结构的元素。所有商品生产，因为它所面对的都是一些功能差不多

---

[1] 波德里亚：《消费社会》，刘成富、全志钢译，南京大学出版社，2000 年，第 88 页。

[2] 吴兴明：《窄化与偏离：当前文化产业必须破除的一个思路》，《当代文坛》2013 年第 1 期。

的产品竞争，而产能又高度过剩，我们都在争夺市场空间，而争夺市场空间光是用产能、功能的竞争是不行的，要靠它的文化动员的效力，也就是说要靠意义效力来进行广泛的社会购买动员。这样一来，广泛的社会购买动员就不仅仅是营销的问题，而是所有商品生产必须考虑的环节。因此，它就内化为经济基础的一部分。这样一个表面上看起来似乎是微乎其微的变动，实际上导致了整个上层建筑和经济基础二元结构的解体，导致文化与经济，物质生产与精神生产，导致知识、审美与实用的界限的打破，这样一种打破，这样一种对物质生产和文化消费的经济基础的扩容，我们把它叫做文化进入基础领域。

## 二、文化向基础领域进入

按传统的经济基础和上层建筑的二元划分，文化的经济能量体现为文化产业。文化除了可以直接转换为商品产业化的部分以外，并不直接进入经济领域，它主要担负社会知识的传承，观念生产和整合以及社会是否合法性的论证与维护。但是今天情况发生了变化，它（指文化）几乎进入了所有的商品，成为整个经济的消费空间和购买力塑造的前瞻性的开启。也就是说，它如同技术智能、生产流程、管理运作一样，成为了基础领域的内在构成，而且是一个普遍性的构成，一个任何完整的经济活动单元都必须具有这个环节。这个变化非常重大。这样一来，业界所谓品牌文化是附加值的说法就显示出它的陈旧与落伍。这样一来，我们大举兴起的文化产业完全都搞偏了。全国各地的文化产业园区，包括国家统计局对文化产业的划分、国家对文化产业的政策，所有这些理论它都还是建立在一个基本前提上，就是经济基础和文化二元划分。因此，他们所理解的文化都是满足人的精神生活的需要，而各地的文化产业园区全部都去做旅游，做艺术品之类。这样一来，整个文化产业对文化的理解，跟这个时代，跟消费社会完全是脱节的。文化设计，如果你去找解释，一般都会告诉你跟产品设计是两回事。我们看文化产业，各种各样的文化产业都认为它所说的文化产业是什么。我专门写过一篇文章，叫做《窄化与偏离——当前文化产业必须面对的问题》，对此做过探讨。我们真正需要的文化设计是对商品的消费性因素设计，也就是意义设计，也就是商品的综合性的文化设计。它是包括整个商品生产流程中的设计环节。为什么要讲"产品设计与消费社会"，就是因为我们头脑中的产品设计，都是讲功能性产品，比如手表设计就只讲产品本身的功能，动车设计就只讲动车。而大文化设计和产品设计是两个面，挨不到一起的。这样就使得很多设计公司他们虽然有很强的设计力量，但是都是对原始品质的设计。文化设计都是找一些小广告公司，那些不知消费社会为何物的人乱搞一气。

进一步，既然整个商品生产都要内在地依靠一个环节，就是对购买的广泛的社会动员，即意义设计和意义生产。那么，我们就必须慎重对待如何进行意义生产。如果我们仔细分析那些世界名牌的生产销售流程，就会发现，它跟传统的大机器时代生产模式已经非常不同，每一次生产的开展，都是以设计、生产营销、时尚运动诸环节为一体的大综合型的生产系统流程。用约翰·斯道雷的话来说，是"艺术、设计、营销、传媒、广告、工程师、技术工人、经济人、财经、销售人等十几个专家群体通力合作的产物"[1]。其实，每一个大品牌它的生产流程都包括这些环节。所以，约翰·斯道雷专门对其进行总结："我们所强调的物质生产，从最原始的环节、产品定位开始就一步一步地把文化意义消费的预期深度铭刻、植入到物质生产的每一个环节之中。"而植入这些环节，它最后是要释放的。"直至释放一波又一波的消费浪潮，然后又重新开始。"[2] 品牌生产是要鼓动消费潮流的，比如苹果手机，每一次升级都要鼓动一波消费潮，每一次消费潮鼓动实际上都是把文化意义消费的预期铭刻、植入生产环节。然后

---

[1] 约翰·斯道雷：《文化理论与通俗文化导论》，杨竹山译，南京大学出版社，2001 年，第 256 页。

[2] 吴兴明：《重建生产美学——论解分化与文化产业研究的思想维度》，《文艺研究》2011 年第 11 期。

这个产品投放市场，大家踊跃购买，就掀起了一股时尚潮流，所以它"就释放了一波又一波的消费浪潮，然后又重新开始"[1]。这样一波又一波的消费浪潮的涌动，永不止息，这样一个循环运动，波德里亚认为是消费社会商品生产的核心部分。他专门研究了这个问题，讲了一个逻辑，即为什么我们看到消费浪潮永不止息，名牌产品系列升级不断爬升？但是我们会发现它爬升的阶梯是爬升不完的，它不断有新的东西出现，每一个新的东西似乎都有升级。如果说商品就是满足我们的需要，那么人的需要总有满足的一天。我们知道需要和满足之间是这样一种关系，需要满足了，需要就消失了。需要又重新开始。需要和满足是这样一种关系。也就是说，如果他只是满足实用需要，而这种实用需要总会满足，而我们知道实用需要早就满足了，所以才会出现产能过剩。但是，我们看到情况是与产能过剩所导致的实用需要满足的非常矛盾的状况，消费者的消费永不满足，永无止境。为什么呢？因为意义的追求无极限的，是一种理念的追求，是一种永恒无止境的追求，是永远可以往上攀升的追求，因为意义是一个无穷的系列，它不是任何使用需求。所以，他就认为如果按照传统的马克思生产理论，我们是无法解释消费社会的。

所以，波德里亚写了专门研究这个问题的书：《符号的政治经济学批判》。波德里亚认为，如果我们按照政治经济学理论，就是生产力生产关系的理论模型去解释消费社会，我们根本抓不到重点。因为我们看到，生产力已经发展到极致了，早就满足了人们的需要了，产能过剩就是满足的一个标志。我们看到的情况是，这种需求是永无止境的，因为它是一种符号里的意义追求，抽象的意义指涉，符号的编排。唯其是抽象的意义指涉和符号的编排，它才可以是永无止境的。如果是实用功能这个情况就不会出现。

---

[1] 吴兴明：《重建生产美学——论解分化与文化产业研究的思想维度》，《文艺研究》2011 年第 11 期。

贵族时代的时尚，西美尔的时尚哲学讲的是现代社会初期的时尚，不是消费社会的时尚，它跟消费社会的时尚完全不同。消费社会的时尚指的是人为生产出来的符号意义指涉，永无止境的符号编排，所以消费社会的时尚浪潮是由这种意义的铭写、编排、设计、操作所造成的。正因为如此，我们需要研究这个意义是如何铭写的，它是如何铭写到商品生产内部的。"首先是物的构成和质性的改写。商品的符号编码从一开始就改变了物的构成，编码之前的物是商品的原始品质，但是编码使物变成了符号，在一个普遍化的商品符号系统当中，指向了一个标示社会关系权利的社会身份，这就是意义。这个意义并不像波德里亚所说的仅仅是社会阶层身份的简单认同，而是包括了极为复杂的生活理想、品质氛围等审美内涵。商品因此就拥有了一种独特的精神价值，一种对消费者自我社会身份、生活品质的活生生的切身的意义感。"[1] 这种现象斯道雷称之为商品意义的膨胀。关于商品世界的意义膨胀有很多人写书来研究，一个是约翰·斯道雷，还有一个是拉什，还有就是弗雷德里克·詹姆逊。这就是商品世界的意义膨胀，意义进入商品世界的构成，使商品成为了物符码。波德里亚这样描述这个过程："商品的使用价值和交换价值向符号价值转移，或者说物与商品的形式转移为符号的形式。"[2] 我们都知道关于使用价值和交换价值，马克思有一个经典的说法，商品的交换价值是决定于它的使用价值，商品的使用价值就是商品的有用性。但是马克思这个定义恐怕不适合消费社会，因为在消费社会，商品的使用价值和交换价值转移成了符号价值，物与商品的形式转移为符号的形式。

按照波德里亚的理论，物向系统化符号的转移，它依赖如下三个环节：（1）地位的符码成为社会交往中一枝独秀的符码，它排除其他符码，

---

[1] 吴兴明：《重建生产美学——论解分化与文化产业研究的思想维度》，《文艺研究》2011 年第 11 期。

[2] Jean Baudrillard, *For a Critique of the Political Economy of the Sign*, Trans., Charles Levin. St Louis：Telos Press, 1981, p.124.

斩断了与生活真实的联系，而从物品与其他物品的差异性联系中来取得意义。比如从宝马 3 系到 7 系汽车，从经济适用房到花园洋房到别墅，都能看到符码系列的系统结构。需要说明一点的，并不是说低端的符码的市场价值就不好，并不是说符码越高就越好。越低端的符码就面对越广大的消费者，所以很多经典品牌它也有很多低端，只要一个系列好卖它就构成了一个符码系统。（2）因此，与使用价值不同，消费价值建立的不是人与物的关系，而是人与人的关系。因为实际上符码从符码之间的差异来获得意义，就意味着从人与人之间等级差异来获得意义。使用价值它所建立的是使用者和被使用者之间的关系，因此，使用价值是人与物的关系。但是，消费价值建立的不是这样的关系，它建立的不是人与物的关系，而是人与人的关系。也就是说，我通过消费品对它的意义的占取，建立我与社会其他人之间的关系。这就是人与人之间的关系本身在物品中，并通过这些物品倾向于自我消费，物品是这种消费必不可少的中介，它是这种关系的替代性符号，更明确的说，在消费社会，物品的流通并不是使用价值的交换，而是身份和意义的符号性占取。他最终要建立的是他的社会身份，建立人在社会当中的微观的意义政治系统，一种意义的生活感，一种人在社会当中意义关联的生活感。简而言之，就是尽可能的获得高位，来获得他人的认同、肯定、团结、赞扬、羡慕，它建立的是人与人的关系。基于此，波德里亚指出"消费活动的基本性质是唯心主义的，是一种意义的享用占有，一种以物符码为中介的社会—心理运动"[1]。正因为这样，所以它完全打破了我们传统对于物质与意识，上层建筑和经济基础之间的二元区分。所以，它既是内在的也是外在的，既是个人的也是社会的，既是经济基础，也是意识形态，其实赤裸裸的拜金主义是人类社会最庞大的不计后果的奢侈和浪费。我们要阐释的是两个层面：其一，它既是人与物的关

---

[1] Jean Baudrillard, *For a Critique of the Political Economy of the Sign*, Trans., Charles Levin, St Louis: Telos Press, 1981, p.124.

系，又是人与人之间的关系；其二，既是物质的，又是意识的，既是精神的，又是基础的。因为它是以物符码为中介的社会心理运动。物符码这个叫法本身就意味着它是物与符码的统一体，是商品的实用功能的实体与一个意义符号的统一体，这样，物的构成和质性就改写了。但是并没有讲到如何改写，只是说了改写的核心。（3）审美效果联合体如何达成，这个是讲如何改写的。那么，究竟一个商品如何变成了物符码呢？用摩尔斯（Moles）的话来说，"物的编码靠的是从 logo、命名、商品定位、包装、销售场景到广告、形象大使、活动，等等'审美效果联合体'的综合作用"[1]。正如费瑟斯通所言："消费绝不仅仅是为了满足特定使用需要的商品使用价值的消费，相反，通过广告大众传播和商品展陈技巧动摇了原来商品的使用或者产品意义的观念，并赋予其新的形象和记号，全面激发人广泛的感受感觉联想和欲望。"[2]费瑟斯通和摩尔斯完全是不同的思想家，由此可见，在西方学术界对消费社会的研究时高度一致的。而这样一个系统化的审美效果联合体的核心功能就是实现胡塞尔所说的符号赋意，给予符号以意义。在全面的欲望激发和感觉直观中实现意义的直接给予。这种意义的直接给予有两大相互循环的功能。第一，实现的功能是编码。通过审美联合体的综合作用，使商品具有社会身份的标志性功能。编码就是归位，编码就是标出，编码就是进入消费社会的商品序列。编码就是"占位"，所以商品找准它的位置是至关重要的。一定要围绕商品的定位来进行设计，通过系统的审美联合体的综合作用的设计使商品获得一个位置，获得商品区位中的一个位格，获得这个位格既是归位，就是占位。获得一个占位就是标出，就是使它站立起来，使它和形形色色的商品之间建构一个区隔和差异。第二，购买动员。购买动员就是说服，就是不断向社会公众展示产品的意义，唤起产品的社会购买欲。购买动员是一个非常重要的

---

[1] 莫尔斯：《设计与非物质设计：后工业社会中设计是什么样子？》，《非物质社会——后工业社会的设计、文化与技术》，马克·第亚尼编著，滕守尧译，四川人民出版社，1998 年，第 44 页。
[2] 费瑟斯通：《消费文化与后现代主义》，刘精明译，译林出版社，2000 年，第 166 页。

环节，因为消费社会既然是全球化的消费体制，竞争对手就是全世界的，而与其他商品之间的竞争最主要的就是购买动员的竞争。通过审美效果联合体的广泛的传播，向社会不断地发布能够打动人的意义环节，这种不断地发布包括广告、形象代言、品牌 logo、活动、新闻、公司形象，所有这些东西它最终达到的目的除了编码标出以外，第二个功能就是广泛的社会购买动员。社会动员的广阔度、深入度、可接受度就是这个产品的购买空间。长时间的系统标码和长时间的购买，实现的结果就是品牌沉淀。达到品牌沉淀的阶段，产品就赢得了社会的承认，产品的品牌就变成了一种口碑，也就是说得到了广大的消费者对你这个产品广泛的认同，得到广泛的认同变成一种客观的力量，稳固地占领了市场，也就拥有了客观的购买力。按照消费社会的购买模型，购买力的空间就是消费的盈利空间和有效竞争力的空间。

总结来说，赋意作为消费社会的符号编码，同时就是商品意义的取得和自我突出。在一个普遍化的社会承认系统当中，只有取得了符号位置的商品才具有与其他符号的比较差异从而使自己凸显出来。商品取得意义，商品意义的自我实现的过程同时就是商品的意义社会化、消费化和购买动员实现的过程。而如果这一过程长时段的效力结成了广泛的社会认同，那么什么效果联合体的战略功效就凝结成品牌。但是这个理论研究目前来说是非常没落的，要承认，审美效果联合体的动员这样一个过程是一个魔力般的创造过程，饱含了消费社会非凡的创造力和审美设计的灵感，是千奇百怪、变化万千的社会风潮的创造者和推动者，是消费社会不懈的动力和生产力提高的不竭的源泉。这个过程实际上是应该高度评价的。所谓生产力增长，产品升级换代最核心的是出现了这个过程。公众持续不断的审美感受，欲望激发，身份认同，生活理想投射、相继实现在这一系列效果联体的综合作用之中。简单来说，就是它会为社会公众制造持续的意义，持续不断地为社会公众制造社会的梦想，制造这种不断的意义感、审美景观。正因为如此，唯其是关涉生活全体的消费活动，关涉整个社会的活生生的意义浪潮的涌动，所以费瑟斯通才说，"消费文化中的趋势就是将文化推至社会生活的中心"[1]。这个"文化"是指活生生的产品文化当中所含纳的这样一种创意的刺激，一种审美效果联合体的文化。由于这样，商品设计的核心竞争就是从生产竞争转向购买动员的竞争。设计的竞争已经不是商品的竞争，而是购买动员的竞争。换言之，广泛地以设计、审美效果联合体的竞争。所有的商品几乎都要考虑如何以最动人的方式来创造社会的购买动员。

由此，美学设计或者说大文化就变成整个商品生产的文化核心，商品设计意义的膨胀进而发动为席卷全社会的符号意义扩张狂潮。这句话不用说大家都能联想到很多，铺天盖地的各种广告、卖场，不断涌现的名牌，不断出现的符号，不断出现的艺术家和商业联合活动，无所不在的，我们每天都会看到这种情况，这就是商品世界的意义膨胀。这种膨胀就变成了席卷全社会的符号意义扩张的狂潮，这种时候，整个人类社会就从现代社会进入后现代社会，就是所谓的晚期资本主义社会。就出现了弗雷德里克·詹姆逊所说的意义的爆炸，符号的爆炸。

意义设计与时尚消费潮，就是说意义生产最终转化为社会消费运动。而当今社会正经历着消费周期不断缩短的加速运动，无穷无尽的消费浪潮滚滚而来，又迅速消退，周期越来越短。这意味着生产者要用最快的速度反馈市场信息，并推出更时尚的产品，这就是不断更新的时尚潮。每一次时尚浪潮就是一种社会符号的攀升运动。攀升运动的时间化和规模化体现为大大小小的时尚，所以时尚这个事情是每一个品牌、商家都是要仔细去研究的。攀升越是加速，攀升的意义感就越加短促，而意义越短促，符号的追逐就越趋于白热化，由此也就决定了整个时代感的加速，时尚感就是时代感。现代社会的时代感它有一个很大的特点，就是它没有过去，只有现在。而现在又是一个不断消失的环节，现在之所以存在，是因为它不断

---

[1]　费瑟斯通：《消费文化与后现代主义》，刘精明译，译林出版社，2000年，第166页。

地向未来涌动，因此现代时尚在时间格上它是一个不断趋向未来的过程。趋向未来不是我们用钟表计算的时间，不是说明天后天，而它有一波一波的意义的变动。不断更新的社会的意义感，不断刷新的感性力量来刺激人的神经。所谓时尚潮，它的核心就是一些时尚的产品，每一件产品就是这种新的意义感的亮相，新的意义感对人的感官的刺激和对人的心灵的击中。所以，每一个时尚产品的推出都是一道闪电，一道新的意义的闪电，闪电般地不断地击中、不断地更新社会生活的意义感，使这个社会生活的意义感永远保持一种青春，一种活力，一种尖锐，一种亮度。这里马上就涉及一个问题，就是意义感是有时间值的。任何一个款式的产品在推出的一霎，只要它击中了你，使你眼前一亮，它带给你的时间感、意义感就是新的。但是这种新的东西它在最初那段时间可以让人保持这种兴奋，但是这种兴奋过后，反复地看、反复地赏析，众人都拥有，拥有的人越多，这个时候它的意义感就开始暗淡，它的感性力量就开始减弱，这个形式就开始变得空洞，形式空洞以后，这个产品它的时尚生命就完结了。所以我们看到许许多多时尚产品，开始的时候大家都去追逐，过后大家看都不看。但是，如果我们回过头去看，时尚不断涌动的这个时尚系列，时间长了如果我们反复去看20世纪30年代的时尚产品，其实也挺好看，但是当初为什么大家就不喜欢了呢？所以说，前面说的物感是一种新锐的意义感，一种新锐的力量，它是一种"微光"，一种光亮，一种照亮，一种点燃，而这种点燃的实质是只能持续一定时间的。

我们看到许许多多的产品，它慢慢就老化了。所谓老化是指它的意义感空洞化，这种空洞化意味着意义感是在一定时间的体验向度当中的被不断地承受，不断地吸收。一个产品空洞化了它就变成了一个躯壳，它的意义感就消失了。这种意义感消失就意味着你作为一个现代人你的人生就黯淡下去了。这就是为什么这些人要不断地冲刺时尚，尤其是青春的女孩子，她们特别敏感，因为她不能容忍自己人生的意义感暗淡下去。可是老年人就不一样。所以时尚浪潮的不断涌动就是意义感的不断更新，意义感的不断更新就是这个社会时间化流程的不断推进。每一种时尚都要占领一个时间格，占领一个时间格的意思是说它一定在某一时段它拥有一种点燃人们生活热情，点燃人生意义感的这样一种感性力量。这就意味着要保持产品时尚力量就必须不断地翻新，不断地设计新的产品，不断地创造。正因为综合的审美共同体，它的不断地锐化，不断地翻新，不断地涌动，它才能够保持品牌的效力。由于它的周期越来越短，从它的设计到投产，到消费，这个时尚持续的时间越来越短，就越来越累，竞争就越来越激烈，趋于白热化。

这是关于消费作为意义分享的社会运动，它的意义设计与消费浪潮之间的关系。

## 三、新技术强大支撑下的世界变迁

同时，"新的科技，新的技术的发展为消费文化向基础领域的进入提供了强大的支持，开辟了前任无法想象的全新的可能。今天的世界是已经可以按照幻想和消费需求创造任何产品的这样一种时代，现代科学技术、人工智能、数字技术，我们所看到的 VR、CR，还有材料技术、互联网、手机等使文化向基础领域的渗透、分解、重组、操控一日千里，甚至从根本上改变了世界的存在形态"[1]。就是说，这个社会由于新技术的介入已经高度复杂化了，而这种世界存在形态变化的根本标志就是物质与精神关系，时间与空间界限的突破。时间与空间界限的突破需要着重说明一下。波德里亚写了一本书《拟象》，什么叫做"拟象"呢？拟象就是根据需求来设计形象，比如动漫中的形象，都是电子合成设计出来的。仿真，就是动漫乐园中的幻影成像技术，VR、CR 等。比如通过 VR、CR 再现一场真

---

[1]  吴兴明：《重建生产美学——论解分化与文化产业研究的思想维度》，《文艺研究》2011 年第 11 期。

实的战争场景，它可以露天，可以再现，它是六维的，它的声音、气味什么都有，它可以达到这种程度。再比如迎接外星人场景，它完全是拟象技术，完全是科技的。以及和迈克尔·杰克逊跳舞，它也完全是通过幻影成像技术形成的。这样一来，拟象、仿真、虚拟化、平面世界、远程操控、时空重组、景观社会、媒体奇观、内爆，意义景观完全发生内爆，不断地增殖，超美学、超真实、超空间，西方的思想家对这样的描述五花八门，比比皆是。而这种对新技术条件下的世界的复杂性、丰富性、多维性翻译成中文的研究内容有很多。以至于弗雷德里克·詹姆逊认为"后现代世界不仅是真实和模拟界限的内爆、膨胀，所谓模拟和真实之间的区别发生内爆，真实的与想象不断倒向对方，就像过山车一样"，你弄不清什么是真的什么是假的。而且是一种"从根本上超出了人的生物基础及感官能力的后现代的巨大的超空间"。[1] 这里需要解释一下，就是实际上我们对于这个世界的感知，我们对这个世界的感受、直观力、认识，所有这些都建立在一个基础上，就是以我们的生物能力为根据。简言之，就是以我们的身体为根据。以我们的生物能力，以我们的感官为根据来对世界进行度量，然后再扩大，比如可以想象纽约、伦敦，甚至是月球、黑洞，我们的想象都是以我们自己的身体为参照，然后根据我们的自然感官的能力来进行想象延伸的这样一个结果。"但是，由于一系列新科技的发展，这种最新变化最终成功地超出了单个人类身体及确定自身位置的能力。人们不可能从感性上去组织周围的环境，或通过认知、测绘在可绘定的外部世界找到自己的位置，我们的头脑至少在当今没有能力去法测绘全球的多国的非中心的交流网络系统，而作为个体，我们又发现我们自身陷入了这个网络之中。"[2] 网络世界是没有任何中心的，比如一个人给你发个电子邮件，你没办法知道他是在哪里发的。就是说，它是一个超空间，它无所谓三维、六

---

[1][2]　弗雷德里克·詹姆逊：《后现代主义与消费社会》，《文化转向》，胡亚敏译，中国社会科学出版社，2000 年，第 15 页。

维、八维，它就是个二维空间。所以有人专门写了一本书说"世界是平面的"，他的意思是说网络世界这种东西它已经超出了我们人类感知测绘的能力。它没有参照系，因此我们不知道它的前后左右、东南西北，它没有这种东西。但是我们每天都生活在网络世界和现实世界之中，比如微信、互联网，而许多商家把虚拟装置、幻影成像装置完全引入到商品的卖场，商品各种各样的奇幻的展示当中，这样一来就组成了一种弗雷德里克·詹姆逊所说的超空间。"超空间超出了我们在感性上把握空间的能力，我们无法以身体为参照去测绘和定位认知坐标，因为我们丧失了能够判定这种空间的方位感，起点和终点。"[1]而这种空间的典型形态是无法测量的无所不在的无终结的网络世界、影像世界、电视传媒、虚拟世界，是那种以文化和经济的方式渗透到现实生活当中，并将整个现实世界都改造编码于其中，并内在的支配了这个世界的由传媒帝国和消费总体性共同塑造的新感性世界的空间性。换言之，实际上就是新技术强大支撑下的世界变迁。

詹姆逊有一句名言，他说："在后现代世界时间变成了现在，世界变成了图像。"[2]他举了一个例子，他说现代世界是与后现代世界完全不同的，现代世界我们是以现代为核心，时间变成了现在。什么叫做"时间变成了现在"？因为各种图像的涌现是突兀的，断裂式的，比如在街上我们会看到很多玻璃橱窗上的广告，都是没来由的图像；我们打开电视机，电视机上很多图像是没来由的，没有起承转合，没有历史，突然出现的。波德里亚还专门分析过商场的橱窗。他说如果仔细分析一个后现代巨大的卖场，会发现这个卖场橱窗的编排是很奇怪的。它把这些休闲之物，包括长筒丝袜、女性用品、咖啡、最抽象的哲学书、最高精尖的这种技术书全部并列在一起。就是说，这个商品的分类它完全莫名其妙，完全不根据世理的逻辑来编排，也不根据历史来编排，这样我们就看到一个非常突出的现

---

[1] 吴兴明：《窄化与偏离：当前文化产业必须破除的一个思路》，《当代文坛》2013 年第 1 期。
[2] 弗雷德里克·詹姆逊：《晚期资本主义的文化逻辑》，张旭东编，陈清侨等译，生活·读书·新知三联书店，1997 年，第 419 页。

象，就是到处都是图像，而这些图像都只有现在，没有历史。因为它是忽然出现的。詹姆逊说："就像神经病患者对世界的感知一样，神经病患者对世界感知的基本方式是只有现在。"[1] 就是说，比如他看到一个物象，就被这个物象给抓住了，他不能够回到这个物象的根源上。比如说看到一个车子，他（精神病患者）不会知道这个车子走了很远，从什么地方走过来，他不会这样去想。看到这个数字，在车子之前他的记忆完全都是没有。但是我们正常人看到一辆车开过来是有历史记忆的，我们在看到一辆车之前的那些记忆与那辆车正在开过来，出现在我视野之间有一种记忆的连续性，这种记忆的连续性形成了我们理解世界的时间性，而这种时间性就使我们能够理性地面对这个世界。可是一个神经病患者看到一辆车，他没有对过去的联想，过去的联想、记忆没有进入他现在的视效的感觉，因此这种感觉就成为了一种停滞的现在，一个使人炫目的东西。正因为它没有历史，所以它非常炫目，他无法理解。它使人惶惑、不安，使人神经过敏，使人恐吓。而这种景象是后现代社会的基本景象，到处都是这种景象，满电视，满大街，满橱窗，满网络，到处都是。这个时候，他说，人在这种环境下生活久了就发生了一种变化，就是"时间变成了一种永恒的现在"[2]。波德里亚还说了另外一种情况，他说今天是新闻特别发达的时代，而这个新闻特别发达的时代一个很大的好处就是全世界发生的重要事件，尤其是暴力事件、灾难事件都能够及时地传播到全世界。我们每天在互联网上看到很多耸人听闻的事件，而这些事件由于它集中了全世界各种各样的灾难，集中了各种各样的突发事件，所以我们感受到不断地每天都有产生。波德里亚说，这种新闻的绝对的开放性、无选择性与全球性的交流，它所造成的基本结果恰恰是遗忘。灾难的新闻太多了，我们麻木了。所以弗雷德里克·詹姆逊说，后现代的基本特征是"时间变成了现在"。然后，

---

[1]  弗雷德里克·詹姆逊：《晚期资本主义的文化逻辑》，张旭东编，陈清侨等译，生活·读书·新知三联书店，1997 年，第 410 页。
[2]  同上书，第 419 页。

"世界变成图像"。我们对世界的了解现在基本上都是通过图像，我们的世界感几乎全部都建立在这样一个图像上。这样一个现在以图像为基础的这样一个东西，它是没办法测量的。在这种情况下，商品设计实际上它就加入、强化、稳定了这种强大的技术优势。

总结来说，消费社会意义符号生产，商品生产的时代巨变与结构扩容。首先是它改变了物的性质，使物，就是商品发生扩容，商品的符号意义进入了商品。其次，商品的符号的编码、意义赋予，它的品牌是通过审美效果联合体实现的销售动员来实现的。第三，这种社会编码它推向社会，就引起消费浪潮，消费浪潮的实质是意义分享的社会运动。第四，这种意义分享的社会运动，这种审美效果联合体的这样一种编码，这样一种意义赋予与新技术强大支持彻底地改变了我们今天的世界面貌。简单地说，根本促进消费社会成为一种历史进程的是现代社会生产—社会过程，文化向基础领域的进入是整个消费社会在生产逻辑智慧下的新样态，它体现了后现代无法逆转的深入程度。因此，约翰·斯道雷说："从此我们已经不可能把经济和生产领域同意识形态和文化领域分开来，因为各种人工制品，形象、表征，甚至感性和心理结构已经成为经济世界的一部分，甚至成为核心。从此我们所面对的就是文化和基础二元合一的生产，它始终既是物质的，又是文化的，既是精神生产，又是物质生产。"[1] 对于这样一种社会发展趋势，这样一种生产和社会形态的不理解，导致了我们今天对文化研究，对文化设计的趋势。遗憾的是，在这种现实面前，很多文化研究者仍然热衷于在文化和经济基础二元区分的视野下来谈论那些作为精神食粮的文化生产，这就注定了力图求变、致力于新产业革命的文化产业研究不得不在目标和手段之间南辕北辙。而我们的设计学（设计理论）对此巨变几乎毫无反应。我们的大学各学科设置仍然是按照现代社会西方早期逻各斯中心主义下的知识体系来安排，社会对此时代变迁尚无有效应对策略。

---

[1] 约翰·斯道雷：《文化理论与通俗文化导论》，杨竹山译，南京大学出版社，2001年，第256页。

# 第七章　通用设计的爆发性出场

## 一、感性生产动力的不绝源泉

消费社会的运动方式和它的构成发生了变化，消费的需求变成了以身份占取为核心的意义追求。这里有一个非常重要的前提，这个前提就是消费社会的消费者要有一种内在的动力———一种感性的动力，这个产品一定是打动了他、击中了他，他才会去不可遏制地去追求，而这种感性动力、这种击中，很难仅仅由销售动员和身份追求这两点就可以解释。实际上很多人对产品的追求其实就是对它的审美样式、审美形式的追求，这种东西它是如何打动人的，它拥有动人的力量。如果我们仔细分析消费社会它发展到现在的动力，它的内在的动力，这种商品扩容的动力，就必须解释清楚为什么在消费社会时代公众对商品中的这种动人力量的追求会达到如此高的计较程度？对商品的动人审美力量、感性力量会这么敏感？为什么是这样？你就要去追问这个问题。实际上我们就会发现，商品的扩容也好，消费社会的出现也好，实际上核心的力量是三个层次：第一是商品广泛的社会购买动员；第二是消费者对以社会身份为核心的意义追求；第三是对于感性力量的追求，被打动的审美需求。而商品本身是一种实用品，为什么一定要在商品中去追求这种东西呢？这就埋藏和隐含了非常深刻的社会历史根源以及它的内涵。

今天我们仔细分析以下第三个层次，消费者对商品内涵的感性力量的追求为什么会变得这么强烈？是什么原因造成了这种状况？首先是从现象上分析，就是从 60 年代以来西方发展的几种理论，认为人类进入后现代社会以来出现了一种普遍的现象，这种普遍的现象就是日常生活的审美化，就是在进入消费社会以来，人们突然发现，大众的日常环境、我们的生活周遭忽然变得美轮美奂，居家、商店、广告、交通、建筑、室内室外，我们的衣、食、住、行、用，美的幽灵几乎无所不在。外套和内衣，高脚杯和盛酒瓶，桌椅和床具，电话和电视，手机和计算机，住宅和汽车，霓虹灯和广告牌，都显示出一种审美泛化的力量。就连人的身体也难逃大众审美设计的捕捉，从美容、美发、美甲、美体到美肤，无不如此。因此在当代文化中，审美消费可以在任何地方看到，无所不在，在任何地方、任何时候都变成一种美的消费品。这样一种状况就叫日常生活审美化。它是由德国哲学家韦尔施所命名，那当然波德里亚对这个问题的论述更为极端一点，他说现在每件事情都是政治，每件事情都是美学，每件事情都是审美，每件事情都是性。也就是说审美泛化、政治泛化、性泛化，泛化也就是说它扩张到一切事物的方方面面，因此美、政治和性他们之间原来的界限，在现代社会的界限就被取消了。波德里亚是这样描述的："不仅日常生活如此，就连精神、疾病、语言、媒介甚至我们的欲望在进入解放领域，或渗透到大众领域中，这个时候都具有了政治性。同时每件事情都变得与性相关，性规则统治了最近以来的每个领域、每个角落。同时每件事情也都被美学化了，公共场所、政治话语、广告设计都被美学化了，每个领域都扩张到尽其所能的领域当中并最终失去了自己的特征。"[1]那么对于这种日常生活审美化，究竟为什么会出现这种现象？日常生活审美化，或者诸领域之间界限的取消，或者感性、审美、性、政治的扩张这种情况它究竟为什么会出现？他出现的根源究竟是什么？要回答这个问题就必须回到一个严肃的问题——就是现代性问题。按照西美尔的说法，在现代人文学只有一种学，叫做现代学。按照马克思的说法，现代性的根本

---

[1] Jean Baudrillard，"After the Orgy"，*The Transparency of EVIL*：*Essay on Extreme Phenomena*，Trans.，James Benedict，London and New York：Verso，1993，p.9.

标志是出现了一种新的人类，这种人类就是出现了一种与各个民族的人都完全不一样的、跟传统的人完全不一样的人，这种人就是现代人。我们知道西方现代社会从 16 世纪发轫一直发展到现在，现代人、现代社会的确是人类社会、人类历史的一个极为重大的变迁，如果大家到网上搜索关于现代性的讨论，你会发现铺天盖地，不知有多少套丛书、不知有多少文章在讨论现代性问题。

现代性是指现代文化、现代社会的一种独具的品质特征。这种独具的品质特征有很多描述，其中比较中肯的描述还是刘小枫在《现代性社会理论绪论》中对现代性的品质特征的描述，他认为现代性的品质特征有五个标志：第一个标志就是在政治上出现了民主主权国家，民族主权国家崛起。第二个标志是在法权上以自然人本法为根本标志，所谓自然人本法就是人权理论，就是建立在人民主权基础之上的现代民主政治政体和现代权力约法系统，也就是现代法律。第三个层面的标志是在经济上的自由资本主义兴起，自由资本主义的生产和市场经济。第四个标志是在知识信念上，简单地说，就是以科学知识为标准知识，以理性的可以验证和论证的知识为标准知识和真理信念。第五个层面在艺术和审美上，感性冲动造反逻各斯。逻各斯原来是一个古希腊词，它的意思是条理、理性。感性冲动造反逻各斯的意思就是混乱的感性本能冲动、原始的生理冲动不断地造反现代社会的理性秩序。这五个层面被刘小枫总结为现代社会现代性品质结构的标志。我们可以看得出来这种描述它是很全面的但是也是很表面的描述，每一个描述的层面都可以有非常纵深的展开。如果我们要去进一步追踪现代性它究竟为什么是这样的情况？那么就要追踪到一个根本的问题，这个根本的问题实际上就是立法原则，社会立法的原则，立法原则并不仅仅指法律上的立法，而是在知识上的立法，行为规则上的立法，真理的立法，价值的立法。必须要追问的一个东西就是立法的原则，关于立法原则的研讨是现代性理论研讨的核心。为了论证这个现代立法的原则，古典思想著作最经典的是这么几部，康德的"三大批判"《纯粹理性批判》《实践理性批判》《判断力批判》，康德还写过一篇文章专门论述现代立法原则，叫做《何为启蒙》。然后就是黑格尔的《哲学史讲演录》，卢梭的《社会契约论》，洛克的《政府论》，这些都是非常经典的古典著作，这些著作共同构成了对于现代性立法原则的研究、阐释和论述。我们看洛克的《政府论》是谈现代政府的立法根据，首先是要讲立法的原则。而关于从现代思想、现代立法原则探讨一直到今天众多思想、众多理论的研讨最经典的扫描式的研究有一个哲学家——德国哲学家于尔根·哈贝马斯，哈贝马斯在研究现代性问题上的代表著作是《现代性的哲学话语》。

这是从文献上讲，但是没有讲到现代性的立法原则究竟是什么原则？现代性的立法原则就是这句话——人义论取代神义论，什么叫人义论？就是人以理性为自己立法。什么叫神义论？就是神为人立法，神以信仰之名为人立法。对这样一个从神义论到人义论的转变稍微地阐释一下，我们就会发现它包含着全部的古代社会的原则和现代社会的原则，包含全部古代社会的信念与现代社会信念的不同。首先，神义论是以信仰的方式来立法的，因此整个社会的价值统筹、思想、知识、制度所有一切的合法性的根据是信仰，它是一种混沌的整合，一种意志和信念为核心的整合，在信仰的整合之下，信仰的价值就是最高价值，被信仰者是绝对价值，一切世俗社会的价值都是因为分享的信仰价值而具有它的价值，因此信仰立法的社会被伏尔泰等人称为蒙昧社会。蒙昧，是因为这个社会方方面面的原则，包括真理原则，是以相信为根据的，是以一种信仰的形态为根据的。在那个时期，在信仰为人立法的时代，整个社会是一个整体，文化、科学、技术、知识、生产、权力，社会的方方面面整体整合在一种信仰的依托当中，他们之间的界限是不清晰的、混沌的，因为它处在一个信仰状态。

而科学理性跟信仰是有冲突的，如果严格按照科学理性的方式来思考就会发现信仰是站不住脚的，比如说地心说、日心说的争端，所以信仰它的整个根底是非理性的，但是这种非理性的统合状态造成了两个好处，第一个好处就是社会的精神团结，在统一的信仰下，这个社会的文化整合是高度一致的，以信仰之名整合社会大家是很团结的。西方历史上最重要的战争是宗教战争，不同信仰之间的冲突，同一信仰的人都是兄弟。彼此之间的团结意味着相互之间的认同度极高，文化没有发生分裂，审美与信仰、艺术与信仰、科学与信仰都是统合在一起，所以社会非常团结，它有一种整体的精神整合的力量。用庄子的话来说就是"道，未裂为术"（《庄子·天下》），整个社会是以道为核心的统归一体的统合状态。第二个好处就是个人安身立命的根据在于对信仰价值的分享，因此作为个体他的人生的安顿是有依托的，他觉得他活着是有意义的，他精神很充实。还有就是政权高度稳固，意识形态对政权的支撑非常强有力。它的坏处就是剥夺了人的基本权利，剥夺了人的自由，剥夺了社会经济科学的充分展开和发展。而"人义论"，人为自己立法意味着除自己以外是没有根据的，每个人都可以为自己立法，所以当时的一些现代社会的启蒙思想家康德、伏尔泰、卢梭都提出要唤醒每个人的理性精神。理性精神的核心就是批判，每一个人做理性的主体，来对对象、对文化、对一切社会事物进行严格的审视和批判。因此人义论首先它的原则就是人的主体性原则，人是主体，人的主体的核心支撑是理性。理性不是盲从，理性是唤起每一个人自己的理性，唤起每一个人意志，自我审视，审视对象，审视一切，这个时候人才从神、从自然的混沌当中分化出来。马克思对这一点也是认同的，他说："自觉自由的活动使人首次成为人。"[1] 实际上人成为主体在西方有一个漫长的发展过程，他的确是现代社会的财富。人以理性的方式为自己立法就意味着主张一切权利、一切真理、一切价值都必须在理性面前得到批判性检验，理性的批判性检验是决定一切事物的合理性合法性根据，这就是人义论的基本性转变。进一步，那么人义论如何展开呢？人为自己立法，以理性为自己立法，究竟如何立法？因此，启蒙思想家就创建了一种哲学，这

---

[1]　马克思：《1844 年的经济学—哲学手稿》，刘丕坤译，人民出版社，1979 年，第 12 页。

种哲学就是主体哲学。从人与对象的关系当中去理性的论证批判分析寻找立法根据，这样一来我们就可以理解康德的三大著作的名字，叫《纯粹理性批判》《实践理性批判》《判断力批判》，为什么叫"批判"了。进一步，既然是从人与对象的关系当中来为自己立法，一切都要接受理性分析的检验，那么就要进一步追问，人与对象究竟有哪些关系？主体与对象之间究竟展开了那些活动？经过分析就发现人与主体的关系主要有三种、三大领域：第一、人与神的关系，人神关系；第二、是人与人的关系；第三、是人与自然的关系。人与人的关系通过启蒙思想家的仔细分析发现其实就是人与自己的关系，就是灵与肉的关系。这样一来，那么人与对象的关系就演变为三大领域，第一个领域是认知领域，第二个领域是实践领域，第三个领域是审美领域。按照启蒙思想家的主体性原则来看，只有一种立法方式是可靠的，就是对人与对象、世界的活动类型进行内在的分析，通过对这种关系的结构、关系样式的理性分析来提取出对这种关系的立法根据。举个例子，比如说：我们要为人与人之间的交往立法，这个立法的根据在哪里呢？就是在实践活动当中，这个实践不是马克思意义上的实践，西方哲学意义上的实践从古希腊到现在，这个实践是指道德实践，道德实践是一个广义的含义，是指人与他人相关的价值活动，因此也包括政治、道德，简单说就是解决人与他人之间的关系。那么要为人与他人之间的关系立法，如何立法呢？只有一种立法方式，就是理性的反思性地分析人与他人关系的本质。康德发现，我们不能把他人当作手段，人与人相互之间都是主体，是一种互为主体性的关系，这就决定了我们之间的关系在本质上是一种平等的关系，因此平等的原则就推导出来，首先是要平等，在先天的关系根据上，我们是平等的。由此就推断出他的第一个要求，任何时候立法都要使立法的内容能够为所有人所接受，没有特殊者。必当使立法成为一种普遍性的立法，对所有人都一样，这样的东西才是合法的。这就是平等要求。这样的要求就包含了在道德上的平等性与法权上的权力关系与民主政治的根据，这样一种道德、这样一种实践立法，实践理性批判建构的是一种人与人之间的一种理性，这种理性不是通过信仰来解决，而是通过人与人之间关系的实质的分析来批判、来分析、来推导。再举一个例子，比如说康德曾经分析过审美，审美与认知的差异。比如说我们看到一个对象，我们一下就觉得它美，这是审美判断。比如看到一个对象，某某很英俊啊，这是一个判断；一看这是某某，这是两个判断。第一个判断"某某很英俊"是一个审美判断，第二个判断"这是某某"是一个认知判断。在认知判断中，判断者和被判断者，判断的主词和谓词都是对象，我们的判断只是把一个具体的对象归属在一个种类当中。这个比较具体，广泛地说，比如"这是一匹马"，"这"是一个具体的对象，是"一匹马"是一个具体的种属，是一个类，我判断一个对象是把一个具体的东西跟这个类相连接，然后再加这个种属差，因此这是一个认知判断。判断主词和判断谓词都是对象，而判断者不过是把一个具体的对象跟一个更宽泛的对象相联系，把它进行归并，如此而已。在这个意义上认知判断的前提是概念，是对各种概念关系的理解。可是我们说"某某很英俊"，这是一种价值判断。当我们说"某某很英俊"时，反映了我对对象的一种主观的感觉。因此我们判断"某某"，这个是个对象，"很英俊"这个是价值判断。这个价值判断不是一个客观对象，而是反映我对这个对象的感觉，一种感受。比如，你认为某明星好漂亮的时候，你实际是说某明星打动了你。你陈述的这样一个过程内涵，实际上是联系了客体和你主观的心理体验。所以说，审美判断它不是根据概念和概念之间的逻辑关系，而是根据对象和审美主体之间的情感关系。康德通过这种分析为审美立法，要确定审美自身所特有的价值品质及它的规律和根据，就是要为审美立法，也就是要强调审美作为感性肯定的合法性，由此论证审美艺术不是科学理性所统治的豁免权，这在历史上是一个惊天动地的大事。回转来看，康德他的审美立法，他的认知，也就是纯粹理性立法，实践领域的道德权力立法、政治立法，它的根据是对这个活动本身的内在关系结构进行分析，从内在活动本身关系本质当中提取出为这个领域立法的根据，也就是说现代立法跟传统立法完全不一样，现代的立法根据是经过严格的理性分析批判，从内在领域本身的内在品质、内在本质当中去立法，这跟神为人立法是完全不同的。

前面我们简单介绍了人以理性为自己立法的情况，这样的立法在整个社会，在现代性上升阶段是普遍的，实际上很多思想家为此做出贡献，整个现代文化都是在这样一种现代立法的不断变革、不断地批判当中不断地积累的，这样一种立法彻底地改变了现代社会的构成原则、彻底地改变了现代文化的风貌，由此它就使科学知识成为真理的样式，使信仰的地位一落千丈，使政治、法律和现代的道德符合人性自身的内在规定，使得审美得到解除一切外在束缚的一种滚滚洪流式的展开。这样一来它也就使整个社会生产解除了一切外在的宗教束缚，这样一来人义论以理性为自己立法的展开就使人类进入了一个完全全新的文明阶段。这种立法的构成，按照学术史的划分，叫做启蒙理性、启蒙现代性，这些立法的展开，它的整个文化系统用一个词来概括——就叫做启蒙现代性。这是第一个层次。

但是康德在立法的时候，他写的三大批判，与他差不多的一些法国和英国的思想家还没有意识到这种立法展开以及这种现代性展开的严重后果，他们只是看到了其中的好处。伏尔泰、卢梭、洛克包括休谟、马克思都是非常乐观的人。他们非常乐观，坚信人类文明已经走向康庄大道。这个时期是属于现代性的上升时期，可是首次意识到这种立法现代性带来深重危机的人是黑格尔。黑格尔他在仔细思考立法、反思康德的时候发现了一个问题，这个问题就是信仰的失落带来的是各个领域的分化。从各个领域自身内部去寻找立法根据，经过理性的研讨、分析、批判去寻找立法根据，显然各个领域立法的根据是内在于这个领域自身的。换言之，这个内在于各个领域自身的法律、它的价值根据是不能用在其他领域的。比如说实践领域它的内在根据，是不能移到艺术领域的，实践领域的法则不能用于审美领域的法则，科学理性的法则也只是在它自身的领域内部有效。这就造成了这样的结果，各个领域自行其是，按照自身的规律飞速发展，这样一种展开的方式。每个领域又可以分为许多小领域，每个小领域也有自己的立法根据、内在规定，这样一来，原来信仰统合下的整个社会的总体性就轰然倒塌。所以现代性、理性，按黑格尔的说法，理性化就是分化，分化就是分裂。分化就是现代人类整体性的分裂。尼采也说过"上帝死了"[1]，这是什么意思？就是说信仰对整个社会的统合解体了，所以理性化就是分化，分化就是分裂，分裂就意味着各领域自行其是以及这些领域之间的冲突。实际上，这就是所谓现代性危机的根源。对现代性危机的分析诊断从黑格尔时代就开始了，这些思想家是非常伟大的思想家，他敏锐地发现了这一点，终其一生想办法一方面不推翻启蒙的原则，另一方面又想用什么思想道路来克服这种现代性的危机，也就是克服分裂分化、矛盾冲突的这样一种危机。这种分化分裂如果我们分析下去就会发现，它是一切现代社会包括今天产生的各种矛盾、各种问题、各种危机的逻辑根源。

理性化就是分化，分化就是一个不断推进的专业化发展过程。不断分化，越来越专业，越来越细分，分化就是一个专业化不断细分的过程。它的一个非常重要的结果就是工具理性的进展。这里边最主要的智慧样式就是科学技术，所以实际上理性化的分化使得现代性全面的膨胀，人可以从各个领域去满足自己的需求，社会生产力得到了极大的解放和提高，社会制度上的文明也越来越复杂、制度越来越多，人类诸领域不断膨胀，从而形成了一个越来越庞大的现代知识谱系。这个现代知识谱系的典型构建就是我们现在大学各个学科的划分，这个是最为明显的。人文学科又分社会科学、哲学，自然科学、技术科学，各个领域突飞猛进地发展，满足了人们各个方面的需求，人的生活的丰富度就得到了极大的展开。马克思说过生产力的发展实际上不仅仅是简单的劳动问题，在这样的文化背景下社会的生产力才能得到极大的发展。但是分化就是分裂，各领域自行其

---

[1]　尼采：《查拉图斯特拉如是说》，图鸿荣译，北方文艺出版社，1988年，第94页。

是，而人是一个整体、社会也是一个整体，人与自然的关系本身也是一个整体。各领域自行其是之后，原来的统合性就发生了分裂、断裂。首先一个最大的问题就是人作为一个整体知、情、意是三个方面都有的，因为要分化，一个人要从事各个分化领域的活动，要用理性去约束自己，那么就必然把自己捆绑在一个狭小的领域当中去，把作为整体的人、丰富的人捆绑在一个狭小的领域当中，人就变成了某一个领域的专家，知识人或者一个专业人。专业人是人的展开的极度压缩、扭曲与片面化。这种压缩、扭曲、片面化甚至达到了这种程度，很多人都变成了畸形的人，人变成了某一个专业领域的工具，人的生活被捆绑在这些各种专业领域当中。哈贝马斯对这个事情就专门用了一个词，叫做"各个系统对生活实现了全面的殖民化"[1]。生活殖民化的一个最重要的表现就是人的整体性的分裂，人变成了马尔库塞所说的"单向度的人"，人被捆绑、约束在非常复杂的分化现代性深层网络之中，这种网络甚至让人喘不过气来，让丰富的人变成了机器、手段，现代性的分化反过来变成了现代社会的理性统治。关于现代社会的理性统治研究的比较彻底的就是马克思·韦伯，详见他的著述《新教伦理与资本主义精神》。

马克斯·韦伯是古典社会学的一个开创者，在西方现代性研究上是具有奠基性功劳的，起了很伟大的作用。他提出了一个说法，"社会理性化的铁笼"，人被捆绑在社会理性化的铁笼之中，于是我们就会看到诸多压抑与分裂。压抑，如前所述，理性化统治就是压抑，把人变成一个手段。再看分裂，首先人自身分裂，人的感性与理性分裂，知、情、意相互分裂，人自身首先就分裂了。然后，人与他人相分裂，因为每一个人自行其是，人与人之间相互认同的根据找不到了，原来是以信仰为认同，但是现代社会没有信仰的认同，它的根据是什么？于是就出现了社会的认同

---

[1]　尤尔根·哈贝马斯：《交往行为理论》第 2 卷，洪佩郁、蔺请译，重庆出版社，1993 年，第 169 页。

危机，随着民主化的推进，反而造成了一个认同的危机。信仰与理性的分裂使得人生存的意义失落，人变成了一个理性人、一个空壳、一个理性手段。人与自然的分裂，人以理性的方式去改造自然，原始的人与自然混沌一体的状态完全解体。千方百计地去研究自然、利用自然、改造自然导致了现代科技造成的这种环境危机、生态危机。海德格尔终其一生就是思考这个问题，他认为现代社会这种根本的毛病就是技术统治。什么叫做技术统治？就是以技术操作的方式，以技术的眼光看待世界的方式变成一种普遍的形式。这种形式的内涵是什么呢？就是人把对象作为一个功能对象进行研究。当把对象作为一个功能对象来进行研究时，就是考虑这个对象对人有什么用。用这样一种方式去对待主体，形成主体和客体的关系，这样对对象进行有用研究的技术的方式，在他看来，是一种人面对世界的基本关系座架。就是我们总是把对象分裂开来、单独起来、提取出来，然后对它进行纵深的分析，生物学的、化学的、物理的，通过科学实验去炸开对象，这样一来，由于这样的研究，整个自然对人来说就从原来的生活感知的"母腹"当中变成个人功能物的储存，整个自然界原始的作为人类生存存在的自然界就变成了功能的堆积。而这种眼光不仅是看待自然的眼光，也是看待他人的眼光，也是看待人自身身体的眼光。这样一来，技术统治就使人类社会进入了"夜霸"，进入了黑暗时代，造成了存在的遗忘。这样的状况就叫做现代性危机，马克斯·韦伯在研究这些的时候，最后得出的结论就是，现代理性其实就是工具理性。工具理性的意思是什么呢？理性对人是一种约束，人围绕某个目的约束自己的意志，把自己取向为一种工具性寻求的主体。理性作为一种约束使人的意志向着工具性的方向去开启人所遭遇的一切。所以说理性就是工具性，说启蒙理性是工具理性，这个总结也存在相当的问题。

当然，黑格尔也提出了自己的解决方案。黑格尔以后，各种各样的思想家也都提出了解决方案。从黑格尔到今天，人们发现每一种解决方案都有问题。直到现在，解决方案都层出不穷。

现代性危机对人类来说是一个非常深重的危机，从康德到黑格尔，二百五十年以来世界上几乎所有伟大的思想家都在寻找同一个东西：解救、克服现代性危机的道路。各个大的思想家都是在这样一个大背景下，在这样一种思想背景下提出各种求解思路的。很显然，随着思想史的不断演进，后面的解决方案又把前面的解决方案推翻了，推进了，这样形成了整个现代思想史、现代文化史、现代社会理论史持续向前的现代化运动。在这里，几乎是异口同声的，大家都同意的解决方案就是审美。因为在对人自身的活动类型进行研究的时候，康德发现只有审美活动活动才具有这种特点：在这种活动中，人类自身诸功能是协调的，理性和感性是统一的，意志、情感、理智是统一的、和谐的，目的性和非目的性是统一的。在审美的相互应和之中，人与人之间的关系也是和谐的。而且只有在审美状态中，人与自然的关系才是相互尊重、和谐、自由的。所以从康德开始，从黑格尔开始更为明显，黑格尔专门写三大卷《美学》，翻译成中文四大卷。与黑格尔同时的席勒甚至说过一句更极端的话："正是通过美，人们才可以走向自由。"[1] 同时人也只有在自由的时候他才是审美的，席勒甚至要以审美的方式来重建整个社会的政治关系。从黑格尔、席勒、马克思、海德格尔到现代批判立论的各种思想家，甚至包括后现代的波德里亚、福柯、阿甘本、德里达、朗西埃等——所有的思想家都瞄准了审美，从而形成了西方轰轰烈烈思想运动。这个运动的核心就是"审美救世"，就是在审美活动中去提取、建构未来社会原则，就是以审美的方式让现代性分裂状态下的人重新求得分裂的和解，弥合分裂、解脱分裂，也就是解分化。审美状态的确也是这样，比如说我们听音乐其实是很沉静、很幸福的。之所以是这样是因为我们在看电影、听音乐、看小说、读诗歌的过程当中，人其实是很自由的。没有人强迫你去听音乐，在听音乐的过程中，你是完全放松的。用康德的话说就是你的知、情、意处于和谐的状态。既

---

[1] 席勒：《审美教育书简》，冯至译，上海人民出版社，2003年，第21页。

愉悦了你的心灵，同时也使得你的身体得到了放松，在音乐当中产生共振，这个时候人与人的关系是非常亲切的，人在审美状态下的关系是一种相当于爱得非常亲切的关系。同样我们在欣赏大自然的时候，欣赏自然景观的时候，跟我们要到自然中去开矿，那完全是两种不同的眼光。欣赏自然我们就没有想过要把自然提取出来干什么，我们看矿物质是看到矿物质的美，而不是看到它的功能。

这样一种东西当在信仰坍塌以后，是现代社会解救自己的根本活动类型。由于人在现代社会无处不处于理性分化的铁笼状态，因此他对这种感性的审美要求就不可遏制，要求越来越强烈、越来越多、越来越广，把这种运动叫做感性冲动造反逻各斯。所以我们看到很多现代艺术都是非理性的。很多原来的批评家称之为资本主义腐朽的表征，这种说法是欠妥的。它有非常纵深的社会历史的发展根源，非常纵深的学理性的根据。但是这里有一个问题，就是人不能完全生活在审美中，因为现代社会要满足对人的多方面的需求，对物质方面的需求也非常巨大。这样一来就导致这样的结果，就是在每一个功能物之上，人们同时要求它具有解分化的感性力量，每一个功能物人们都不可遏制的要求它具有解分化的感性力量。这就是日常生活审美化掀起的根本原因。也是现代设计为什么形成一浪一浪的时代风潮、审美化风潮的根本原因，也是现代设计对人类生存、人类文明的发展做出的巨大的探索和贡献。可惜它的价值迄今为止都没有得到正确的解释和肯定，很多人都是从非常肤浅的方面去解释。

这个推进过程对于我们设计来说很重要，对于理解设计，理解我们这个社会来说是一个至关重要的过程，一个文明发展的过程。只有在纵深理解这个过程后，我们才能够理解现代社会为什么所有的东西都要求美化，为什么是这样？

认识跟心灵毫无关系，审美比认识深沉得多，直接构成了人的生存感。人的真正的时间性是在感受中展开的。感受构成了人的内在生命。

## 二、作为哲学思考的品牌理论

哲学思考，一言以蔽之，就是对无原则的追问。意思是说不撇掉任何前提对它进行追问，不屑任何基本的东西，对任何东西都要去追问它的根据，这就形成了一种哲学思考。科学思考和哲学思考是不一样的，我们人的思考实际上是两个指向，一个是往经验性内容的指向，按照经验性的因果链条去思考，比如说物理学、生物学、化学、科学是按照经验性的链条去追，按照经验性的因果链条对日常，所谓经验，就是事实性的关联。不断地按照经验去追问，追问的结果显然就是科学，事实上就是追问事实之间的联系，事物发生发展相互区别、根据，这是因果联系。这个指向被叫作是前向指向，按照经验不断往前去追。如果我们用"视野"这个词来看，如果我们看一个东西有视野的话，那么经验知识、科学、日常知识是追问他看到的东西的因果联系，这就是科学和经验思考问题的方式。另一个指向是后向思考。而哲学是后向思考，哲学要问的问题是，比如说你要对经验进行追踪，它就会问你，你追踪经验的视野根据是什么？你追踪经验的主观根据是什么？因此哲学就叫做反思，哲学思考的方式就是反思，反思你的经验知识背后决定你经验知识的主观根据。比如说康德在分析道德领域、审美领域和知识领域，他不是去问具体的经验知识。知识之所以成为知识的主观根据是什么？那么他就必然要回溯到主体和客体之间的关系问题，主体和客体之间的几种精神关系，认知的、审美的、实践的，而且还要回溯到主体本身。人为什么要形成这种视野呢？就会形成对主体自身内在性构成的分析，就是对主体性的构成进行这种分析。那么，知、情、意在主体之中处于一个什么位置？人为什么会有这种知、情、意。哲学就是反思，反思一切知识、一切话语、一切事情的现象学根据、先验根据或者说是主观根据。这种主观并不是区别于客观的主观。比如说我们追问逻辑，逻辑学相对于具体知识来说就是典型的对主观形式的追问，要论述就要遵循逻辑学的原理。逻辑学研究的是知识形式，就是知识赖以形成的，比如说概念、判断、推理、三段论赖以形成的主观根据，这是形式的根据，这就是哲学，是对主观根据终极的追思追问就是哲学。

研究这些问题是要为知识立法、为道德立法、为法律立法、为民主为政治立法，为一切规则系统立法，哲学思想是为文明奠基的智慧。我们原来讲的，马克思说哲学是关于世界观的学问，这种说法也没错。所谓世界观就是你对世界的主观根据，这种根本的构成性认识。

哲学是有分类的，所以有认识论、价值论、实践领域、美学，这三种东西统一于什么呢？最后有一个人提出，每个领域的主观根据最后一定会追溯到另外一个最根本的东西，就是存在。这个人就是海德格尔，他创建了存在论，把各个分类的主观根据最后追溯到一种存在的整体性的高度，对真理的追问。

现代商品设计的各个环节在综合性的哲学思考中也应发挥作用。

如果按照时下的传统划分方式，实际上商品设计包括这样一些层次。狭义的产品、品牌、发展战略、商标、命名、品牌Logo、包装（内包装、外包装）、符号系统与形象标志、营销、销售、传播、卖场、活动、博物馆、体裁、推进实施当中的空间布局与节奏。我们可以简单的把这些系统性设计看作一个东西——实用功能设计加综合文化设计的设计体系。但是由于我们常常缺乏一种整体的理解，所以经常会出现一种情况，就是缺乏一种统观一体的理解和把握，因此常常会出现的情况就是顾此失彼、相互脱节。而且有的公司是不同的设计环节由不同的部门来承担，各部门之间缺乏沟通、自行其是，实际上就缺乏一种统一的意义设计系统。因此，我们的目的是要正确的理解意义设计系统的构成。

品牌理论、各方面设计理论有很多，我们就用一种最简单形式来做一个最简单的概括。就是务必做到综合文化设计诸环节在意义生产上各司其职，让产品的形式成为击中心灵的闪电，让品牌Logo成为图腾，让品牌成为神话，让产品成为符号，让卖场成为动人或者诱惑，让形象代言成为时尚，让创业成为传说，让博物馆成为价值证明，让动态成为新闻，让广告成为名言，让活动成为事件，让公司成为信念。就是这样一个价值系统。这些环节是最理想的状况，最理想的情况就是每一个设计目的、每个环节的设计目标都能达到这些指标。产品设计主要是两个设计，即产品本身来说他在整体意义设计的统一定位下，确定两个方面：一个是物感设计，就是它的形象外观，二是功能设计，功能设计上技术设计一直有这方面的研究。这里讲一下形象设计的指标。所谓物感，从创造的角度讲就是材质所蕴含的感性力量的打开，一种审美的动人的力量，击中人的心灵的力量。物感的创造就是设计艺术的创造。产品的直观的感性力量是通过物感创造来达到的。关于这一点有很多论述，古今中外有很多关于物感和心灵之间感应关系的论述。在物感创造环节上论述的最好的不是现代西方哲学而是中国古代哲学，中国古人在心物关系、在物感把握上的论述是非常精深的。他把物感创造的环节划分为三个环节：一个是运物，二是接物。所谓运物是说，在材料运思当中打通心物阻隔，在内在心神的领会当中实现材质实物与心灵、与呈现对象的神遇默会。因为实际上审美就是一个物、一个形式打动人，这个东西到现在为止的研究是没有办法解释的。一个对象打动你是没有办法解释的，但是它能入心，打动你的心灵，让你的心灵向物敞开，物向你的心灵投射出一种力量，这个时候你就会发现物是闪光的。实现这种心与物就有一种内在的融通，不是说要去认识一个物，就是要在体验当中，像流体一样让心与物融为一体，这样来铸就心物的形式感。就是说，创造一种新的物实际上是创造一种形式感，而这种形式感是在心与物在融通之中的一种闪亮、闪现的状态。就是寻找形式感被照亮呈现之天机启动的一种时刻。什么时候才能创造出一种形式感？是不知道的，古人认为这是一种天机启动，一种灵感的闪现，灵感闪现是心和物之间相互融通、运思的结果。后来有一种理论专门对之进行了解释，这个理论叫格式塔心理学，格式塔心理学中有一个著名的美学家阿恩·海姆，他写过一本书，叫作《形式与视知觉》，这本书就是解释一个纯粹的物感形式为什么会有力量，为什么会有击中人心的力量，这种击中人心的力量是从什么地方来的？他是这样解释的，他说实际上我们人对任何一个物、对任何一个形式的接受不仅是一种认知，接收到的信息实际上是一种能量的传递。接受一个信息包括两个东西，比如说你的心就是一个河面的倒影，船开过去以后，有两个东西一个是倒影，就是你认知到对象的内容，还有一个就是湖面的波动。因此，接受一个信息其实就是接受一个能量的传导，从物理学上看，通过视网膜传递到神经转化成生物能以后，根据形式的本身所形成的，不同的形式在大脑里面转化成生物能扩展的方向是不一样的，当物理能转化成生物能向大脑的所接受的能量扩散，这种扩散所渗透的广度和深度就决定了一个人对对象感动的程度，这就决定了一个对象能够打动人的能量转换的根据。关键在于艺术创作是怎么一回事情呢？艺术家创作是用材料在思维，他的思维跟材料是不可分的，所以叫运思、运物，用材料在思维。他在思维的时候实际上是处在不断地掂量物的不同形式对他自己的能的辐射。他不断在掂量、感受这个东西，不断换个形式在感受这个东西。因为艺术家的思维是高度情绪化的，因此他常常是在无意识状态在思考，他这种思考的专注、情绪的专注，使他所有的思考运动融贯了它的整体。这样绝大多数时间他仿佛是在没有思考的时候，但是他巨大的无意识形式运动对物感材料形式感觉的不断地进行自我掂量、自我体验的组合。巨大的脑电讯息汪洋大海般在运动，在不断地运动，不断地创造，但他自己却不知道，什么时候他才知道了呢？突然有一个触机，他的巨大的脑电讯息的组合一下子打通了一个物，找到了一个使他眼前一亮的形式感。这时从无意识状态当中对这种形式感的心理体验，这种生物能从无意识的水平跃迁到艺术水平，就产生了灵感。所以叫天机启动。古人对此有很多说法，"既随物以婉转，亦心与而徘徊"（刘勰《文心雕龙·物色》），每一笔，每一斤，就是说每一次创作都有如神助，是材质独特的感性力量在你的运作中之中一显而出、光芒四射、蓬荜生辉，这个时候美好的形式就创造出来。所以，古人说的运物其实包含很多环节。

人接物的方式，就是心与物相接，艺术家如何去把握物。中国古代在讲艺术创作的时候，他认为艺术家把握物是神会。什么叫神会呢？《庄子·天地》里面有一个例子："黄帝游乎赤水之北，登乎昆仑之丘而南望。还归，遗其玄珠。"就是他登上昆仑上南望之后有感受，然后他就回来，可是在回来的途中，他的玄珠丢掉了。玄珠就是他得到的对物的精深的领会、洞观，洞观物的精魂丢掉了。"使知索之而不得，使离朱索之而不得，使吃诟索之而不得也。乃使象罔，象罔得之。"黄帝曰："异哉，象罔乃可以得之乎？""罔象，无心之谓"，"象罔者，若有形，若无形，故曰眸而得之。即形求之不得，去形求之不得也"。就是说当他用理性思考的方式聚精会神地思考物，他都得不到。他只有一种情况才得到物，就是洞观物的精魂，就是理解物的、使物形开的这样一个精魂，就是"恍兮惚兮"。也就是处于一种无意识地对物恍恍惚惚的状态之中得到了物的精魂。

这些看起来好像都不太容易理解，可以看一些印象派画作的例子。

比如印象派的画作，它们之所以比之前那些清晰的画作更动人，在于印象派画的都是瞬间恍惚的状态，就是人在瞬间恍惚地用内感官恍惚地仿佛是本能式地在接物的时候，忽然得到一种最生动的东西，就是物与人之间相互融入的这种恍恍惚惚的状态。后来后现代哲学家利奥塔专门研究过这个问题，他说是这样一种时刻——是意识涣散的时刻。就是艺术创作最高的状态是人与物的融入，融入到哪种程度呢？是意识涣散的时刻，意识不到，是意识涣散，不是聚精会神的意识对话。恰恰相反是意识涣散的时刻，是意识涣散状态下的神秘心物敞开、心物交融，在这种状态下呈现出动人的力量，物呈现出他的光芒。我们看梵高的画就很明显，整个印象派的画都非常明显，我们看一些清晰的画反而没有什么动人的力量。实际上一切创造都是这样，他有这样一个时刻，就是天机启动的时刻。而这样的时刻是心与物处于一种神秘交汇、一种幽冥神会、一种入神的状态。心与物相互激荡、敞开，从而迷入、沉入创造。这种状态在中国古代道家的心目中这就是入道，达到这种程度这个人就是得道了。它的意思就是说，达到这种程度你创造出来的东西就可以巧夺天工，达到这种巧夺天工的程度，你就可以"与道大化"，能够与天地人间相往来，也就是说，你就可以创造感人的、动人的物。这是第一个环节，形式感的创造。

再看一下与品牌设计相关的各环节内容。

Logo。Logo 的核心是空洞，是空洞极简的符号。对消费者而言，Logo 除了品牌、商标、身份的标志和视觉的图腾效应以外是一无所有的，实际上 Logo 对消费者而言，在消费社会，它是一种图腾。图腾的效力来自这样一种东西，就是一而再再而三地、毫无理由地重复。Logo 是不能够用理性来分析的，就是一种图腾的效应，因为它不断地、无理由地、断裂式的不断地呈现，它具有了一种力量，具有一种极简、空洞的，但是又让人拜服崇拜的力量。Logo 实际上它设计的最高原则，就是让它成为商业社会的图腾，大家看到这个东西马上就有一种肃然起敬的崇拜之心，这就是 Logo 的力量。它不仅是标志一个品牌，它是一种让人肃然起敬的视觉形式。就是有一种无理性、非理性地徽标崇拜。消费社会神话的徽标，现代神话的标志性符码。空洞，极简，一再重复。

从消费者的角度，从日常感受的角度讲。品牌代表了消费社会的希望、奇迹和寄托，它是这个时代非理性生活力量的源泉。品牌实际上是消费社会时代的神话，一个品牌就是一个神话，这个神话就是给所有的人以希望，消费者看到品牌就会相信，生产厂家只要将品牌树立起来他就有了希望。所以品牌寄托了消费社会人的希望、理想、经济效应、信赖，所以它是一个典型的消费社会的神话。虽然现代社会是理性社会，但是任何社会都是需要神话的，没有神话就没有一个社会活生生的精神力量，就像一个信仰一样。它是必须要神话的。品牌就是提供意义的一个非常重要的根据，对企业来讲是这样，对社会来讲也是这样。它为消费社会的消费者和生产者提供双重的意义，品牌上就是这个社会意义的核心支撑。当然，我们知道品牌包含了很复杂的东西，品牌是一个大的设计工程，所有设计环节都是为品牌服务的，品牌的这种神话感、神话力量到现在为止还研究的非常不够。

**卖场**。是购买用户的情景化力量。被美轮美奂的氛围所打动，心灵上的冲击和视觉上晕眩感都来自一种具体场景的力量，这种场景的力量与分散产品的呈现是完全不同的。实际上现在卖场的设计可以说是代表了消费社会设计的最高水平，任何一个城市最动人的地方就是各种各样的卖场，尤其是专卖店，这些著名的卖场、著名的专卖店，它为都市提供了最美好的景观。但是正因为在这种美好的景观中，根据各自的商品要求来布置，所以他是一个巨大的诱惑。

**形象代言**。它的核心是鼓动，除了销售动员以外，它是鼓动时尚运动的活生生的力量。代言是推动时尚模仿的肉身榜样，这就决定了形象代言必须具有美好的形象，具有广泛的社会影响力。形象代言一定要找名人，代言人的知名度一定要比品牌知名度高一些，形象代言一定要和品牌定位相吻合，符合传统的机制和不断更新的恰当的节奏。

**创业故事**。关于创业，要有高尚的充满伟大理想的故事或者奇迹的陈述，如果没有，也一定要有奋斗成功的感人的情节或者贡献于人类福祉的信念。创业的故事要有四个要素：梦想、创造、责任、公益。务必使创业成为一种传说。要达到一个目标，就是让公司在社会公众心目中成为一种信念、奋斗、诚信、责任、良知、希望。我们看到很多品牌都有这类创业的故事，其宣传功效是不言而喻的。

**品牌博物馆**。它的核心很简单，就是通过展品、故事、场景、装置、影像、音乐、流程来对品牌价值进行论证，也就是说博物馆的价值在于对品牌价值进行论证。博物馆最核心的东西是要提出一种话语权，对产品的解释提供定义权，对产品的价值进行一种感性的论证。一个产品当它有了博物馆之后就变得厚重，有知识功底，有历史。有博物馆，好像它就有了很深的文化渊源，有文化品质和含量。一个产品有了博物馆就显得很厚重、有文化，而且博物馆是一个固定的空间，它源源不断地永恒地矗立在那里，被人不断地参观。每当人们参观一遍，就被教育一遍，让人们不断地在里面去听讲的故事。对品牌建设来讲，博物馆是非常需要的。很多品牌都有它的博物馆。

**以飞亚达品牌为例**。飞亚达是中国较为突出的手表品牌。飞亚达的定位是非常准的，优雅、时尚、知性、轻奢。目前如果是在针对中国客户来说的话，它是一个最有商业前途的定位。之所以具有商业前途，是因为手表对中国人来说是很特别的。我们知道传统时代计量时间的方法是不一样的，所以在电影里我们可以看到，把怀表掏出来的人或者戴手表的人，代表他是有现代观念的人。因为手表它的精准的制作工艺是中国传统造物里是没有的，这种非常精准的制作工艺，中国传统工艺里是没有这种能力的。它制作非常精准的工艺，它的现代时间概念，这就决定了手表这种东西在公众心目中，在中国文化的背景中它的形象有一种现代感、理性、知性、守时，有知性、优雅这样一种东西。而这种知性的印象最相配的身份实际上是白领阶层，尤其是都市白领。都市白领的基本趣味就是理性、时尚、轻奢，同时他也要追求生活的气派、身份感，所以轻奢的定位是非常准确的。轻奢，有一定的时尚性。所以在这个意义上，飞亚达的品牌定位是非常契合手表这种东西、这种器物、这种商品在中国文化当中的这种代言性形象，公众对手表的这种理念。

除此以外，手表这种东西如果我们做更纵深的思考，就是作为一种时间事件。波德里亚是这样论述手表的，他说它把我们划入一个不可化约的时间性之中。"手表意味着对时间的划分，意味着我们的生命被时间划分所规范，这样一来手表的出现意味着一种约束，把我们划到不可化约的时间性之中。同时手表作为一个情感对象物，它能够帮助我们占有时间，就像汽车吞噬公里数，作为对象物的手表吞噬了时间，它将时间实质化，同时又将它分割。手表使时间成为一种可以被消耗的事物。因为拥有手表，时间不再是实际上具有危险的维度，他是一个被驯服的量。手表不只是知道时刻，而且是通过一个属于自己的物品来知道时刻，因此拥有了手表便拥有了时间。它持续地在自己面前记录它基本的作为，已经成为一个文明人的基本养料：一种安全感。时间已经不再存在于家中大挂钟摆动的心脏中，但仍然存在于手表中。以内脏蠕动般的规律性被记录下来，而且它所带来的满足，也是同样的有机组织式的满足。通过手表，时间就成为我们客观化的过程本身的表达。"[1] 简单来说，手表让我们感到似乎我们已经掌握了时间，在时间的压迫中让我们具备了一个拥有时间、掌握时间、操作时间的东西，但是因为有了手表的打量，不断地看时间，它同时带来一种安全感，不需要忧虑时间没有规范的流动。因此这样一种通过拥有一个器物来拥有时间，对现代人的生存具有一种本体性的意义。它让时间能够成为人自己的计量物或操作物。就是说，通过手表，人既被时间所规划，又操作了时间、征服了时间。波德里亚的分析是非常感性的，是非常现象学的一种分析，符合我们对手表这种器物的日常感受。

更重要的是，手表还有一种意义，这个意义就是手表代表了我们的一种守时的信誉，是一种更纵深的人际交往的象征意义，纯粹时间的维度。虽然说很多东西都可以看时间，但是手表是专门看时间的，而且它的样态美轮美奂，所以它越来越成为一个现代白领阶层的心理需求。一个戴手表的男士或者一个戴手表的女士他的风度是不一样的，他是文明的，他是理性的，他是守时的，他是有现代人的这种时间意识的，在现代时间这种精确性中他是从容不迫的。所以手表作为一个身份的象征，作为一个身份的符码，它能够折射出现代消费社会人的某个意义的维度。尽管出现了很多反倒可以取代它的比如说手机、电脑，但是它仍然存在。

手表是一种具有恒定性、持久性、长久性的稳定商品，这就是说手表这种品牌一定要考虑它的典藏性。手表在这个意义上手表是一种具有典藏意义的耐用之物，成为一种典藏物。所以说典藏性、文明性、时尚性三性基本上可以在飞亚达目前的手表设计中找到，从这个意义上说飞亚

---

[1] 尚·布希亚：《物体系》，林志明译，上海人民出版社，2001年，第109页。

达的设计是很好的。它的缺点首先在于它没有品牌故事，没有关于飞亚达创业的品牌故事。故事不能空洞，空洞的故事是没有说服力的、没有感人力量的。若说它有什么缺点，首先是它的品牌故事空洞、不具体。然后是没有博物馆。简言之，飞亚达的文化设计系统目前虽然它定位已经做得很好，从形象代言、手表外观设计、品牌发展、种类的区分都做得很好，但是从飞亚达目前的文化设计系统目前来说还需要一个更好的整合和完善。

应该如何理解传统美学一直深陷顽固的主体性迷恋呢？

前文讲物感的时候实际上已经提到。传统美学当然主要是指西方的美学，一直是从主体和对象之间的关系中来思考美学，它一直是把要么是再现对象，要么是表现情感。再现就是再现论，从古希腊的模仿说到中世纪的"镜子说"，再到马克思主义的反映论。但是一个动人的设计既不再现任何东西，也不表现情感，也就是说它有一种客观的力量。这种客观的力量只有还原到一种情况下才能够理解：在冥冥之中形式对人心灵的击中，它有一种被击中的契机，而这种契机是一种神秘的东西，这种神秘的东西我们是破解不了的。就是在冥冥之中有一种力量，在使人的心灵、人的体验与物之间发生了一种相互击中、相互激荡的关联。而这种关联在特定的对象和特定的心灵之间才会发生，这种发生它是客观的，它是一种非常客观的东西，所以你就不能够用主体的表现再现来说这个问题。但是我们的美学理论实际上从康德一直到今天，尤其是中国永远去分析再现对象，如何把对象再现得逼真。如何再现对象的本质，如何表现主体的情感。比如说书法的理解，说书法是一种流畅的现代艺术，表现了人的飞动之兴。实际上不是这个样子。我们可以看到书法它是一种非常客观的击中人心的形式感，这和表现完全是两回事情。所以传统美学，包括传统艺术一直有一种主体性的迷恋。这种主体性的迷恋会走向很坏的程度。在一些大场合出现的舞蹈，全部是这种。它的主体张扬情绪的这种东西声嘶力竭，而实际上真正动人的东西是很质朴的，非常自然的，好的小说它的情节的推动看起来完全是会被卷进去的，好的音乐一听自然步步流动就击中了你。

实际上，张艺谋早年的电影是有创造力的，比如《红高粱》。比如说野性啊。其实它的核心还不是野性，它的核心是东方电影的现代感。在张艺谋之前，我们的电影是没有现代感的。比如说谢晋等人的电影，它就完全是自然画面的呈现。这些自然画面的呈现，是没有现代感的，也就是说没有击中感性的力量，而西方的电影是有的。但是，西方的现代性是西方人的，对于中国人来说最激动人心的东西不是那个，而是东方人的现代感。大块面的红、大块面的黄，三原色的大块面呈现。比如在《红高粱》里可以看到，它的色彩运用，非常强烈的色彩，这是东方的色彩。但是你觉得它非常现代，它虽然是传统的色彩，但是它呈现出来的样子非常现代，这个在后来影响的很深远。张艺谋当时是有创造力的，但是他是模仿一个人的，这个人就是黑泽明。黑泽明有一个电影叫《八个梦》，简直是惊心动魄，没有什么情节。《八个梦》其中有一个梦，就是"我走进了梵高的画里"。《八个梦》就是具有典型的东方视觉的画面感，强烈的光影感，这个是从黑泽明开始的。这种感觉在他的一系列作品中体现出来。他的《影子武士》《乱》，这些影片都体现出了非常强烈的色彩感，具有东方的宇宙感的色彩块面，它的节奏非常的快。他描写兵，就是他的《乱》和《影子武士》里描写军队的行动，他用的是《孙子兵法·军争》里的词："其疾如风，其徐如林，侵略如火，不动如山，难知如阴，动如雷阵。"他这些词语描绘，黑泽明是非常有感觉的，他把这种"东方感"在画面上呈现出来。所以，黑泽明是对东方现代性、东方艺术的现代性，对东方电影，对东方艺术的色彩感和画面构成具有开创性的一个人。

张艺谋看到这个东西，对他冲击非常大。但是，他只坚持了很短一段时间，两三部电影，就是说他创新的力量就没有了。其他的，港台地区也有。比如说，侯孝贤。就是说，港台地区的电影也有沿着东方现代感这个套路来做的。这里边有一个做舞美设计的人，叫叶锦添。叶锦添出来以后，东方舞美就站住脚了，东方舞美的现代感就在世界上就成立了，非常强大的东方现代性。虽然你看他写的是先秦的故事，但是他的服装、画面、舞美却极有现代感，非常强大的东方的这种原色调的浑阔，原色调的这种鲜艳、浓烈和它的视觉冲击力，而这种冲击力是西方电影没有的，也是传统电影没有的，这就是典型的现代电影的画面。

# 第八章　形态论：前卫艺术与装置设计

　　前卫艺术 [1] 的一个突出现象是"物"的连续性出场：抽象物、废弃物、新奇物、异物、装置范式和物阵。这似乎是一些无解的物，更确切地说，这些物有一种独特的、让人惊异或惶惑的物感效应。比如抽象画色彩的孤立呈现，达达主义的废弃物暴力拼贴，极简主义的物阵，后现代千奇百怪的异物志、物态探索以及中国当代前卫艺术家的一些作品——徐冰的《凤凰》、隋建国的《地罡》、朱成的《万家门户》、焦心涛的《金属戏剧》、钱斯华的《相马》，等等。看这些作品，有一种发怵的感觉，有某种被深度击中的摇晃。所感者常常不限于美感，神志在无措中常处于被迫分散的游离状态。

　　依我之见，这是前卫艺术所特有的哲学感。

　　21 世纪以来，中国艺术界出现了最为广阔的材料探索。按格林伯格的理论，这是中国艺术现代性展开的一场补课运动。而在西方，不断推进的材料探索或所谓"新奇物态"的凸显已经持续了一个世纪。尽管前卫艺术我们已谈得很多，但"物性凸显"以及"物性凸显"中那一望而知的哲学感，到今天还仍然是一个新话题。

---

[1]　本文的"前卫艺术"一语取宽泛意义，不是仅仅指现代主义的反审美、反体制的艺术，而是指贯穿整个从现代到后现代时期的处于艺术探索前沿的艺术类型。

# 一、正名："物性凸显"与现代性的复杂纠缠

由于有弗雷德对艺术中"物性凸显"的著名批评，本文的论述必得以相应的回应为前提。就是说，我们只有先在理论上澄清了相关头绪，然后才能接着往下说。这也是确定讨论的思想视野的必要环节。

1967年，美国批评家迈克尔·弗雷德在《艺术与物性》一文中提出：20世纪60年代以来在极简主义艺术中所出现的"物性凸显"是在根本上与艺术相敌对的。其时，唐纳德·贾德、莫里斯等艺术家为超越"绘画的关系特征以及绘画错觉"做出了一种新的努力：清除绘画的任何再现因素，只将画面呈现为画框内色彩元素的平面统一体。"一幅画几乎就是一个实体、一样东西，而不是一组实体与参照物的不可定义的总和。"[1] 雕塑也去除了任何再现因素，而成为一个单一的整全物，"尽可能地成为'一件东西'，一个单一的'特殊物品'"。比如理查德·塞拉（Richard Serra）的钢板装置，实际上就是一些巨大钢板的曲形排列。弗雷德认为，这种凸显物性的趋向体现在极简艺术的方方面面：在材料上将雕塑看作是"物品的组合"，而不是一种"意义可能性"的创造；在颜料上将色彩视为物体表面的质感，而不是绘画的媒介，即不是"颜料本身的感官性"的激情性敞开；在形式上，"将赌注全部压在了作为物品的既定特质的形状上"，"并不寻求击溃或悬搁它自身的物性"，而是"发展并凸显这种物性"。即不是把形状看成一幅画、一个作品的形状，而是看作一个物品的形状。这样，艺术就变成了一个物品。而由于艺术变成物品，作品的内容极其苍白——"作品即空洞（hollow）"[2]——于是导致了极简艺术以追求外在的"剧场化"（theatrical）为手段来实现意义体验的补充。所谓"剧场化"，

---

[1] 迈克尔·弗雷德：《艺术与物性——论文与评论集》，张晓剑、沈语冰译，江苏美术出版社，2013年，第156页。
[2] 同上书，第158页。

就是将作品独特的外部环境和观众的参与设置为实现作品意义体验的条件。弗雷德认为，这是极简艺术对作品审美价值的一种外在追加。格林伯格也据此加入了对极简主义物性凸显的严厉批评[1]。因为他们由此看到了艺术被颠覆的危险：这样一来，任何一物只要具有相应的条件都可以成为艺术作品。就像杜尚的小便池，艺术惯例和艺术品质的内在规定将由此而失效。据此，弗雷德断言：剧场性是艺术的堕落。"剧场和剧场性今天不仅在与现代主义绘画（或现代主义绘画与雕塑）作战，而且还在与艺术本身作战"，"在与现代主义感性本身作战"。[2] 关键是，弗雷德认为，这已经是一种普遍走向："最后，我想提请人们注意的是，那种感性和存在模式，我所说的被剧场腐化或颠覆的感性或存在模式是无所不在的——事实上是普遍的。我们中的大多数，都是实在主义者，而在场性则是一种恩典。"[3] 这样一来，弗雷德对"物性凸显"的抵抗似乎就有了一种为真理而战的悲壮。

但是仔细审量，弗雷德的思路并不清晰。他对艺术中物性凸显的理解混合着对物性、艺术、现代性关系的诸多误解，饱含了对"物性凸显"之真实动力和价值的严重曲解，其倾向与现代艺术突进的走向更是南辕北辙。

首先，在物性与艺术的关系上，他忽视了物性凸显本身就是现代艺术探索中一种惯例迁移的努力。弗雷德强调"物"在艺术惯例中的媒介性，而不是一个独立的实体，但是极简艺术其实并不否认物性在艺术构成中的媒介性，而只是想改变媒介的方向：将媒介作为意识内容的符号性中介转变为直接的物感重构。剧场性作为一种空间设置——比如画廊或者博物

---

[1] 参见何桂彦：《现代主义的"复仇"：格林伯格对极少主义的批判》，《视觉研究与思想史叙事》(上)，黄宗贤、鲁明军编，广西师范大学出版社，2013年，第53—71页。

[2] 迈克尔·弗雷德：《艺术与物性——论文与评论集》，张晓剑、沈语冰译，江苏美术出版社，2013年，第172页。

[3] 同上书，第177—178页。

馆——是对特殊精神态度的依赖，其内在努力的方向是改变艺术空间的时空局限："艺术空间不再被视为一块空白的石板，擦拭干净的书写板，而是一个实实在在的地点。""让每一个观看主体通过亲临现场，在对空间拓展和时间延续的感官及时性进行此时此刻、独往独来的体验，而不是靠脱离躯壳的眼睛在视觉顿悟中即刻获取的'感知'。"[1] 由于剧场性的设置，艺术边界从画框或雕塑体扩展到了对象、环境和欣赏者之间，成为一种含纳对象、环境和欣赏者三边关系的视界构成。这种活生生意义体验的状态就是前卫艺术极为重视的"现场性"。然而，弗雷德所强调的却是所谓艺术自律性的边界涵义："在任何一个时刻作品本身都是充分显示自身的"那种对象性的艺术边界，那种在"艺术内部"已经完成了的对象性构成。这是一种不因外部条件的变化而改变，不管你看不看、怎么看，对象都依然构成自己"永久持续的在场之中的那种状态"。[2] 显然，弗雷德所捍卫的仍然是绘画的平面性、雕塑的三维性作为一个完整艺术品规定的传统惯例。但是，如果彻底地看，弗雷德的理论是难以成立的。固守平面或三维性的创造固然是艺术，但剧场性为什么就不可以成为一种新艺术惯例的构成呢？平面性和三维性其实都只是一个时期的惯例，这种惯例之成为格林伯格所谓艺术"不可还原的本质"不过才一个世纪。为什么再现性的惯例可以突破，平面性或三维性的惯例就不能突破了呢？为什么画框内的平面构成的完成性是艺术，依赖于剧场性的就不是艺术呢？正如乔治·迪基的"惯例"论所示，艺术惯例中最重要的是审美态度的习俗。一方面，如果没有审美态度，平面性、三维性媒介所引致的艺术内容根本就不存在；另一方面，只要有了为业界认同的审美态度，就会有社会普遍的审美期待。只要物是人造物，它就可以被称为"艺术"。而归根到底，对平面性、三

---

[1] 权美媛：《连绵不绝的地点——论现场性》，《1985 年以来的当代艺术理论》，左亚·科库尔、梁硕恩编，王春辰、何积惠、李亮之等译，上海人民美术出版社，2011 年，第 33 页。

[2] 迈克尔·弗雷德：《艺术与物性——论文与评论集》，张晓剑、沈语冰译，江苏美术出版社，2013 年，第 172 页。

维性媒介的理解仍然是要靠环境、欣赏态度的。没有欣赏者、欣赏环境，"充分显示自身的"作品是什么意思呢？难道真可以有一种离开人类的精神而存在的艺术？

其次，在媒介与物性的关系上，弗雷德忽视了一旦去除了对意识内容的表达，即视觉或语言的符号性，媒介所呈现的就是直接的物态、物感觉。此时，媒介与物性同一。色彩、线条、块面、明暗、肌理、图形……举凡我们所谓"媒介形式"的东西，在它们去除了再现性和意义象征性的时候，它们是什么呢？在此种条件下，所谓"媒介"是什么意思呢？是什么的"媒介"呢？显然，此时不管是"关系值"、"协调"、"张力"，还是所谓"颜料感官性的激情性的敞开"都只能是一种物感的丰富性，即感觉价值的直接构成性。此时，媒介回到了物自身。的确，它们仍然是媒介，但那是纯粹的平面、三维性之无限丰富的物感展现的媒介。此时，所谓敞开着的"意义的可能性"也只是康德所谓"纯粹美"的形态和价值创造的可能，而不是观念、再现性和象征意义的可传达性——简言之，此时的"媒介"就是"物"，是欣赏者对物感直观的直接领受。

再次，在媒介与现代性的关系上，弗雷德有一种极为狭隘的理解。按格林伯格，去除文学性、再现性是视觉艺术作为门类艺术不可取代的自我确证。"由于平面性是绘画不曾与任何艺术共享的唯一条件，因而现代主义绘画就朝着平面性而非任何别的方向发展。"格林伯格说，这是"绘画艺术不可还原的本质"[1]，正如三维性是雕塑不可还原的本质。弗雷德虽然否认有"不可还原的本质"，但仍然强调这是各门类艺术"构成他们各自本质的惯例"。[2] 他们取法康德的启蒙教诲，"每一项严肃的社会活动都要求用一种理性的理由为自己辩护"[3]，力图通过对现代派艺术构成的内在基

---

[1][3]  C. Greenberg, "Modernist Painting", in C. Harrison & P. Wood (eds.), *Art in Theory 1900—1990: An Anthology of Changing Ideas*, Oxford: Blackwell Publishers Ltd., 1992, p.756.

[2]  迈克尔·弗雷德：《艺术与物性——论文与评论集》，张晓剑、沈语冰译，江苏美术出版社，2013年，第174页。

础的分析来确定其现代性品质。然而，绘画"朝着平面性而非任何别的方向发展"的实质究竟是什么呢？是回到绘画画面的物感直观，而不是形体再现（雕塑、摄影）或者观念叙事（文学）。换言之，即抵制符号性表达对画面直观的取代，抵制画面的感性直观消融在意义中。对此，格林伯格在《走向更新的拉奥孔》中有很好的论述。只是他们忘了，这只是现代性自我确证的一个层次。在康德、黑格尔，所有现代事物的自我确证归根到底都是主体性原则的产物，是主体性的自我确证或自我确证的对象化，因此门类艺术的现代性自我确证归根到底是人的自我确证。

在现代语境中，艺术归根到底是人的感性合法性的自我证明（审美现代性）。这是"人义论"以"人"为立法之据的必然要求。与理性以反思为根据的自我确证不同，感性的自我确证要求感性价值的独立自足及其实践性的肯定和创造。因此，开创新时代的感性形式，清除和抵制理性、意义、宗教、象征对感性的抽空、异化和统治，抵抗体制、惯例对感性的藩篱与强制，不断保持感性的新锐度、活力度，抵制物感的惯习化、僵硬化、空洞化——简言之，对不断生长着的活生生的现代感性之永无止境的创造和推进，就形成了现代艺术包括现代美学自我确证背后的真正价值诉求。它体现为前卫艺术之所谓"前卫性"相互关联的三个层面：（1）对感觉新异性的持续性开启；（2）对既成体制和惯例的持续性反叛；（3）对理性、意义、文学性的持续性抵抗。这就是视觉现代性的历史生成。而与此相应，在对象性一方，就是物的解放和物自性的出场。具体到绘画，就体现为平面基础性的凸显、再现性符号性统治的结束和平面媒介物性的出场；具体到雕塑，就是三维物态的持续性探索、揭示与展现；具体到装置，就是现场性物态空间的开启与置入。因此，艺术中的物性出场是视觉现代性品质的基本内容，它是感性现代性的自我确证在艺术领域的直接产物，它本身就是感性价值的自足构成。由于弗雷德仅仅把物性凸显局限在门类艺术自我确证的视野之中去讨论，所谓"物性"被排除在了价值之外。这样，艺术的现代性问题就转化成了一个艺术门类的合法性问题。结果，物性从现代性中被排除出去，淹没了物性在感性现代性自我确证中的价值内涵及其深远指向。

## 二、平面中"物"的突现：从凸显、分解到物抽象

按照前述打量现代艺术"物性凸显"的坐标，现在我们展开对前卫术中"物性凸显"的简略描述。一如格林伯格所言，物性的凸显几乎贯穿了整个现代前卫艺术的历史。由于凸显的方式太丰富以及个人视野的局限，本文只能挑选一些众所周知的节点性的内容做一简要陈述。

### （一）色彩

按格林伯格的考察，在现代艺术史上，首次让绘画的物性凸显出来的是库尔贝。"向绘画本体归复的战役首先是一场相当缓慢的消耗战。十九世纪绘画对文学的第一次突破就是在巴黎公社成员库尔贝那儿使绘画从精神逃离到物质。"[1] 这是一个非常有力的陈述。"从精神逃离到物质"道出了现代艺术中整个物性凸显的实质。格林伯格指出，作为第一个真正的前卫画家，库尔贝试图"只画以眼睛作为不受心灵支配的机器所见到的东西"，他"将艺术简化为直接的感性材料"。于是，一种新的平面性开始出现在库尔贝的画中："对于画布的每一英寸都同样给予一种新的关注，而不再只关注它与'兴趣中心'的关系。"[2] 由于"兴趣"在媒介，题材的中心地位被取消，"物"得以从精神、意义的控制中解放出来。然后是马奈。马奈"以高傲的冷漠来看待他的题材"，"他平涂的色彩造型与印象派技法一样具有革命性的意义"，因为他将媒介而不是题材看成绘画的"首要问题"，"他要求观众将注意力集中到这个方面"。[3] 当然，马奈突出的就是色彩。

我们知道，在现代主义之前，艺术是没有物感的。比如在雕塑中的

---

[1][2][3]　格林伯格：《走向更新的拉奥孔》，易英译，《世界美术》1991 年第 4 期。

材料，绘画的色彩、块面、质感，我们对它们的物感觉几乎完全收摄在再现性内容之中。这意味着，我们的感官对作品所直接接收到的是作为意识内容的整体。我们关注的不是"物"，而是题材。在这样的感觉中没有"物"，物只是题材内容呈现的中介，它越是消失在作品中，作品就完成得越好。但在印象派绘画中，我们看到了一个迥然不同的趋向：在莫奈、高更、塞尚、梵高等人的笔下，题材对象趋向于模糊，色彩则异常清晰而鲜明，它似乎从对象的有机体中凸显、分离了出来。"绘画意味着，把色彩感觉登记下来加以组织"[1]，"一切通过色彩感觉来代表"[2]，"一幅画首先给予的是惊心动魄的色彩状态"[3]。这种信念，这种模糊与鲜明的混沌式的分离，使作为瞬间主体性的本能式的物感觉得到极其有力的肯定和彰显。此时，色彩已经有了一种超离于题材对象的力量，具有了独立的生命感。

印象派使色彩成为画面张力的主导，导致透视、景深、光影、图形比例的一系列变形。但早期印象派对瞬间主体性的理解还徘徊在感觉真实与情感化之间，由此使漂浮的薄色点染弥漫了整个画面。这种弥漫常常掩盖了视觉现代性呈现的实质。实际上，感性主体性呈现的核心是物感，抓住了物才真正地抓住了感觉性。直接的物感觉是物击中身体的感觉，而不是对符号意义的理解或情绪抒写。这是一种内感觉，极端地说，是物之微粒对于感性生命的直接给予和穿透，它直接漫过身体上情绪和本能相交织的那个部分。所以在梵高那里，薄彩抒情性的弥漫大幅度减少，而内聚浓缩为颜料的密集铺陈。梵高的色彩比莫奈干浓、强烈和密致得多，这是色彩物性进一步凸显的标志。梵高相信"未来的画家就是尚未有过的色彩家"。他让一切变形，以"呈现一个燃烧着的自然"，让陈旧的黄金、紫铜、黄

---

[1] 《保尔·塞尚》，《宗白华美学文学译文选》，北京大学出版社，1982年，第215页。
[2] 同上书，第216页。
[3] 同上书，第218页。

铜，带着天空的蓝色"燃烧到白热的程度"，诞生一个带着德拉克罗瓦式的折碎的色调的"奇异的、非凡的色彩交响"。[1] 梵高画面上浓烈密集的色彩的直接物感使人透不过气来，这使梵高打开了色彩。直到今天我们仍然可以说，是梵高使我们知道了什么是色彩。他画面涌动的色彩的涡流让颜料从再现功能的约束中游离出来——无论如何，这使人无法再把画面与描画对象相等同。

实际上，印象派色彩在画面上的凸显、分离已经开始有某种哲学感。色彩的凸显带来时空的不稳定，使画面产生恍惚和摇晃，在恍惚而现的断裂式的鲜明中有一种直击本质的真实。这是一种奇异的真实。恍惚中闪烁的色彩有精神分裂式的强度，是极度的鲜明和极度恍惚的同一。总之，这是一种存在分裂的感觉，那孤立的一瞬似乎从画面上打开了一条通向永恒的裂缝。

**（二）打开与重拼的物感**

然而，更大的分离是接踵而来的立体主义、未来主义、野兽派、达达主义。它们的共同特征是：以平面为根据，对异态时空的物感呈现展开多角度、多侧面的拆解、聚集与拼接。毕加索、布拉克等人对物体视觉块面实施了几乎全方位的拆解——内、外、前、后、正、侧、运动、时空结构，等等——然后，又将其异态、扭曲地拼接在平面上，由此构成完全违反自然状态的视觉变形和紧张。达达主义直接将实用物、废弃物拼贴在画面上，让画面与实物浑然一体。美术史家们认为，这样做是为了"体现平面性"，"向媒介的抵制"（平面性）让步。然而，我们由此看到的却是"物"在异态时空中被打开。《沃拉德的立体主义画像》（毕加索）里脆裂式几何多面体的物像拼接，《小提琴与烛台、鼓手》（布拉克）对人与物令人晕眩的空间分解与重组，《下楼梯的裸女》（杜尚）对连续运动体轮廓的连接并置，《抽象的速度——汽车刚刚开过》（贾科莫·巴拉）在残留着运动

---

[1] 《梵高》，《宗白华美学文学译文选》，北京大学出版社，1982年，第225页。

气息的本能感觉下被速度压扁的平面空间,施维特斯在一面破损镜框里贴上的瓷片、树叶、螺丝、碎纸版、朽树枝、木片(《镜子》),《涡轮》(马蒂斯)对旋转涡轮极富本能物感觉的剪纸拼贴——这些作品所传达的与其说是美感,不如说是哲学。它们巨大的感觉冲击来自对物体时空拆解与聚集的高度非自然的呈现,揭示的是在时空分裂变异下本能式的物态感。画家"把画面从它和立体及透视表象的纠缠中分割出来"[1],"撕开表象",极端地呈现出"一个被分析了的,从许多视角同时见到的,由表象所构成"的物 [2]。这就是他们的自我标榜——"立体主义以一种无限的自由取代了被库尔贝、马奈、塞尚以及印象主义画家所征服的部分自由"[3],从而使这些作品具有强烈的陌生感和视觉冲击力。

格林伯格曾以毕加索和列宾为例说明立体主义的纯粹艺术性,认为列宾的作品仅仅是出于"再现性错觉"的通俗画。但是,看列宾的画一目了然,说明这种"错觉"其来有自,而立体主义却理解起来十分困难。它是对视觉惯性的阻击,极大地增强了视觉的挫折感、怪异感、新奇感,因此,立体主义的物感呈现具有前所未有的视觉强烈度。立体派的立面拆解不是解析几何,而是以本能的物感觉从时空内部打开物体,打开的目标是物感冲击。就像莫里斯·弗拉曼克所说:"我努力的方向,是使我回到下意识里蒙眬睡着的各种本能里的深处。这些深处是被表面的生活和种种习俗淹没掉了。"[4] 他们力图以此让物我相接处于内感觉本能状态的撞击之中,以达到关于"客体的原始观念","超越人们在时间生活里观看一件物时所能具有的各种视角",直击"物体的本质"[5],"筑起一股光芒四射的内在力

---

[1] 瓦尔特·赫斯:《欧洲现代画派画论选导言》,《宗白华美学文学译文选》,北京大学出版社,1982年,第204页。

[2] 《安德烈·洛特》,《宗白华美学文学译文选》,北京大学出版社,1982年,第264页。

[3] 格来兹·梅青格尔:《立体主义》,《现代艺术大师论艺术》,常宁生编译,中国人民大学出版社,2010年,第36页。

[4] 《莫里斯·弗拉曼克》,《宗白华美学文学译文选》,北京大学出版社,1982年,第248页。

[5] 《瑞安·格里斯》,《宗白华美学文学译文选》,北京大学出版社,1982年,第265页。

量"[1]。而传统再现的画面乃至日常生活中却是物我分离的，视觉将物感锁定在知性的控制和隔膜中。

物与时空一直是哲学的基本问题，但是，很少有哪位哲学家的著作能够让人像看立体主义那样，强有力地感受到由物体内部时空的拆解所带来的分裂与冲击。这里，有一种击穿物体的时空以重建新感性的努力。

### （三）物抽象

对抽象画，人们向来关注的是画面传达的内容。人们反复讨论的是，一幅删除了再现内容的画的内容究竟是什么？这也是它被称之为"抽象画"的原因。可是抽象画到底是"画"的什么呢？克乃夫·贝尔、苏珊·朗格、冈布里奇的回答是情感，谢尔顿·切尼的回答是"神秘"，格林伯格和弗雷德的回答是纯粹视觉的"激情开放"——人们一直回避从物性凸显的角度去理解。但事实上，抽象主义就是物抽象，是从感觉出发抽象而来的"纯粹物"在平面上富有张力的呈现。与立体主义一样，抽象派击破时空，从活生生感觉状态中提取出"不断反应着的物"：从混沌体中分离出纯色；从物态中分离出"形"；从"色"与"形"中分离出色质、色素、点和面——而这一切分离，实际上是从复杂、混沌的世间万物的关系联络中分离出只为感觉而存在的"物"。因此，抽象画具有其他画难以比拟的鲜明、干净和简洁。抽象派不像立体主义，在抽象之后还要回到平面上去建构物体的新综合（看看综合立体主义），而是止于被抽象出来的"物"本身，并进而让这种"物"摆脱任何外在凭借"抽象地"自由建构和舒展。因此，抽象主义是更彻底的"物性凸显"，它追求的就是单纯视觉的物抽象。抽象主义就是打破物的原本综合又基因般携带着生动物感反应的"纯物"的自由挥洒。在物性呈现的历史上，这是单质物首次真正的独立。是物在审美领域的解放。如果说立体主义拆解了形体，那抽象

---

[1] 格来兹·梅青格尔：《立体主义》，《现代艺术大师论艺术》，常宁生编译，中国人民大学出版社，2010年，第36页。

主义就完全溶解内化了形体，抛弃了形体，而只保留对物之"实体"的物感觉。

这就决定了，抽象主义是一种独特的"抽象"。首先，在方法上，抽象主义的所谓"抽象"不是从理性的分析出发，而是从"物"的内感觉出发。材料科学以光的波长为根据认定颜色：确定色素、色系、色调、色谱，抽象主义则只遵从内感觉本能的法则。就像罗倍尔特·德劳奈所说，抽象主义不要"没有生命的、说谎的"、"正确的"颜色，而是让"各种色彩反映着如石投水后的圆圈"，让"多个的浪圈能相叠，运动也同时向着相反方向进行，因而一切出于相互影响中，具有'同时性'"。[1]抽象主义不以科学外在的分析为根据，不是颜料商兜售的外在、僵化、空洞的颜色，而是以本能的心物相接为根据的活着的色。它所要的是一种在本能感觉下纯粹色彩的张力构成。毕加索说："艺术不是美学标准的应用，而是本能和头脑在任何法规以外所感应到的。"[2]"抽象"，就是凭内感觉把充满感觉力量的"物"从混沌中"提取"出来。事实上，把色彩、单质物从物态综合中抽象出来，就是对物的感觉化打开：单色、色团、色块、色与形、色与线相互缠绕的明暗幽微的内感觉呈现，一种以感觉为尺度对自然混沌的分解提纯。

因此其次，在结果上，抽象主义是"物"和感觉的双重回归。第一，感觉的回归。这是前述所谓"艺术抽象"的关键。"纯物"的出现意味着向感觉内部的返回，因为所谓"纯"只是一种内感觉的尺度。"纯"即是内感觉的澄明：澄澈、晶莹、内在自足与和谐。就像高更所说的"纯色"，那是"色彩作为色彩自身在我们的感觉里所激起的谜一样的东西"，是色彩本身的"内在的、神秘的、谜样的力量"。[3]对此我们只能通过内感觉才

---

[1] 《罗倍尔特·德劳奈》，《宗白华美学文学译文选》，北京大学出版社，1982年，第276页。

[2] 毕加索：《立体主义声明》，《现代艺术大师论艺术》，常宁生编译，中国人民大学出版社，2010年，第50页。

[3] 《保尔·高庚》，《宗白华美学文学译文选》，北京大学出版社，1982年，第231页。

能把握。由于面对着只遵从内感觉逻辑的"物",感觉实现了向感觉内在性、向感觉性灵本己的回归:感觉不再是被理性所规训、分裂和模造的感性,而是回到了它自己。它是其所是,回到心神本能的自足状态,回到中国古人所说的与肉身、本能浑然如一的"心神"的自在性。第二,对象的回归。由于去除了任何再现和符号的因素,"物"从时空、世界中脱落出来,"物"丧失了意义理解的参照,变成纯粹的、赤裸裸的"物"。这就是列维纳斯所说的现代艺术"对世界的去形式化":

> 这种对世界的去形式化(dêformation)——也就是这种赤裸化的过程——在这种绘画对质料的表现中,以一种特别引人注目的方式实现了。……在一个没有视域的空间里,一些将其自身强加于我们的片断。一些碎块、立方体、平面、三角形摆脱了束缚,向我们迎面扑来,互相之间不经过过渡。

譬如蒙德里安《红色和黄色的对抗》里纯蓝、纯黄的方块,波洛克《第31号》里浑茫缠绕的线条与色团,莫里斯·路易斯的《热辣的一半》里倾斜排列的色阵,肯尼思·诺兰德《那》里规整色带的圆形圈层,朱尔斯·奥利茨基的《帕图茨基王子的命令》里铺满画面的纯淡红色——这是一些完全纯粹的色彩、平面、图形,由于排除了任何"意义"的扭曲和"使用境遇",它呈现为纯粹的物质性。列维纳斯说,"这是一些赤裸、单纯、绝对的元素,是存在之脓肿"!"在万物坠落在我们头上的过程中,它们证明了其作为物质客体的力量,而且似乎达到了其物质性的极点。尽管绘画中的形式从其本身看来是合理而光亮的,但绘画所实现的,却是它们的存在本身的'自在'。"它们在一种奇特的"无世界"的视野中显示为"存在那非形式的攒动"。[1]

---

[1] 列维纳斯:《从存在到存在者》,吴惠仪译,王恒校,江苏教育出版社,2006年,第60—61页。

再次，从时代文化的纵深影响看，抽象主义使"物"首次摆脱了"装饰"、"形式"的地位而独立出来。相比于逻辑抽象，抽象主义的抽象是无目的的。正是这种抽象的无目的性让习惯于世俗目的性的眼睛愕然、晕眩。它打破观看的惯例，让人无所适从，无法"理解"，从而扫除了"前见"的抵制和遮蔽，让"纯粹物"得以从惊愕之中显露。生活中的抽象总是给被抽象者以形式：它的轮廓、类别、质性、功能指向、意义归宿等，这是我们据以理解"物"的根据。这是典型的认知性抽象。因此抽象总是意味着理性和"物"的失落。这是一种强大的、在现代社会尤其强大的意义机制，是在我们的观看习惯中不言而喻的前理解。然而，抽象派的抽象相反：它是无形式，它将物从任何形式之中解脱出来，从而将观者的注意力抵制回本能。它使人愕然，使理智无法使用，使人不得不用本能的眼睛、用内感观、用心神去看。这样，让感觉的解放、兴奋与不适应的受挫、抵制融为一体，从而使人类逐渐有能力、有兴趣去欣赏、沉迷于纯粹的"物"。可以说在人类文明史上，这是首次让"纯粹物"成为艺术没有任何借口的"内容"，是人、物关系的重大的、具有标志性意义的突破。

从印象派、立体主义到抽象派，正好是视觉现代性自我确证的三个阶段：媒介凸显、击穿物体时空与物抽象。这一系列的持续性探索使所谓"纯形式"告别了装饰性，而成为艺术的正面内容，使观念对物象、文学对视觉的统治成为历史。它与所谓"历史沉淀"说、与我们长期以来通用的"形式主义"一语的指向正好相反。基于这一点，我们甚至可以说，一直以来的"历史沉淀"说、"形式主义"论的"形式"概念完全误解了以陌生化为标志的现代形式感。由于纯粹物对人的感性的现代性确证和感觉的本己回归，视觉回到了感性的自足性基础，它使视觉获得价值自足，使单质物、纯视觉的物感获得了独立，从而为视觉现代性的纵深展开打下了根基。与此相应，在服装、建筑、家具、平面设计上纯粹物感的大面积呈现，逐渐发展成为现代世界日常生活的基本景观和视觉现代性的品质基调。可以毫不夸张地说，这是前卫艺术对建立时代新感性的贡献。从此，无论在艺术还是在生活中，浩浩荡荡的现代新感性再也不同于以往，因为以此为基础，现代人感觉的敏感性已经变了——从此，那看似抽象的物感就告别了装饰依附的历史，正面登上了人类生活的舞台，而有没有经历抽象艺术阶段也成为检验一个文化现代性品质的试金石。

## 三、后现代艺术：异态物的爆发性出场

自极简主义之后，前卫艺术的重心逐渐转移到雕塑、装置、行为和新媒体艺术诸领域，各种新奇物、物阵几乎冲破了一切门类艺术的界限爆发性登场。前卫艺术也因此成了故作叛逆的代名词，给社会、体制和理论带来了持续不断的冲击震荡。此时，物性的凸显裂变为物感奇观和物变态激进批判的分裂景象。一方面是社会对艺术难以认同和定义的焦灼，另一方面则是激进的物批判所不断引致的丑感、迷惑乃至发怵、恶心、瞠目结舌。如果说抽象艺术还为从精神（表现／再现）或媒介（平面性、三维性）的层面定义艺术留下了可能性，那么后现代主义艺术就已经完全取消了这种可能。各种"艺术终结"论、"理论终结"论于是此起彼伏。但是事实上，后现代艺术有两点是与现代主义完全一致的：一是主体感性生命的持续性展开，二是对与此相关的物性凸显的持续性探索。而且，其探索打破了一切界限。这就表明，后现代新奇物的爆发性出场仍然是属于自印象派以来感性现代性自我确证的持续，或者说是现代新感性在当代条件下的继续开创和发展。

### （一）新奇物

不同于波德里亚嘲讽过的新奇性技术小玩意儿（"西洋摆件"），这里的"新"是指感觉价值的新。一个玩意儿在功能和造型上可能很新，但它在物感活性和视觉冲击力上也许陈旧不堪；一个新脸孔可能了无生气，但某个熟识的景象却可以常见常新，甚至稍加调整即光芒四射。因此，艺术创造中的新奇物并不是科技意义上的新制作，而是物感觉的新锐与光

芒。克里斯托夫妇2005年在纽约中央公园的走道上树立起7503道由聚乙烯制成的门，每道门都悬挂一块橙色帘幕，门廊幕布绵延37千米，穿越整个公园，使冬天的纽约中央公园光彩夺目，焕然一新（《门》）。此举并没有在物理意义上提供什么新物件，而是实现了在物态感觉上的"新"。一如抽象艺术的"纯粹物"，后现代新奇物的"新"指向物感觉质态的锐化：所谓"新"是感觉之光的照亮与焕发。这意味着"新"虽呈现于物态却只遵从主体内感觉的尺度，是心与物相互开放的映射。因而"新"只属于感性自我肯定的历史，"刷新"则是在这个历史前沿持续性的推进。

由于打破了一切界限，前卫艺术的新奇物十分丰富，几乎无所不包：

新奇物抽象体——这是一些人类从未见过因而无法按常规分类的"物"。比如托尼·克拉克（Tony Cragg）的雕塑几乎都是无任何再现内容的抽象体。那些像卡斯特地貌、熔岩般凝铸的形体（《手肘》《观点》《聚合》），蜂窝状的物（《有孔体》《共享》），裸露扭动卷曲的红色软体（《红场》）、青铜软体（《盒子》）、黄色软体（《赤纬》）以及完全用骰子拼成的怪物（《分泌物》），无不是人类从未看见过的"物"，充满了物态呈现和刷新感觉的奇异感。隋建国的《地罡》是包裹着螺纹钢的巨大鹅卵石，李树的《重金属时代》是一系列用树脂金属漆制作的似人非人的形体，赵丽的《触摸》系列是用花岗石随机打磨的各种抽象的形状与磨痕，钱斯华的《风水》系列是在花岗石上凿出的种种人类从未见过的抽象的"风水"，宋坚的《钉子》系列是用钉在木头上密集的钢钉塑造的各种难以描述的异型。可以说，这一类作品完全是对新奇性物态的开发和探索，其着眼点在于开发人类从未见过的、有感觉价值的新奇物和新物态。迄今为止，这种探索和展现已经极其丰富，多姿多彩，大大扩展了人类感性世界的丰富性和多样性。事实上，前此抽象主义、极简主义雕塑的实际成就也都在于物态与形体多样性的探索。克拉克宣称：从过去到现在，"我从来都不做表达已存在事物的作品"[1]。他从不给材料强加于一个外在的形象，而是让物态随材料感觉特性的延展打磨成型。这是突破任何预定计划而遵循纯感觉化、随机化指引的宣示，新奇物由此迎来的是物态展现的彻底解放。在效果上，由于是纯粹物态抽象体的立体呈现，观者的新奇感与惶惑比面对抽象画更为强烈。因为他所面对的不是一幅虚幻的画，而是就摆在面前甚至是气象万千的活生生的抽象体，是我们平常在生活世界中从未有视看经验的莫名的"物"——这是一种极真实而又极虚幻的陌生化体验。

物阵——用各种现成品或小制作设计的大型组合。现成品挪用自达达主义之后一直源源不绝，但后现代突出呈现的是以新奇方式组成的物阵。安塞姆·基弗（Anselm Kiefer）的"废墟"系列是用名副其实的建筑废墟——破砖头、裸露着钢筋的预制板、水泥、砂石、废墙板组成的物阵。基斯·泰森（Keith Tyson）的《大面积列阵》是三百组现成品单元的大组合。蘑菇、吊在空中的滑板运动员、方框中堆在一起的啤酒瓶、一块方形玉米地、用卡片制作的房子、骷髅以及挪用自其他雕塑家作品的局部，等等，组成一列列两英尺高的排列整齐的立方体，观者可以变换不同方向在物阵中走动，以巡视我们平时在生活中那些熟视无睹的"物"。考尔德（Alexander Calder）的"活动雕塑"是悬挂在空中的五颜六色的金属片，它们可以随风变幻，如彩旗般飞扬（《吕叶子》《红花瓣》《四边形的群星》等）。苏珊娜·安科尔（Suzanne Anker）将染色体的符号形象制作成布满墙壁的物阵，呈现出一种全新物态排列的惊异感（《动物符号学：灵长类、青蛙、羚羊、鱼》）。物阵的冲击力来自物群大面积空间排列的独特方式。这些在生活中毫不起眼、从来按理性秩序排列的"物"现在独立出来，以某种感觉秩序重新排列之后，立刻就改变了我们的观看角度：我们忽然注意到那些平常作为实用工具的物本身，于是这些物就变成了一种讲述，具

---

[1] 乔恩·伍德：《条款和条件：托尼·克拉克访谈》，《托尼·克拉克雕塑与绘画》，中央美术学院博物馆编，中央编译出版社，2012年，第244页。

有娓娓道来的故事的意味和完全异样的新奇感。物阵使我们注意到物本身和须臾无法离开物的人与他所须臾无法离开的物的关系，因此它具有物态奇观和博物志的双重意义。实际上，每一个大体量的物阵拼贴几乎就是一次博物学的分类，类似于杰夫·昆斯所说的"物种叙事"[1]，但却是完全不同于科学或生活习俗的分类视角，而是一种由物感而呈现的"物语"。

为探索物感而出现的人体雕塑——这是一些与古典的雕塑完全相反的、不是为了表现人而是为了表现物的雕塑。例如卡塔拉诺（Bruno Catalano）的《旅行者》系列，每个雕塑都是一个正在行走的拦腰横截残断的身体，但不是以肉身的方式残缺——比如断肢、瘸子、独眼、腰斩，而是以材料直接裸露着被空除一部分的"物残"。"物残"使作品的重心在"物"而不是"人"，或者把"人"当成了"物"来做。它使人显得腰断而身不残。而恰恰是在人身以物的方式活生生断裂处，我们感到了人终归为物的极度空洞和悲悯。沈允庆的《风韵——时尚》系列全部是用锻铁制作的各种时尚女性的身体，但每一个身体都是寥寥几块极其粗糙的锻铁焊接，使人形幽灵般地闪动在锻铁的粗糙、浑朴和柔软之中。张洹的《我的纽约（工人）》将大块的牛肉捆绑在身上，让强健到邪乎的肌肉充分裸露出了牛肉的野性和生猛。这些人体，包括更早时期爱泼斯坦、亨利·莫尔等人的人体雕塑，带给人们的是极其异类的物感冲击和沉思，直击人与物在本体论意义上的归属和关系问题。

大地雕塑——一种源于环境设计而演变为对自然或公共空间物感创新的艺术。比如1978年罗伯特·史密森（Robert Smithson）在美国犹他州大盐湖用6吨多垃圾和石块在红色的盐湖水中筑造了一条4.6米宽、450米长的螺旋形的堤坝，其结果是在沉浮不定的湖面多出了一个毫无实用意义的巨大的造型螺旋体（《螺旋型防波堤》）。瓦尔特·德·玛利亚（Walter De Maria）的《闪电原野》（1977）是在美国新墨西哥州用400根长6.27米

---

[1] 《芭莎独家对话杰夫·昆斯》，《芭莎艺术》2012年第1期。

的不锈钢杆按距离67.05米的标准摆成宽列16根、长列25根的矩形列阵。每年6月到9月的雷电季节，这些钢杆就会激起一道道闪电，形成壮丽的景象。20世纪70年代以来，众多的大地艺术作品深刻地影响了环境艺术和地景设计。不管艺术家们主观意愿如何，这些艺术都是通过突破物的自然形态来创造各种奇异的物态景观。

在后现代艺术迄今为止的物性凸显中，新奇物的创新始终处于艺术创造的基础地位，其物态创新的视野和艺术惯例的突破显然比现代主义广阔得多。对这些作品，我们已经无法再用诸如情感、观念、再现或者雕塑的三维性一类的尺度去分析，我们无法说《闪电原野》或克拉克那些异形表现了什么情感、观念，但它们显然仍属于现代以来新感性创造的持续。新奇物探索的创新在于彻底摆脱了艺术门类的界限，它使新感性的扩展从平面的物质感推进到立体的活生生的形体世界。如果没有这一探索的不断推进，新感性的成长就会停止或枯竭。因此每一个着眼于物态探索的前卫艺术家都必须有对于"新物"的高度敏感性，每一个新奇物的呈现都是一次关联全体的创造。

（二）异物

按中国人的标准，"异物"就是被忌讳的不祥之物，因此与新奇物纯粹物感美的追求不同，前卫艺术中的异物呈现具有异乎寻常的强迫性指涉或意义象征性——它不是追求美，而是批判"异"。这是前卫艺术物感凸显的另一个方向：继承超现实主义物感扭曲的象征性，直面扭结着象征或血腥记忆的物态和物体。这也是现代性感性自我确证的另一个重要方面：立足于感性生命而对现代性危机的直击与反抗。

在视觉呈现上，异物仍然是进入艺术表现的新物，但是它所呈现的是扭曲的物，血腥的物，腐烂变质的物，令人恐惧、恶心、发怵的物以及包含着创伤记忆的物。因此，异物的核心是物变态。比如约瑟夫·博伊斯（Joseph Beuys）的作品《一大堆毛毡衣服》是从被屠杀者的身上剥下来的血腥的衣物。他在《如何对已死的兔子解释图画》里将自己的头淋上蜂蜜，贴满金属片，一只脚穿上毛毯，另一只脚戴上脚镣，手握着一只已死的兔子在画廊里走动，对兔子解说墙上的画。他的《奥斯威辛圣骨箱》是装在玻璃箱里一个破电热盘中的几块脂肪、腐烂的腊肠、一只躺在干草桶中的干瘪死老鼠、一幅有密集碉堡的集中营的雕刻和一个小孩的素描。博伊斯的材料充满了异物感，油脂、指甲、沥青、死兔、血管、化学品、毛毡、头盖骨、变压器，等等，让人赌物而心惊，折磨着观众脆弱的神经。其他像贾科梅蒂、安塞姆·基弗、詹姆斯·科罗克（James Croak）、胡安·慕诺（Juan Munoz）、麦克·凯利（Mike Kelly）、杰夫·昆斯（Jeff Koons）等都有大量的异物、物变态的戏仿或呈现。这是典型的将丑恶展示给人看。因此，物变态呈现的指向就是控诉。物变态从感性物——包括活生生的身体——的扭曲、区隔、变异、损毁、腐烂等方向去揭示，其激进批判的锋芒打破了一切禁忌，举凡种族、性别、身份、同性恋权利、亚文化、生态、科技异化等无所不包，几乎与"文化研究"异曲同工。比如辛迪·谢尔曼（Cindy Sherman）的《作品 75 号》是一片充斥着死鱼、呕吐物、动物内脏、垃圾、肮脏废弃物的沙滩。安德里斯·塞拉诺（Andres Serrano）的"停尸房"系列是各种死于暴力的真实尸体的特写摄影。卡拉·沃克（Kara Walker）的《浑身上下》是贴在相互连接的三面大墙上描写原住民生活场景的黑色剪纸，但画面中所有的场景"都充满了夸张的种族特征和反常的色情以及暴露的淫秽之词，类似于浪漫主义小说中幽灵般的异形"[1]。保罗·麦卡锡（Paul McCarthy）的《突变体》是一个人身异形的怪物：一个无手的儿童玩具的身体顶着一个用印第安人橡胶面具做成的巨大头颅，脚下则穿着光鲜的皮鞋。《突变体》象征了当前时代人体的变异：我们的身体已经成了各种科技和文化综合改造而成的怪物。

中国艺术家所突出的则是扭结着中国文化象征的物态和戏仿。比如徐

---

[1]　大卫·约瑟里特：《论平面——走向平面性的谱系》，《1985 年以来的当代艺术理论》，左亚·科库尔、梁硕恩编，王春辰、何积惠、李亮之等译，上海人民美术出版社，2011 年，第 303 页。

冰的《凤凰》是两只用建筑废料和工人生活用品制作的分别长 28 米和 27 米、8 米宽、重约 6 吨的永远不能飞翔的大鸟，傅中望的《榫卯结构系列》是截取中国传统建筑中榫卯部分的夸张造型，隋建国的《中山装》是用钢板铸造的密不透风的无人身空心的中山装，朱成的《万家门户》是重重叠叠布满整个墙壁的钢铸的传统中式窗户。这些作品都是对扭结着文化的物态的戏仿或再使用，但是是一次意义颠倒的使用：通过挪动、变形和戏仿来着重新展示物的意义形态，让它们因为意义扭结下的集结、揉造、变形而产生视觉冲击和震撼。

虽然前卫艺术种种令人发忱的批判使"观念性"几乎变成了当代艺术的代名词，但实际上它与文化研究的揭示机制迥然不同：文化研究是微观政治学分析，前卫艺术则聚焦于物变态呈现。物变态的揭示具有鲜明的直观性和尖锐性，它力图通过对观者的震荡性折磨——恐怖、恶心、生理性刺激而让批判直指人心。这种异乎寻常的激进方式使物感完全背离了莱辛所说的"视觉美"。正因为如此，它既具有观念批判无法具有的直感的锋芒，又是对艺术审美惯例的颠覆和击碎。

### （三）装置

装置是一种艺术类型的创新：它把物性的凸显从对象升格到空间，使孤零的物展示具有了世界感。因此，装置本身就是物性凸显的深度在艺术类型上的推进。它有其他艺术形式不具有的两个特征：（1）现场性。即空间的围合，"像一种可触可摸的真实，其身份由结构性的物理元素经过独特的组合而成"：墙壁和展厅的空间、肌理质感、形状、广场、楼房或公园的规模和比例，特殊的照明、通风条件，独特的自然地貌。[1] 这样，艺术就成了一个向观者开放的世界，是观者可以呼吸、触摸、置身其中的物态体验空间。由于人进入物之中，物性的凸显被推进到观者的置身性卷入

---

[1] 权美媛：《连绵不绝的地点——论现场性》，《1985 年以来的当代艺术理论》，左亚·科库尔、梁硕恩编，王春辰、何积惠、李亮之等译，上海人民美术出版社，2011 年，第 33 页。

和游历体验的深度。这是物感的探索在三维基础上的进一步推进。(2) 时空错置。即在日常生活空间里异质空间的断裂性植入。不管在画廊还是在商场内外，一个装置的呈现都是一次连续性时空的打破，由此发生时空的断裂性错位。这是意义领悟常常产生飞跃的时刻。就像蒙太奇，唯有在断裂中才有颖悟性和启示性闪现。但装置又不同于电影，电影不放就没有，而装置就摆在那里：它是一个物空间。现代装置艺术在达达主义之后经历了极简主义阶段，但它最近四十年的爆发性发展则使之成了最兴旺、最具扩张性的跨界艺术类型。

装置艺术仍然主要是从两个方向上展开：其一，物态空间的反思性批判。作为物态时空的断裂性植入，装置本身就是富于哲学启悟性的物空间。在这一层次上，我们看到的大部分好作品都带有一种颖悟感，一种对某种存在真相的聚焦性揭示。理查德·塞拉在纽约市联邦大厦广场中央用120 英尺长、12 英尺高的高登钢建造的曲面墙装置（《倾斜之弧》），引发了长达九年的关于体制、区隔、艺术、现场性等的广泛讨论。2001 年，爱德瓦尔多·卡茨（Eduardo Kac）将经过基因工程改造的、在黑暗中发光的活体老鼠、鱼、植物和一个生化机器人安置在一个直径为四英尺的圆形玻璃屋中，让人直面在生物体、物种的科学变异中人自身的归宿问题（《第八天》）。2004 年，蔡国强将九辆完全一样的轿车以各种翻滚姿态悬吊在半空，从车身和车窗四面八方迸射出闪着彩光的长长的玻璃管，将汽车爆炸时在空中翻滚的场面凝固、定格在空中（《不合时宜：舞台一》），使人睹物而后怕。

由于是物态空间的断裂性植入和展示空间的封闭性焦聚，装置艺术的批判较之单纯异态物批判具有更为突出的启示性和观念性。其时空错置、可无穷变幻的空间形态、光线和色彩的调度、视野构成、完全人工化的物态组织，等等，为观念凸显或哲学性启示提供了聚焦展示的独有条件。这是装置批判突出的焦聚性特征，其夸张、异态的空间聚集充满了紧张，它的突然出现往往令观者产生措手不及的惊骇、震恐或惶惑、顿悟，使人在场景切换中猛然直视和领会到某个物态的独特含义。为了加强撞击度，一些艺术家尽可能选择在高度繁忙的实用场景嵌入，比如商场、广场、车站、公园，使冲突更为强烈，与生活现场的关涉更紧密，极大地增强了装置艺术的批判锋芒和启示性。

其二，物态空间的审美奇观。如果说物性凸显从对象升格到空间使孤零的物展示具有了环周结构的世界感，那么，着力于审美奇观的装置聚集就使观者的遭遇上升为梦幻。这是便于调动一切现代化因素的聚集空间。到今天，许多著名的装置作品都已将物态空间的审美聚集发挥到了极致。比如日本艺术家草间弥生的"波点系列"，将圆点、底色与异形充气塑料的组合推向整个装置的封闭性环周设计，营造的是一个完全异域的童话世界。观者进入其中，在 UV 灯光下，四处浮动着圆点图案莹柔温暖的异形，上下前后举目四看，无所不是绚烂、迷人、辉煌的圆点色域的迷幻世界（《波点幻想——无穷的镜像房间》《波点幻想——新世纪》《点的痴迷——点转变成爱》）。建筑师扎哈（Zaha Hadid）2011 年在米兰大学的 16 世纪建筑庭院内，用一种名为 slimtech 的陶瓷制作了一个 800 平方米的漩涡形的三维结构体（《旋转》），使这座历史悠久的庭院在银灰色异形流动体的辉映下焕发出令人震惊的扑朔迷离的现代感。2012 年，耐克公司的"飞翔织物装置艺术展"是一次迄今为止规模最大的全球性装置艺术展，由五个著名艺术家、科技工作者团队分别在伦敦、米兰、里约热内卢、东京、北京等城市，制作展出象征耐克核心科技的"耐克织物"的空间装置形象。"只需走进展馆，踏上平台，就能在整个结构的各处产生感官变化。……天花板如同羽毛般轻盈飘动，声音俨然响起，灯光和视频在墙面和地板内外传输，营造科技与音乐的和谐之美……"[1]2012 年 9 月 29日，中国的各大网站、报纸都用了这段文字来报道在北京这场叫"羽毛轻

---

[1] 《全球 Flyknit Collective 系列装置艺术作品概览》，http://sports.sina.com.cn/crazysneaker/2012-10-07/15376250613.shtml。

便馆"的大型装置。当然，"羽毛轻便馆"是不是真有那么好还可以讨论，因为与所有的物感价值一样，在视觉上做到极致，并不意味着在物理意义上的巨大、光亮和热闹，而是指装置聚集诸因素的整个空间与心灵、与内感觉焕发的关联度：缺乏此一向感性盛开的品质即所谓"空洞"。以此衡量，许多热闹非凡的大制作都是空洞的，比如好莱坞大片中的大多数场景。而一些不那么复杂的装置却将常常物感美做到了极致。黑泽明《八个梦》里的第一个梦《太阳雨》，狐狸娶亲的能剧在情节和场面上都简单之极，但音乐、舞姿与物态感匹配的世界勾魂摄魄。2011年，土耳其艺术家萨奇·戈齐巴克（Sakir Göcebag）用卷筒纸在纯白色墙壁上、在大厅柱头下端制作的简单装置《超层》，寥寥几笔就创造出了一种极简的惊心动魄的美。

从新奇物、异物到装置聚集下的物态奇观、物变态批判，再加上上一节所叙的内容，我们可以看到，一个世纪以来，物性凸显在前卫艺术中持续推进的轮廓是大体清晰的。一直以来，我们的理论都十分轻视物态而重观念，千方百计挖掘"物"背后的意义。某种意义上，对现代艺术描述和定义的当代困境就是围绕着这一偏向的逻辑生长出来的。但是我们知道，真正的艺术创造从来都不是物感的意义附加和象征，而是审美物态上的创新。很多伟大的天才，比如梵高、草间弥生或蒙德里安，其实终其一生就是创造了一种新物态或物态的新感觉。

## 四、"物性的凸显"何以产生哲学感？

前卫艺术持续性的物性凸显提供了一个迥然相异于现实的世界：一个物与人、与感性相互开放的世界。所谓"哲学感"是在这一世界现身时的颖悟和领会。我们现在要问：那么，这一世界的开创，意义是什么？或者说，前卫艺术的物性凸显究竟有什么意义？

第一，人与物关系的原始回复和变动。在现实中，存在只要被给予，我们立刻就将其领会为某物。这是人与物遭遇的原始状态。这就是康德所谓"物自体"向主体的现身、海德格尔的"存在"在存在者中被领会。我们总是向着表象的意识统一性和知觉的统摄性去把握"物"。这意味着认知性领会是我们的惯习。它是现实世界化的强大力量和要求。它驱使我们按功能、理性、习俗去理解每一物，把被给予的每一物本能地掌握成一个关于此物的观念。我们从不用感觉去承受物本身，橱窗里琳琅满目的物在感到炫目之际已转化为地位或象征的符号。就是说，理性和人际政治的理解已经延伸为我们参与世界化的本能，并抽空了物本身。所以，现实是一个按功利和理性组建的世界，而不是一个人与物相互开放的世界。一切都充斥着理性的、可理解的平均值，那关涉人与物关联的最深处、关涉到人的创造力源泉的原生之域于是长期被现代理性化所关闭。按我的理解，这就是所谓现代性危机的至深根源。但现代艺术让物从与世界的重重关系中脱落出来，持之以恒地开辟着一个感性与物相互开放的世界。"艺术则让它们脱离了世界并由此摆脱了这种对一个主体的从属关系。"[1]艺术让物自性、物本身出场，让物与现实相脱离而向感性盛开。所以巴塔耶、利奥塔等后现代思想家几乎异口同声将这一领域称之为"异域"。列维纳斯仔细分析过这种原始遭遇所导致的在感性深处人与物关系的变动，他说："艺术的运动在于走出知觉以重建感觉，在于从这种向客体的退回中分离出事物的质。意向没有能一直抵达客体，而是迷失在了感觉中，迷失在了产生美学效果的'感性'（aisthesis）中……感觉不是构成感知的材料。它在艺术作品中作为一个新的要素凸显了出来。更关键的是，它返回了要素的无人称性。"这是在阻断"物自体"或"存在"成为"事物"之际，人与存在的直接照面。"感觉一旦被还原成了纯粹的质，就已经成了一个客体"，"那构成了客体的可感的质既不通向客体，又是自在的"。[2]这是感觉与物

---

[1] 列维纳斯：《从存在到存在者》，吴蕙仪译，王恒校，江苏教育出版社，2006年，第55页。
[2] 同上书，第57页。

的双向开放。自尼采、海德格尔以来,巴塔耶、利奥塔、德里达、弗朗索瓦·于连等后现代思想家都在千方百计挖掘这一维度,只是他们是用理论的方式,而前卫艺术却是直接开启和呈现。在我看来,这就是前卫之为"前卫"的真正价值之所在:它提供了一个人的根性领域之不断伸展、呈现的活生生实存的伟大范例。由于异域并不向主体哲学敞开,决定了思想家们殚精竭思而无法揭示的命运。从尼采、海德格尔以来,异域的求解已成为现代思想史上饱受争议而又无法回避的难题。可是在前卫艺术,异域的开启是活生生的实存。在现代性高歌猛进和绝望反思的双重震荡中,这一存在为人类前赴后继、连绵不绝地开启了另一个抵抗、渗透的维度,一个可栖居体验、活生生开放的世界——我认为,这就是前卫艺术中"物性凸显"的根本意义。

第二,原始创造力的回复。前述表明,异域的敞开并不是来自所谓自然之谜的科学探索,不是来自所谓"模仿"或者"表现",而是来自庄子所说的"神遇"——简言之,是来自非意志性、非意识性的感性的遭遇。它从物我融合、界限消弭处原始地涌来,是物本身从身体深处的击中和涌现,就像洪荒进入这个世界。利奥塔在谈到纽曼的《崇高就是此刻》的时候,曾经谈到这一时刻。他问:"纽曼所谓的此刻是什么意思呢?"显然,它不是从奥古斯丁到胡塞尔所说的那种由所谓意识构成的"介于过去与未来之间"的时刻。

> 纽曼的此刻是一个意识的陌生者,而非由意识来构成。更确切地说,它是离开意识、涣散意识的那种东西,是意识无法意识到的,甚至是意识必须忘掉才能构成自己的东西。是我们无法意识到的某种到来之物。或者更确切和更简单地说,就是到来。[1]

---

[1] Jean-Francois Lyotard, *The Inhuman*: *Reflections on Time*, Trans., Geoffrey Bennington and Rechel Bowlby, Cambridge: Polity, 1991, p.90.

因此，崇高不是由证明或显示来说出的，"而是一种神奇"，它使人震慑，使人惊讶，使人感觉，"甚至缺陷以及丑陋在震慑效果中都有其作用"。[1] 这是发自原始深处的物的击中与惊愕，是创造与重构的起始，是另一个开始的呼唤——当然，这是一切创造力真正的源泉，而不仅仅是崇高乃至艺术。由于现存世界的高度理性化，几乎一切领域都已经被理性所掌控，这种掌握背后的一个根本危机就是神秘的消失和原始创造力的萎缩。与各种理性的设计不同，异域的敞现是意识、理性无法控制的原始涌现。唯其如此，它才是人类原始创造力的回复。这就注定了，艺术是天才的事业。就像约翰·T.波莱特的名言："后现代主义追求的不是新奇，而是以其种种努力设法使艺术回到其作为活动与知性复兴之源的最本源之根中去。"[2]

第三，抵抗现代性危机的"解分化"源泉。前卫艺术的不断开启与其他艺术、与全社会日常生活的审美化一道，参与了现代世界浩浩荡荡的"解分化"潮流。由于物性凸显、物态批判的前沿性，在社会文化的总体结构中，前卫艺术是不断向生活世界输入解分化力量的源泉。这是一种来自本源的呼唤。这种"源泉"的意义主要体现为两个方面：（1）源源不断的实践性启示和激发。这是我们每一个人可以直接感受到的激发和冲动。（2）对打量人与物关系的思想视野理论建构的启示。这一启示在前述后现代思想家的著作中已有充分显露。我们很难想象，没有一个物性不断凸显、不断展开批判的来自本源呼唤的艺术领域，这些思想家从何处去吸取感受的营养和启示，他们关于异域或存在之域的论述何以建立和展开。

今天，所谓现代性危机已经扩展为人与物基本关系的危机。所谓生态失衡、物的空洞化、异质化、环境污染、人与物的关系以及通过人与物而

---

[1] Jean-Francois Lyotard, *The Inhuman：Reflections on Time*, Trans., Geoffrey Bennington and Rechel Bowlby, Cambridge：Polity, 1991, p.90.

[2] 约翰·T.波莱特：《后现代主义艺术》，周宪译，《世界美术》1992 年第 4 期。

形塑和强制的人与人关系的扭曲、压迫和文化病态等，归根到底都扭结到这一关系或可以溯源到这一危机。这正是在这个意义上，本文认为维贝克"走向物美学"[1]的建议对迄今为止人类现代性思想视野的补充具有重要意义。它涉及一个我们迄今为止仍然无知的现代人生存维度的开启。而前卫艺术的"物性凸显"则为如何建立物美学提供了极其重要的参照范例。

---

[1] Peter-Paul Verbeek, *What Things Do*: *Philosophical Reflections on Technology*, *Agency and Design*, Trans., Robert P. Crease, Pennsylvania: The Pennsylvania State University Press, 2000, pp.209—218.

# 第九章　形态论：中国式现代性品质的设计基础

　　"中国风"在设计界已成为一种潮流，可是，当生活周遭——从商品包装、家居布置到网络视频——到处都是"中国风"的时候，一个似乎很明白的问题又浮现出来："中国风"与现代性是什么关系？以常理而论，今天的"中国风"并不能自外于现代性，它是一种中国式的现代性品质，可是我们看到的情形实则相差很远。比如各种时装表演上的汉唐风，星级宾馆的宫廷式装饰，充斥各家具城的伪古典家具，等等，它们在设计品质上都并无现代性可言，尽管都使用了现代科技。我相信，有上述倾向的设计者们并不想返古，只是一强调中国性，就不由自主地变成了"晒古董"。

　　这是怎么一回事呢？

　　显然，我们还没有找到中国式现代性品质的设计基础。作为一个时代的精神标志，设计领域的中国式现代性品质还没有成熟地显示出来。具体到设计感上，物感、意义、功能，现代性、民族性、国际化之间的关系其实相当复杂。本文希望借"中国风"的东风，将围绕中国设计现代性的诸问题敞开。也许只有相关的问题敞开了，理论的疑难和实践的困顿才有解开的可能。

## 一、物感：物的解放与设计的现代性

　　关于设计的现代性，波德里亚曾以家居的摆设为例做过很精彩的描述：

> 家具的布置提供了一个时代家庭和社会结构的忠实形象。典型的布尔乔亚室内表达了父权体制：其基础是饭厅和卧房的组合。虽然所有的家具依其功能而分布排列，但却能紧密地融入整体之中，分别以大餐厨和大床为中心环周布置……它们功能单一，无机动性，以等级标签的方式排列……勾连成一个道德秩序胜于空间秩序的整体。它们环绕着一条强化行为长幼规范的轴线排列，这是家庭保持自身在场的永久象征。在这个私人空间里，每一件家具、每一个房间，又在它各自的层次内化其功能，并保持其与自身相适应的尊严——如此，整座房子便圆满完成了家庭这个半封闭团体中的人际关系整合。[1]

波德里亚说，这便是其结构建立在以父权制为根据的"传统及权威上"的"温暖的家"。这是一种设计和在设计中的"物"：物的呈现——空间、结构、装饰、动线、材料等充满了权力、等级、符号、仪式性功能的扭曲、压抑和"道德向度的紧紧束缚"[2]。这样的设计是没有现代感的。由于其中的"物"被纳入了社会人际关系的组织及象征，波氏将此种设计中的物称为"象征物"（object-symbol）。很显然，这是传统的设计。今天这类家具及其摆设样式已经不再时兴，它变成了"宏伟的纪念性家具"，回荡着传统家庭结构的古老回声。

而在现代设计中，"物"变了，它变成了"功能物"（functional objects）：家具古老象征意义的笨重结构消失了，继之而起的是元件家具取代了象征物。"屋角长沙发、靠角摆的床、矮桌子、搁板架子、元件家

---

[1] Jean Baudrillard, *The System of Objects*, Trans., James Benedict, London and New York: Verso, 2005, p.13.

[2] Ibid., p.14.

具取代了古老的家具项目。"[1]组合方式也变了，床隐身为软垫长椅，大碗柜和衣橱让位给可隐身自如的现代壁橱。"东西变得可以随时曲折、伸张、消失、出场，运用自如。"[2]波德里亚说：

> 这便是现代家具的布置系列：破坏已经出现，但结构却未曾重建——因为没有任何别的东西前来弥补过去的象征秩序所负载的表达力。然而进步确实存在：在个人与这些对象之间，由于不再有象征道德上的禁制，它们的使用方式更加灵活，它们和个人之间的关系更加自由，特别是，个人不再受到以它们为中介的与家庭联系的束缚。[3]

以我之见，这就是设计现代性的核心：物的解放。即以删除了繁复装饰和象征意义的直接物感为标志的设计感。"物感"（feeling of things），按阿达姆·卡尤索的解释，是指"建筑的物理现场直接具有的情感效力"[4]。在现代设计中，物不仅摆脱了外在装饰的约束，同时也极大地摆脱了历史赋予的外在社会性含义的约束。由是，物得到凸显，显示出它不是作为符号、象征，而是作为物理现场的直感、情绪效力。仔细审量，这正是包豪斯与巴洛克、洛可可等传统设计在美感品质上的鲜明区别。格罗皮乌斯的包豪斯校舍、密斯·凡·德·罗的巴塞罗那展览馆、布兰德的金属器皿、布鲁尔的瓦西里椅，等等，让我们首次看到了现代设计品质的全新出场：一种由材质而不是任何装饰性附加所呈现出来的流畅的空间、线条、造型、块面和光影。物的空间按功能的需求而组建，它由于解脱了外在权力等级的仪式性、符号性约束而变得流畅和轻灵——这就是密斯的名言：

---

[1][3]　Jean Baudrillard, *The System of Objects*, Trans., James Benedict, London and New York：Verso, 2005, p.15.

[2]　Ibid., p.14.

[4]　Adam Caruso, "The Feeling of Things", *A+T Ediciones*, Vitoria-Gasteiz, Spain, No.13 (1999)：49.

"少即是多。"[1] 自由（"多"）是因为没有功能之外多余物和意义附加的累赘（"少"）。借用海德格尔的说法，物回到了"物本身"，物由于意义的解脱而获得实体性，物的呈现因其本身之故而得到凸显和自由。

犹如一场暴风雨的洗礼，从包豪斯开始，物忽然干净了——在结构上简化结构体系，精简结构构件，让建筑向功能的不定型开放，创造出无屏障阻隔的"流动的空间"。他们在造型上净化建造形式，只用由直线、直角、长方体组成几何构型，设计出没有任何多余物的流畅的物感和人流动线。他们通过精严的施工、选材与对材料颜色、质、纹理的精确暴露，使造型显示出清晰纯净的肌理和质感。同时，由于材料使用的科学化、标准化，建筑、家具、商品设计大面积使用抽象的同质物，大批量抽象功能物的本色直呈成为现代世界的基本景观：混凝土、玻璃、不锈钢、木材、纸张、布料、纤维、树脂、塑料、铝合金、陶瓷……于是，既超越了自然形态又挣脱了意义束缚的、具有科技感特征的物感空前清晰地呈现出来，物的肌理、线条、形体、块面、光影及空间感首次变得触目，干净的物感而不是物的意义成为一种时代标志性的美。一种尖锐纯净的物本身，一种似乎是删除了任何内容的纯形式，无法还原为任何再现性内容、象征意义和自然形态的物感美在设计中呈现出来。

设计是在功能优先的前提下创造美，但令人惊异的是，现代设计在功能与艺术性之间呈现为一种无中介的直呈：正因为摆脱了外在装饰和社会意义的扭曲、压制和附加，物直接呈现出自身所固有的美。这是一种零符号的美，或者说是一种冷感的、趋于意义零度的美。这种美使现代物与传统物形成鲜明对照：后者只有在象征意义的负载解码中才能得到恰当的理解，而前者则根本无法解释、还原为意义。它具有物感所特有的反解释性的硬度和体感冲击力。正是这一点，使我们在面对一个设计的时候一望便

[1] David A. Spaeth, *Ludwig Mies Van der Rohe：An Annotated Bibliography and Chronology*, New York：Garland Publishing, 1979, p.8.

知它是否具有现代感。科技令物品焕发出新时代独特的美，干净，是因为没有附加的东西。所以最有现代表达力的设计是功能物本身呈现出质感力量的设计。是内在于功能的纯形式的美而不是意义，标示出设计感的现代性，或者简言之：设计的现代感。

实际上，物感美的呈现从属于一场更为宏大的、几乎包括所有艺术门类的现代性洪流。工业设计的崛起，包豪斯、乌尔姆设计体系的出笼，国际化版面设计风格的全球性潮流，现代艺术在媒介—材质层面上的广阔探索等，使物感呈现成为世界景观的现代性标志。返回作为艺术媒介的物本身成为艺术现代性品质的一个基本意涵。各种艺术的先锋性探索无不在解脱了外在意义约束之下开拓媒介创造的广阔空间：无标题音乐，现代舞，抽象主义、立体主义绘画，弗雷德所谓的"实体艺术"（literalist art）[1]，现代时装，电影本体探索，摄影，现代家居，现代雕塑乃至文学的文学性（语感价值）的凸显，等等。抵抗文学化、意义化乃至软性的抒情化，返回艺术媒介的物本身，成为各门类艺术现代感的标志性潮流。似乎是一个伟大的预言，艺术的本体探索回到了康德所说的"纯粹美"。只是悖谬的是，恰恰是在实用设计领域，而不是与功利无关的纯艺术领域，纯粹美最鲜明地成为现代性品质的基本内涵。

## 二、视野屏蔽："中国风"何以成为晒古董？

实际上，我们已经触及设计物基本价值结构的坐标问题。自古以来，人类都是从价值的三维坐标来设计建造的：功能、物感、意义。所谓"现代感"，不过是在价值三维中最大程度地删除了意义的维度，物感由于意义的删除而凸显。在此，我们很容易领会到物感凸显与整个现代性分化的

---

[1] Michael Fried, *Art and Objecthood*, *Minimal Art：A Critical Anthology*, Edit., Gregory Battcock, New York：E. P. Dutton, 1968, p.134.

表里关系：神义论的破除使实用物不再承担形上指涉的象征，自由民主的理念让权力、道德秩序的凌驾成为多余，个体平等、服务普通消费者的追求使稀有材料和装饰风格丧失根据，市场秩序的普适化使将实用物转变为意识形态符号的曲折表达失去感召力。这一切，体现为一个人与物的关系的重大转变：物不再承担形上指涉和人际控制（权力、道德、意义）的功能，不再是人际意义控制的手段，而是主体临在的对象，是人可以无拘无束直接使用和自由面对的对象。在传统设计中，物是在人—物—人乃至人与神的关系构架中展开，在现代设计中，物变成了人直接面对的对象——人终于可以无拘无束地亲临实用物了！所以，物的解放归根到底是基于人的解放。就文化机制而言，现代性分化之前，人类思维是神秘的，它"不允许在基本概念上分清物与人、有灵魂的与无灵魂的、可以操纵的对象与具有行为和语言表达能力的主体"[1]。人与物，自然与社会，主观世界与客观世界，认知、实践和审美诸领域统合一体。与怀乡病患者的想象性理解相反，古代世界中的器物常常是没有自然感的。只有经过了启蒙分化，"导致自然的非社会化和人类世界的非自然化"[2]，总体性思维的统合才得以解除，从而使人直接面对物（自然）。这就是纯净、简洁的物感美与启蒙现代性、与现代性分化之间的表里关系。因此，物的解放同时也就是设计的解放，人对物的临在关系的解放。人终于可以不必有顾忌，仅按照自己的需要和喜爱去选择设计物了。如果你只想买一个电吹风，你绝不想付额外受教育的钱，所以设计一个功能极佳、小巧漂亮但除此之外就毫无意义的电吹风，就成了所有电吹风设计者的目标。而在皇权时代，哪怕是一只折扇都充满了从款式到材、装饰等重重意义的附加。所以毫不奇怪，设计的现代性在品质上集中体现为国际化风格的纵深推进——所谓"国际化"，说到底就是以功能、物感二维为基本价值坐标的普适性风格而已。或者可以更明确地说，以功能、物感二维为主导，最大程度地压缩意义（象征）

---

[1][2]　于尔根·哈贝马斯：《现代性的哲学话语》，曹卫东等译，译林出版社，2004 年，第 132 页。

的维度，就是设计的现代坐标。

以此来衡量，"中国风"与现代性品质是什么关系呢？我们且将"中国风"放到此坐标谱系中去做一个简要的分析。

从历史上看，有两次"中国风"。一次是 17、18 世纪盛行于欧洲的"中国风"，史称 Chinoiserie[1]。该时期巴洛克、洛可可风格受到中国瓷器、丝绸、漆器、刺绣和繁复美艳的装饰风格的影响，兴起了一场中西合璧的设计风潮。这一时期的"中国风"基本与现代性品质无关。其时，中国宫廷设计的巨大象征性、奢靡把玩情趣与西方贵族的身份意识、审美趣味高度契合——它们在设计的价值坐标上都共同以权力象征、身份感为首要尺度。中国元素的加入极大地增强了西方贵族风格的美艳、华贵和可资炫耀的异域风情。第二次是从 20 世纪 30 年代逐步兴起的现代"中国风"。这一次可分为国内、西方两类，这里只讨论国内。

就国内而言，谓之"现代中国风"，并不是就这次风潮出现的时间而言，而是因为整个中国现代设计的理念和实践都是建立在西学移植的基础之上：30 年代以来的建筑设计、书籍装帧设计，90 年代以来视觉传达设计、环境艺术设计、数字多媒体艺术设计、服装及造型艺术设计的系统引入和学科建制，等等。不管风潮掀起者是否有所意识，这一次的"中国风"是在现代设计的意识背景下掀起的，天然地具有现代性的内在品质和追求。以建筑为例，现代"中国风"大面积出现的真正背景是中国营造学社对传统建筑的艰苦研究，如北京友谊宾馆、北京火车站、建于 20 世纪 40 年代左右各大学的中西混合式建筑，等等。不管是对传统建筑的调查、保护还是传承，营造学社的贡献都居功至伟，但很显然，梁思成等人完全是按照现代西方建筑学的学术理念来研究中国传统建筑的。梁思成的《中国建筑史》《中国雕塑史》《中国建筑艺术二十讲》，对《考工记》《营造法

---

[1] Cf. Madeleine Jarry, *Chinoiserie：Chinese Influence on European Decorative Art 17th and 18th Centuries*, Michigan：Vendome Press, 1981, p.13.

式》《工程做法则例》的整理研究，秉承的都是一种技术主义路线，基本上是包豪斯体系的设计意识。这种研究的要害在于：在考量视野上主要以功能（技术）、物感（审美）二维坐标为根据，而对意义（象征）的维度则完全不予甄别和探究，是用现代西学的二维眼光来考量中国传统建筑的。梁思成甚至希望研究中国传统建筑的"词汇"、"语法"并实现中西古典建筑之间的"转译"："用传统建筑的语言，在同一个体形空间里，就可以把西洋古典建筑翻译成中国古典建筑。"[1] 他由此提出"各民族建筑之间的转换问题"。虽然他一心发扬中国古代建筑的文化传统，可恰恰是文化（意义的维度）被忽视了。所谓"植入的现代性"即来源于此：人们用以研究、整理、设计的理念和价值坐标是现代性的、西学的。

往深处看，如此现代坐标的出场实际上意味着传统设计之意义维度的整体性崩溃和解体。因此，虽然中国现代设计一开始就是在现代性背景下起步的，可正因为是坐标背景的整体性植入，所导致的结果就非常错杂和含混，甚至可以说是一种先天不良的现代性。

首先，对传统设计意义维度的抛弃不是出于研究和清理，而是由于学科视野的屏蔽，即打量坐标的背景性屏蔽。这是一种先在的、无意识的屏蔽，这一屏蔽式排除的后果是深远的。仍以建筑为例。我们知道，中国古代对建筑的方位、形制、装饰（色彩、图像、雕塑）、环境、用料等有极为严格的体制规定，以致可以说，是这些规定的巨大的意义承载从根本上决定了传统建筑的空间营造和视觉显现。（1）权力象征。包括对建筑面积、体量的规定（城郭规模、宫室间数、园囿形制、城阙、门墙规制等），对用材等级的规定（金、银、铜、铁、木、玉、石等），对饰纹的用色（丹、黄、蓝、青等）、彩绘（和玺彩绘、旋子彩绘、苏式彩绘）、图像（龙、凤、饕餮、麒麟）等的等级规定。《新唐书·车服志》说："王公

[1] 梁思成：《中国建筑的特征》，《建筑学报五十年精选 1954—2003》，周畅编，中国计划出版社，2004 年，第 47—48 页。

之居不施重栱藻井。三品堂五间九架，门三间五架；五品堂五间七架，门三间两架；六品七品堂三间五架，庶人四架，而门皆一间两架。常参官施悬鱼、对凤、瓦兽、通栿、乳梁。"此类制度规定是中国历朝的通例，且自先秦至清代越来越繁琐和具体。作为权力身份的组织化象征和社会等级控制的实体性构成，传统建筑的形制体系是一个森严复杂的意义系统。在此，我们可以理解无官职身份的读书人为何是"寒士"："寒"不仅是"贫寒"，而是一种人生在世的意义感受，因为按规定他即使有钱，也只能穿布衣居陋室。（2）风水和禁忌。风水（堪舆、形法、地理）包括卜宅、相地、辨形、查气、定向、定时、镇符等诸多方面。[1] 司马迁所谓"法天地，象四时，顺于仁义，分策定卦，旋式正棋，然后言天地之利害，事之成败"（《史记·日者列传第六十七》)，大概可以算是对上古时期风水功能的总结。风水类书籍在中国民间流传的种类、数量极为庞大，影响至深，比如仅《宋书·艺文志》所列相地术书目录就达 51 种、112 卷。概言之，各类风水术研究的核心是方位、地形、环境、风向、星象对应、内部布局、图饰、色彩、工程的进度时序等与吉凶祸福的转换关联。诸如"凡宅东下西高，富贵英豪，前高后下，绝无门户，后高前下，多足牛马"，"凡宅东有流水达江海，吉，东有大路，贫，北有大路，凶，南有大路，富"（《古今图书集成》卷六七五《阳宅十书一》）之类，无不是讲山水环境、方位朝向与吉凶祸福的关系。此外，按传统风俗、术数，各种休咎庶征、图腾禁忌、兽首图像、房檐蹲兽、饰纹彩色等，均无不与居室主人的祸福休戚相关，因而也都一并纳入了设计的考量因素。（3）道德表现。包括空间分配的尊卑老幼，家具形制、字书画及园林植物的仪轨秩序、道德象征，孝节德行的教化表现（故事、字画、雕刻）等。李诚《营造法式》开篇就说："臣闻'上栋下宇'，《易》为'大壮'之时，'正位辨方'，《礼》实太

---

[1] 对建筑风水的操作要领可参见宋昆、易林：《阳宅相法简析》，《风水理论研究》，王其亨主编，天津大学出版社，1992 年，第 70—88 页。另见王玉德：《神秘的风水——传统相地术研究》，广西人民出版社，2004 年，第 152—174 页。

平之典。"建筑的方位、等级、秩序是关乎天下治乱之礼制教化的一部分，因此中国历朝对建筑的道德意涵有详审的规定，设计者不可须臾违之。（4）信事内容。包括神鬼、佛道的符号、故事、人物、旗幡、场景等。这些在古代建筑的遗留中随处可见。显然，当上述种种意义内涵被屏蔽排除之后，那些原本包含着复杂意义的建筑的等级、方位、地形、装饰图像、用材、结构、空间排序等就变成了意义流失的空壳。关键在于，排除是无意识的。在学科横移的先在排除之下，人们并没有太关心建筑设计诸形制体系在意义表达的层面已经是空壳和空壳意味着什么，而是懵懂地相信中国文化"博大精深"。

从现象学背景上看，这就是大面积"中国风"演变成"晒古董"的学理根源：由于懵懂地相信中国文化"博大精深"，我们无法准确、有效地将中国传统设计中与意义内涵浑然一体、可以实现现代性转化的因素分离出来。移植坐标的视野屏蔽决定了我们无法提取在意识构造中原本就没有的东西。既然不能区别物感和意义，我们在设计的意向性构成中便难以有与意义相区别的物感呈现。而强大的物感呈现正是现代设计的核心。于是，一讲继承，便将古人原本作为意义表达的设计（图像、饰纹或结构、形制等）搬出来。落实到被时下炒得很热的所谓"中国元素"上，就变成了大面积的盲目挪用。设计成为拼贴，而非创造。重要的是，这不是个别经验式的失误，而是学科的先天背景或视野结构的屏蔽性失误，所以失误具有普遍性。由于关涉甚深，此中缘由值得再强调一次：因为在移植而来的基础性视野中就没有分清物感、意义和功能，转换成一种研究领会和设计创造的眼光，就天然缺乏对三者差异的分辨能力。没有了对三者的分辨能力，显然很难有富于创造性的物感设计。比如梁思成批评过的"'宫廷式'新建筑"[1]，当前在装饰设计中到处滥用的龙纹、蟠螭、和玺彩绘，已经普及到机麻桌布、台球桌布、公车广告上的祥云图案，印在烟盒、足球

---

[1] 梁思成：《中国建筑史》，生活·读书·新知三联书店，2011年，第3页。

广告、紧身裤上的元青花纹饰，在丝质连衣裙、旗袍、吊带裙上几乎原样不动的僵硬的云肩元素，充斥各种广告和电脑视频的水墨晕染效果，一再重复、不厌其烦的对书法字体、国画局部的拼贴挪用，大部分高档茶楼笨重压抑的返古装修，明星在电影节上瓷人儿般的唐式扮装，等等——简言之，由于无法分清意义因素和物感因素，大面积的"中国风"变成了"晒古董"。

## 三、物感再分析：中国式现代性品质的创造与转换基础

进一步仔细分辨，这里产生的其实是两个方面的失误。

其一，对设计现代性的误识。意义维度的失落是基于现代性坐标的屏蔽，而屏蔽之所以可能，是因为对设计的现代坐标本身不甚了了。就是说，虽然现代设计是移植过来了，但并不明白这种设计背后坐标谱系的维度组建及其缘由。虽然实际上受到了现代坐标之二维凸显的屏蔽，可并不明了有屏蔽这回事。大部分人对设计现代性的讨论强调的都是"功能"，对作为设计现代性核心的物感无深度领会，比如如下说法："现代主义完全取消装饰……在形式上出现了简单的立体主义外形，色彩基本是白色、黑色为中心的工业化的中性色，建筑由柱支撑，全部采用所谓幕墙机构，功能主义的基本原则，成为一种单纯到极点、少则多、冷漠而理性、立体主义的新建筑形式"[1]，"正统的现代主义建筑所遵循的'形式追随功能'的功能主义、'少即是多'的纯净主义以及设计构图上的集合套路和模度原则，把建筑引向非形式的牢狱和无意义的深渊"，"开创了新的'无情景性'和无内涵的历史，即一种不再通过传统、诗意及宗教，而只有它自身、它的权力意志及构造能力的历史"，"导致了建筑情景的全面丧失，并且使建筑陷入不可自拔的线性思维的框框和一元论的僵死逻辑

---

[1] 王受之：《世界现代设计史》，中国青年出版社，2002 年，第 109 页。

之中"[1]，等等。物感的概念在讨论中一直没有出来，因此物感价值也无法显现在现代设计的阐释中。这样，问题就不只是意义维度被屏蔽，而是延伸到了物感的失落：由于没有物感意识，所谓的"现代设计"才只剩下了笨重、粗糙的"功能"。于是，现代设计完全丧失了自身的美感特征，现代性的品质被诠释为"非形式的牢狱"。这方面，中国近百年片面重功能的千城一面的现代化改造是一个无法抹去的见证。实际上，我们的大部分建筑是很难看到"单纯到极点的"幕墙结构之简洁流畅的物感、光影的，意义的过度象征和装饰附加倒比比皆是。我们的建筑长期以来既无空间意识也无造型感，而到了今天，比如成都的新城南，又变成了处处异形的新景观竞赛。当然，按这种逻辑，中国现代城市设计的各种弊端又都一概被解释成了西化即现代化之罪——顺理成章，要改变中国设计的弊病，于是又都指向了文化传统的回复。

事实上，不仅是设计，我们的整个艺术理论都缺少对作为现代性品质直观的现代感的研究。美学领域的现代性讨论大都集中于审美主义批判和审美救世的抒发。笔者查阅手中搜集到的诸种设计史、雕塑史、美学史、建筑史乃至各类艺术理论刊物、美学著作，除了近两年由对弗雷德《艺术与物性》的翻译和"物性——2011上海当代艺术邀请展暨学术研讨会"而引起的些许讨论外，几乎看不到对物性、物感及其与现代性关系的分析和论述。可是，随手翻开奥克威尔克等人所著的《艺术基础：理论与实践》，前十章几乎都在讲艺术物感的某个层面，从"元素的融合"、"媒介"开始，依次是形式、线条、形状、明暗、肌理、色彩、空间、三维艺术和风格各章，构成了全书七十万字的全部内容。[2] 这意味着我们的艺术和奥克威尔克等人心目中的艺术是不同的：后者不是空洞审美意识的表现、再现、内容、形式之类，而是物感诸层次的融合构成及其表现力。联系到劳

---

[1]  万书元：《当代西方建筑美学》，东南大学出版社，2001 年，第 26—28 页。
[2]  参见奥托·G. 奥克威尔克等：《艺术基础：理论与实践》，牛宏宝译，北京大学出版社，2009 年。

申伯格、柏林伯格、弗雷德等人对艺术物感构成的深入实践和探究，维贝克（Peter-Paul Verbeek）、卡普兰（David Kaplan）等人所呼吁的理论研究的"物转向"[1]，波德里亚等人对商品物的持续性讨论以及物感在西方现代艺术、设计和生活世界的标志性凸显，我们有理由判断：物感的失落是中国设计西学移植中的根本失落。

其二，对传统文化可取舍性的误识。秉承同样的逻辑，如果说我们在移植包豪斯的时候为功能而丢掉了物感，那么，在强调中国性的时候又将物感误识为意义。比如把物感错置为装饰，把品质混淆为符号，把美感解释为意义，密集的符号拼贴是为了突出中国文化精神，但是要注意，那只是一种符号表达，而不是富有现代表现力的物感冲击力。物感的力量不够，就只能以意义来补充，但物感是一种客观化的直感力量。所谓"人体工程学"就是指这种与人具有对应性力场效应的环境结构而言，而符号则只是文本而已。两者的品质、效应不能同日而语。一些设计干脆把要表达的概念文字直接嵌进去，物感的呈现竟然成了意义宣示。在各类设计方案里充斥着大量不着边际的解说："一生二，二生三，三生万物。""天人合一"、"生生不息"或"低碳环保"、"计白当黑"、"有无相生"、"存在境遇"等，意义的"象征"、"表现"、"寓于"、"表达"充满了各类设计的意图解释，甚至玄之又玄。经常是每个符号、色彩乃至每个局部有意义，就是没有物感。于是，设计的构思常成为两个极端的混合物：太实的一极是功能指标和技术参数，太虚的一极则玄之又玄。

简言之，根源是对设计现代性的理解出现了问题。现代物感的出场是一个中国人无法后退、无论挪"古"还是挪"西"都难以代替的艰难的创造过程。我们所需要的东西仍然是已经讨论了许多年的东西：中国式、东方式的现代性，说得更明白些，就是中国设计独特的现代性品质感。我们

[1]  Peter-Paul Verbeek, *What Things Do*：*Philosophical Reflections on Technology*，*Agency*，*and Design*，Trans.，Robert P. Crease. PA：Penn State University Press，2005，p.8.

的设计之所以缺乏力量，归根到底是因为属于我们民族自己的现代性品质没有出来。很难说现代性的物感是否一定是民族的，但是作为一个具有深厚文明传统的民族，我们必须对现代性品质有自己独特的创造和开启。而如前所述，中国式现代性品质的基础不是别的，就是中国人独特的物感。是物感及物感方式，而不是意义，才是现代性、民族性（中国性）与中国式现代性品质之间汇通、转化、创造的基础。而物感与意义不同：它具有普遍效力，就正如音乐是一种无国界的语言。

实际上，中国人拥有极其强大的物感传统。所谓"人心之动，物使之然也"（《礼记·乐记》），"物感"不仅自先秦以来就是中国人讲诗、乐、舞、文、艺的动力论基础，而且是论一切人事祸福，包括天地万物、人间法则的思维基础。用现象学的术语，所谓"物感"，就是物的"原初直观"或直接的"原初给与性"[1]。《尚书·尧典》谓"直而温，宽而栗，刚而无虐，简而无傲"是讲物感，《周易·系辞下》的"仰则观象于天文，俯则观法于地"是讲物感，老子论道象、大音、五色，孔子观水叹逝，孟子观人以眸，庄子论天籁、地籁、人籁乃至前文提到的"天文"、"地文"、"形法"、"相术"、"堪舆"之学的基础都是讲物感。葛瑞汉（A. C. Graham）等人站在西人立场分析的所谓中国思维的隐喻性、关联性，实际上是中国人认识世界的基本途径。[2] 直至《淮南子》的"原道训""天文训""山川训""览冥训"等，中国的"物感"之学已经发展成了一部包括天地万物、人事治乱、修养兵战在内的百科全书。实际上，对天地万物的物感品质及万千形态直观把握的巨大积累形成了中国文明所独有的知识传统 [3]，其知识演进的独特路径是物感直观，而非西方式的分析性演进。这是一个文明

[1] 参见胡塞尔：《纯粹现象学通论》，李幼蒸译，商务印书馆，1996 年，第 45 页。

[2] 葛瑞汉：《阴阳与关联思维的本质》，参见《中国古代思维模式与阴阳五行说探源》，艾兰等主编，江苏古籍出版社，1998 年，第 1—57 页。

[3] 参见吴兴明：《道术现象》，《谋智、圣智、知智——谋略与中国观念文化形态》，上海三联书店，1994 年，第 342—348 页。

的体系性标志。当然，这也是中国美学可能有贡献于世界的主要方面。所以，物感之论在中国，远远不只是一种反映论或者情感感应论，而是一种把握世界的方式，一种文明的智慧和一个伟大文明的创造性机制。同时，与西方人相比较，中国的物感方式又是非常独特的。它是柔性的，内视化、体验性的，偏重于对物的品质、肌理和幽微情致的涵咏。丝绸、瓷器的鲜丽与质感，明清家具的材质鉴识、圆润精细，竹笛音声的清越，埙的元朴浑厚，二胡的清幽，包括玉的温莹，园林的灵动，书法丹青的墨色精微，乃至瓦房屋面各种瓦的精致区分和形态铺陈，无不在质料精微和肌理品质上显示出中国式物感的独特性。时至今日，我们在许多方面对古人发达物感的精微辨识实际上已经失去了理解能力。比如古琴声音的物感形态，徐上瀛将其分为二十四品[1]，论述之细致精微远在今日操琴者之上。徐上瀛的琴声各品深通于庄子的"神遇""心听"，那是中国式柔性的、体验性的物感智慧在琴声鉴识上的表达。或者说，中国传统物感精神的核心可概括为庄子的"以神遇而不以目视"（《庄子·养生主》）。是心神性、身体性的、"接物"及外视化，而不是对象性的"意识到"，犹如"气"之袭入皮肤、筋肉，向神髓深处弥漫，而后再外化凝聚于物象。比较一下中国音乐的单音质器乐质感和穿透幽微的引力与西方交响乐的宏大、浩荡、源源不绝，很容易看到东西方物感方式的差异。

问题是，以现代人的心灵来感知，中国物感积淀的宝库实际上一直处在传统文化意义结构的系统锁闭之中。所以，重建现代中国式物感的首要要求是：将传统的物感方式从僵死意义体制的锁闭之中解放出来。

## 四、物感的解放："中国风"如何进入后现代？

有人或许会说：已经是后现代了，还谈什么物感？

---

[1] 徐上瀛：《溪山琴况》，《续修四库全书》第1094册，上海古籍出版社，2002年，第478—489页。

的确，后现代在设计上经历了物感创造的急速转进，一方面出现了文化研究者关注的"符号爆炸"和"意义的膨胀"[1]，另一方面则是极端化物感创造对功能的突破。这使物感、意义、功能的关系呈现出前所未有的复杂局面。在这样的背景下，中国式的物感方式具有怎样的可能前景？更明确地说，中国式物感如何实现在当代的解放、激活与创造？这是必须进一步明了的问题。

## （一）当代社会物序重建之意义结构的特殊性

现代性不只是物的解放，也是物序格局整体的意义重建。前文只讨论设计物的直接物感，尚未深入到诸物组建成"世界"之下的生活感和世界感问题。而这一点恰恰是非常重要的，它是物感设计的深度目标，也是海德格尔所谓的"世界化"即"天地人神之环化"状态下"物"[2]的真正所指。这就进入到了物感的意义论或整体的物文化设计的层次。关乎此，波德里亚做了如下区分：

> 如果我们排除纯粹的技术物品……我们便可观察到两个层次：客观本义（denotation）和引申义（connotion）层次，透过后者，物品被心理能量所投注、被商业化、个性化、进入使用，也进入了文化意义……[3]

用我们熟悉的话说，功能物是世界结构的基础，这是物的"客观本义"，而它的"文化意义"则是属于物感政治学、美学的范畴，是"一个二次度的意义构成"。正是在这里，波德里亚发现了消费社会"逃离技

[1] Cf. Jean Baudrillard, "After the Orgy", in *The Transparency of EVIL：Essay on Extreme Phenomena*, Trans., James Benedict, London and New York：Verso, 1993, p. 9.

[2] 关于"物"，海德格尔在《物》中将之归结为："唯从世界中结合自身者，终成一物。"《海德格尔选集》（下），孙周兴选编，上海三联书店，1996年，第1183页。

[3] Jean Baudrillard, *The System of Objects*, Trans., James Benedict, London and New York：Verso, 2005, p.8.

术体系，走向文化体系"[1]。的物感发展的总趋势：（1）个性化。诸物围绕日常生活的家居、交往、休闲、运动等结成生活"空间"，组成一种可自主选择和自由调节的情调、氛围，进入模板化组合的"氛围的游戏"。（2）极端化。古物、艺术品、珠宝、圣像、手稿等成为身份卓越的"物质性记号"，建构成一个"私人帝国主义"之流行时髦中的"超卓的领域"，从而承担起消费者自我突出的标志性记号功能。（3）等级化。物品组合最终发展成为一种新的社会地位的能指，组成一个巨大的符号系统，并操纵着社会全体向着更高社会地位的模范团体攀升。因此，在消费社会，直接的物感价值向符号意义过度、迁升，物变成了波德里亚所说的第三种物：物符码（object-sign）。

必须指出，虽然波氏的洞察十分敏锐，但描述却是偏颇的。

首先，他忽视了物感意义引申的多维度和开放性。"地位"作为社会关系扭结的人格构成，其显现方式的确是意义性的，它表达的是在政治、经济权利基础上人与人之间的精神对应关系：爱、团结、尊重、羡慕、敬畏、友善、理解、服从、蔑视等。可见地位并非只具有差异、对立的维度，还有爱、团结、融入的维度。而且地位仅是现代性物感组合被能指化引申的一种，其他诸如族群、性别、趣味、信仰、理想、友谊、亲情人伦、归宿感等都可以是物感组合的二度引申义，它们在更广阔得多的领域形成现代社会共同体。不仅它们无法被划归为"地位"，且如前已述，物感意义指向的自由开放是现代性物感格局的基本特征。正是这一点，决定了人在现代世界的充实度、丰富性、开放性和切身的生活感。

其次，关键在于，物感价值无法被仅仅简化、抽象为符号。波氏没有区别物感和符号意义，在他的论述中，纯粹功能物是没有"空间感"、"临在感"的，只有功能物通过氛围、情调等进入了商品符号系统的组织化

---

[1] Jean Baudrillard, *The System of Objects*, Trans., James Benedict, London and New York：Verso, 2005, p.6.

状态，"结构"才再次被建立起来。而这一次的结构是完全符号性的：它"是语言的同等物"[1]，是一个操纵社会整体结构的"符号化组织系统"。可是正如维贝克的分析，符号学无法分析桌子如何规范围坐者的关系，而是讨论桌子在这种关系中是如何指称意义的。因此，符号学的减缩实际上已经抽空了物的实在性。符号重在指称，物却在创造和调节：它在完成其功能的过程中，会创造超越功能的作用并塑造人和世界的关系。所以，我们必须回到物感，通过"物美学"的分析来加以阐释。这就是维贝克所说的摆脱主客关系视野而进入人与物相互参与的"后现象学"（post-phenomenology）[2]。

再次，波德里亚严重忽视了后现代状态下物感与意义关系的特殊性。如前所述，在前现代状态下，意义对物感的约束是规定在先的，设计者必须在体制性的强制规定下满足物感设计的意义要求：根据诸种权力规定来设计功能与物感的等级层次。这决定了，在传统社会，是由身份等级来决定物感的有无及其辉煌程度，也决定了虽然传统社会积累了极其丰厚的物感储备，可是在整体上物感又一直被锁闭在意义中。可是，现代设计的意义却是后设性、开放性的：物品的购买向所有人开放，每个人都可以根据自己的兴趣来实现个性化、氛围等等的组合。因此，物感的解放实际上也意味着意义创造的自由。不仅物感从先在的意义规定中解放出来（二者的先后顺序发生改变），而且从物感到意义的引申呈现出自由和不确定性，这就是"元件家具"的含义。这个意义上的"后现代"，实质是将物感的解放推进到极致。如拉什所言，如果说"现代主义把能指、所指和指涉物的角色地位作了明显的划分和自治"，那么"与此相反，对于后现代化而言，这些差异是未定的，尤其是能指与指涉物的地位及其相互关系，或

[1] 波德里亚：《消费社会》，刘成富、全志钢译，南京大学出版社，2001年，第48页。
[2] Peter-Paul Verbeek, *What Things Do：Philosophical Reflections on Technology, Agency, and Design*, Trans., Robert P. Crease, PA：Penn State University Press, 2005, p.99.

者换一种说法，表述与现实的关系不是预先确定的"[1]。拉什说，今天我们"在电视、广告、录像、电脑化、随身听、汽车卡式录音机，以及发展至今的 CD、VCD 和 DAT 中包含了越来越多的表述"，重要的是，这些表述的能指本身又变成直接的物和物感，而新的物感又迅速被指向另一种新含义的社会化引申。由此，能指与指涉项之间的关系发生多维度的延伸，相互的层次转换难解难分，以至于"指涉物对能指空间"和"能指对指涉物空间"构成了相互融入和入侵。这就是所谓后现代的"符号爆炸"或"意义膨胀"：为现代性所确立的分化明确的符号与现实发生广阔的"解分化"位移 [2]。此种情形下，消费社会实际发生的是大规模的物感与意义的相互融入及其对功能依赖性的突破和颠覆。因此，与波德里亚的悲观主义相反，后现代不是强化在人与人、人与自然分裂模式下的符号统治，而是在融入导向下的分裂之和解。

**（二）柔性物感的当代意义**

今天为什么需要"中国风"？不少学者倾向于一种类似后殖民主义的论述：全球化时代的经济竞争背后是文化竞争，一个地区、一个民族的文化影响力是经济发展空间的前瞻性开启。这样说当然没有问题。但还有更深层的意义：中国式柔性物感对后现代解分化可能的启示和推进。按从马克斯·韦伯到哈贝马斯的社会理论传统的分析诊断，所谓"现代性危机"，其症结源于一系列不可逆转的现代性分化：人与自然的分裂、人与人的分裂以及人自身的系统性分裂。而功能物的现代设计是现代性分裂的客观基础。因此，不在设计物上实现人与物的融入与对话，所谓"解分化"就是一句空话。中国式柔性物感的世界意义在于：它对和解状态有一种新开启的可能性、唯其是柔性的、内在化的，才能在现代性分化的各维度、界面之间伸缩、转换、渗入、互动。这是体现在物态上、构成客观世界基础的

---

[1]  S. 拉什：《后现代主义：一种社会学的解释》，高乐飞译，《国外社会科学文摘》2000 年第 1 期。
[2]  参见吴兴明：《重建生产的美学——论解分化与文化产业研究的思想维度》，《文艺研究》2011 年第 11 期。

所谓"流动的现代性"：曲线、不规则点面、造型的随机性、原生物肌理性质感、曲面、结构的非对称性、柔性边角、内视化色彩、多维错置的形体构造、多空间形态的相互渗透、陌生化异形、空间的随机性开合和断续，将一切因素纳入"神交"和身心体验场建构之后的提炼与客观化……柔性，意味着解分化在功能物上的多维度积聚，甚至柔性本身就是趋于解分化的。在现代性分化已经在整体上结成一个硬性、惯习化世界的背景下，东方柔性物感的设计可能成为一个克服现代性危机、实现解分化的新方向。这方面，韩国的服装、日本的建筑及平面设计已经取得了举世公认的成就，而中国设计在一部分先行者的探索下也开始显露大规模突破的趋势。毫无疑问，只有对人类未来的生活需要做出独特贡献，我们的设计才具有真正的世界竞争力。依据前文对后现代物感与意义新型关系的论述，可以说，中国式物感的现代创造将是"中国造"、是我们的民族实业独立于世界民族之林的真正产业基础，也是中国文化将在未来时代贡献于人类生活的关键之所在。

### （三）中国式现代物感的突破与呈现

中国式现代性品质的创造早已经暗流涌动，一批杰出设计家的探索已储备了丰厚的积累：20 世纪 90 年代以来席卷中国艺术界、设计界的材料探索，贝聿铭事务所设计的苏州博物馆，王澍设计的中国美术学院象山校区、宁波博物馆，许燎源从酒器、茶杯、家具到居室布置的系列生活品的开创性设计……鉴于这些设计的开创性，我们有理由将它们看作是中国现代设计的根本突破。以王澍为例，他对中国式现代性品质在建筑上的探索具有多方面的意义，形成了极具本土性的现代建筑思想和实践操作范例。王澍探索的核心是：将设计追求从科技化的物感品质向中国民间乡土世界的物感呈现返回。他的创造性选择是弃"建造"而取"营造"，重返中国民间物感创造的工匠传统。"习常建造与业余营造的根本区别是：前者是靠一种解释一切的抽象观念来设计，在设计建筑的同时也决定了材料与技术，而后者的材料是在先的，有限的那么几样东西，某种意义上，技术的问题更产生于思想之前，技术是随所用材料而来的技术；前者是一种设计，后者则只是制作。"[1] 这是一次着力于原创性突破的返回。与现代建筑不同，中国的工匠传统是材料在先的，"有限的那么几样东西"，从局部开始，一步一步地营造。于是，因地制宜，因材料而制作，从制作而连缀成片，整个建筑呈现出开放、随机、细节主义和局部凸显的特征。物不消失在抽象观念的先在统摄之中，而是自在凸显，"让材料决定制作"，"把营造定义为'有限条件下的自由放任'"[2]，让物以自然材质为基础得到最大程度的原始呈现。王澍说这种方案是"小品主义：一种'小品'所意指的认识论视野"。它让"我们的感觉穿过有意识的知识，穿过凝聚着种种规约的话语，一种可读、可听、可感的东西，脱落了任何外加的意义，夹带着纯粹的姿态、声音、色泽和气味，以物质般的质地涌现出来"。[3] 他的营造过程始终抓住的是物感。在对现代物感创造的推进上，这意味着物感解放的双重剥离：一方面，将中国的物感方式从传统的意义锁闭中解放出来；另一方面，将现代物感的活力从科技的僵硬锁闭之中解放出来。在前者，王澍敏感到中国式物感的原生态保留不在上层社会、精英文化的器物传统中，而在质朴的民间乡土世界——那是一个因其原始而尚未被符号统治封死的世界。就后者而言，王澍敏锐地意识到物感呈现逐渐僵死的现代性危机——由于以包豪斯和工业设计为标志的现代设计将物纳入全面的理性化、科技化开发系统并生产出现代世界的总体构建，现代性的物感品质逐渐被惯习化、均质化、表面光鲜化了。科技变成一种吞噬物感独特性的统治力量。由此，如何突破科技统治，让物感回归感觉的原始、丰富和差异性，成为一个世界性的难题。王澍的方案是将中国性、现代性与克服现代性危机的解分化追求融为一体。在中国美术学院象山校区，我们看到的景象完全是一个中国式的现代村落：它既是典型的中国式乡土，又充满了现代性。它不是一个在西式整体理性设计下"建造"的校区，而更像是

---

[1] 王澍：《设计的开始》，中国建筑工业出版社，2002 年，第 84—85 页。

[2] 同上书，第 86 页。

[3] 同上书，第 57 页。

一个迷宫式、园林式的村庄；它开合随意、随物赋形，每一个单体建筑都悠游独立，以鲜明的个性抵抗着结构总体的划归；它在一切细节上保持民间建造所带来的质朴的真实感：大面木板墙、旧砖墙外立面、非规则性门窗、起落随意的贴壁式走廊、片段式瓦屋顶、木结构；它刻意保持砖、木料、钢板、玻璃、石料在材料使用上的完整性、本色性，不使用任何角线和装饰……王澍的建筑自始至终没有一个可以视为"中国元素"的标志性符号，但是处处流溢着中国感。它的整个设计是物感呈现而非符号性的，这使它在凸显中国性的同时又是高度现代性乃至后现代的，显示出古代建筑所无法具有的简洁、大气和骨髓深处的现代气质，呈现出鲜明的现代性质感。许燎源将他的系列作品称之为"新文物未来观"，目标是要抵达后现代物感状态下的"新生活，自定义"[1]，其姿态完全是着眼于未来的。他在系统汲取新材料技术、工艺技术的基础上高度提纯陶瓷品质，把现代绘画语言、传统字符、现代雕塑等局部断裂性并置在纯净的陶瓷质底上，创造出晶莹鲜明的现代品质感。在其他领域，中国式现代性品质的开创性探索也已经有鲜明体现。比如绘画，吴冠中很早就以油画创造出国画的山水境界，田黎明在内在收摄的笔墨中凸显传统国画所缺乏的色彩、景深、空间层次感，周春芽融油画笔触入于笔墨晕染而呈现出极度感觉化的东方式的瑰丽美艳，等等。如果硬要寻求示范，我认为，他们的方向就是"中国风"设计应取的方向。

---

[1]  见许燎源现代设计艺术博物馆：《无一物》2012 年第 1 期扉页。

贝聿铭作品：苏州博物馆

王澍建筑作品：宁波博物馆

# 第十章 空间论：对中式造物空间深度指向的现象学分析

随着"中国风"潮流的持续推进，中式空间已经成为普遍的社会需求。在观赏这些空间的时候，有一个问题不免会浮现出来：在中式空间里——比如亭台、楼阁、园林、民居、展馆、庙宇、中式廊道甚至中国画、书法的平面空间，等等，究竟是什么东西打动了我们？比如建筑，我们知道，并非只要是用了传统造物的形制或材料就能够动人。有不少仿古建筑完全按古建的形制修建，但是僵死、笨重、空洞而毫无中式空间的风采，有些建筑——比如苏州博物馆、深圳第五园——几乎看不到古建形制的系统运用，却在鲜明的现代感中充满了中式空间的神韵。这与常识的推断似乎相去很远：中式空间虽然离不开传统建筑的形制材料，但其动人所在却并不等于形制材料。用王澍的话说，中式空间所打动我们的，是在诸形制、材料的安排运用之中"有一种精神"[1]。

可是，这是一种什么样的精神呢？换言之，究竟什么是贯穿在诸形制材料运用中的中式空间精神呢？其具体内容和价值表达逻辑是什么呢？显然，这是还须深入探讨甚至究竟何所问都还有些含糊的问题。目前为止，关于中西各类空间的研究已经非常之多，但是中式空间精神仍然是一个不曾展开的话题。在经历了包豪斯式千城一面的现代化浪潮之后，中式空间的大规模呈现可能是我们重塑中国城乡基础风貌的一次机遇。但是在

---

[1] 卫泽华：《王澍：建筑的精神性与语言》，《建筑时报》2017 年 5 月 31 日。

某种意义上，也可以说我们只有解答了这一问题，才能够真正地抓住这次机遇。因为只有这样，我们才知道中式空间取舍的度，从而在设计的时候确认，传统空间那些材料或形制上的规定哪些是可以丢弃的，哪些一旦丢弃，就会使中式空间的神韵受损。同样，也只有明了中式空间精神，我们才能够大致判断：一幅当代水墨，究竟在多大的程度上已经远离了传统中式平面空间的内在要求，从而使所谓"中国水墨"蜕变成了一种符号；一幅当代书法，在何种程度上已经丧失了中国书法所固有的气韵，而将所谓"书法的现代探索"演变成了一个掩盖功力不足与创造力贫乏的伪命题；一个镶金贴银的中式餐厅，在何种程度上已经背离了中式空间的基本精神，而将所谓"新中式"肤浅地诠成了一种伪贵族的把玩和卖弄。

放大了看，也只有以中式空间精神为根据，所谓"中式空间"才可以顺利地实现现代转化，在全球化时代蓬勃发展并走向世界。

## 一、方法论：现象学直观与文本阅读

要考察中式空间精神，首先是要对什么是空间，什么是空间精神做一个简略的现象学分析。传统上，对中式空间的理解一般以建筑史的考察为依据来展开，核心是对经典样本与制度规范的阐释分析。对造物空间形式感的研究则主要是一些泛泛而谈的美学描述。但是实际上，要揭示不同文明造物空间的价值内涵，在上述考察中还必须贯穿一种直观把握的现象学眼光。按我的理解，这就是不同于普通建筑学理论、美学史或器物史学的空间现象学所要揭示的内容。

以建筑为例，直观上，我们看到，不同的民族乃至同一个民族不同地域的建筑群落都有一种独特生活世界的场景风貌，比如欧洲的哥特式、洛可可或巴洛克建筑，中国明清遗存的皇家宫殿、南方园林、江南民居或川西古村落。当我们说这些建筑有不同的空间精神，说不同的民族地域或亚文化传统孕育出了不同的空间风貌的时候，是指蕴含在这些建筑群落中融生活世界为一体的整体的空间样貌和氛围。在此，建筑乃是人造世界之基本物质构建的总和，"氛围"就是从这一或秩序井然或熙熙攘攘的类似民俗风情之类的景观样态之中流溢出来的。那些老建筑、老物件——包括牌坊、水井、门阙、梁柱、亭台、用具、书画对联、礼器祭物，等等——即使人去楼空，原生的世界已经凋零，但是其经年累月存留下来的独特生活世界的场所风貌却依然凝结在老物的空间样态之中，变成某种陈年旧物的空间肌理。正是这一肌理，让我们在今天常常只须看到建筑、车船、空中摆放的物件、对联甚至路桥遗迹等，就能直观到一种隐约分明的风貌存焉，并进而延伸到对场所内涵的价值领会。以我之见，这便是原初状态的空间精神。由此观之，"实物空间"与"空间精神"的关系就是中国传统哲学所说的"形"与"神"的关系，而要阐释此一空间组建的纵深内涵，最简洁的方法就是沿着形成此"形神"关系的因缘联络做生存论直观的还原分析。

仍以建筑为例。还原于生存论的打量，我们可以看到，所谓"造物空间"包含着相互关联的两层含义：（1）狭义的空间——指人与物相互形塑的物理空间。这是可以用物理学来测量的空间，亦即我们日常所指的实体性的"建筑空间"，包括建筑、建筑群、构成建筑景观诸因素的系列层次。（2）广义的空间——指人生存度量的广延性，即海德格尔所谓"天、地、神、人之环化"的"世界化"[1]构成。这是依托物理空间组织构成的意义空间，即物质—社会—文化之三位一体的聚合空间，亦即我们通常所说的"生存空间"或生活场所的空间构成，比如广场、客栈、礼堂、寺庙、村落、城市街区等。一直以来，我们的设计学、建筑学主要是针对狭义的空间，而城市规划、文化研究则更多的是对场所空间系统结构的规划与意义提取。因此，在空间哲学的层面，我们首先要澄清的，是在空间构成上物理空间与生存度量的广延性之间的关系。

---

[1] 海德格尔：《物》，《海德格尔选集》（下），孙周兴选编，上海三联书店，1997年，第1183页。

第一，物理空间：基于身体位置的尺度内涵。建筑学所考察的"空间"不是广义相对论、量子力学或者宗教救赎一类玄远的"空间"，而是人实际生活于其中的空间，是人类遮风避雨、安身立命的空间。不管哲学家、物理学家给予空间以何种玄乎的界定，我们人都以身体为基底坐标来测量空间。没有身体所在的这个"点"，我们就无法理解八方六合、远近高低[1]。因此，我们日常所说的"空间"，含义首先是指物理性的，那是我们以身体感官对所遭遇之物的测量。这是生存空间的物理学基础。但是显然，只要是以身体感官去测量取值，就意味着已经包含了一种生存广延性的尺度：那是人根据自身身位和感觉的尺度而对所遭遇物的检测。此即物理空间所含纳的现象学含蕴：纯粹的物理学测不出空间感，无前提的物理测量是无秩序的无穷多样性和相对性，那是我们无法理解的空间。所以，即使是我们领会物理空间的空间性，也是在物理测量中内含着感觉尺度的打量。这就是物理空间作为生存广延性尺度的内涵：从生存论的角度看，物的广延性是生存广延性测量的一个部分。当然，要强调的是，"打量"并不意味着"创造"，所谓"物理空间"既包含自然物的空间，也包括人工物作为实体存在的物空间。正是在这种意义上，无论是《考工记》所谓"国""堂""室""屋""庙""宫"，还是《营造法式》所谓"宫""阙""殿堂""楼""亭""台榭""城"，抑或是我们日常所说的巍峨、矮小、高低、方位、住宅、街区、城市、乡村乃至天地宇宙等，都一概可以称之为"空间"。

第二，场所："安生"之广延性的尺度内涵。生存广延性的打量决定了，建筑的空间性是归属于"世界"的，那是人为了自身生存而建造的空间。而且显然，建筑空间的营造并非仅仅为了在生理意义上的"安身"，而是在生存整体意义上的"筑"与"居"——它关乎人类整体生存的安顿与展开。因此，建筑空间本质上是对生存世界延展性的基本创建与

---

[1] 参见弗雷德里克·詹姆逊：《文化转向》，胡亚敏译，中国社会科学出版社，2000年，第15页。

构型。正如诺伯舒茨所指出的，"定居意味着结集世界成为具体的'建筑'或物"[1]。它必定以物理空间为基础，进而扩展为以场所为关节点的"世界"之具体化组建。借助于场所，空间从身体栖居之所进而延展为居住、方位、交通、社群、村落、城市以及与社会政治、经济、文化等的广阔联络。于是，整个世界的物质—社会—文化之一体化空间展开为"生存世界"不同层次空间体系的构成。因此，按源始的生存论关系，并不是先有空间，然后才有场所，而是相反。"只有那种本身是一个位置（Ort）的东西才能为一个场所设置空间。""根据这个场所，一个空间由之而得以被设置起来的那种场地和道路得到了规定。""以这种方式成为位置的物向来才成为空间。""而作为位置而提供场所的那些物，我们……称之为建筑。"[2]不同空间体系的差别，不在于人总是需要空间来安顿身体，而是在于那包括身体安顿为一体的生之整体的筹划和安排。不同世界的人都需要安顿身体，但是不同的文化、不同的主体、不同社会等级的人究竟如何安顿身体千差万别。那整个"安生"之超越生理需要的更广阔的空间需求因此必然反过来构成建筑上对物理空间的特殊分割、排序、膨胀、扩张、压缩、扭曲和美化，等等。空间规划中的位置、小区、环境、道路、流线、村落、大小区域划分、城市的布局等因此而展开，人类按生之筹划的不同目的性而建造的空间体系由此被生产出来。

这就决定了，作为沿此"目的性"指引而回溯该空间得以筑造之"因缘联络"的现象学直观，生存论还原是对此空间作为生存世界延展性的度量与检测——它的秩序、它的大小、它的丰富度，它的开放与封闭、丰富与单调、光影与色彩，它的统治、扭曲、晦暗、局促、压抑、空洞，它的

---

[1] 诺伯舒茨：《场所精神：迈向建筑现象学》，施值明译，华中科技大学出版社，2019年，第22页。诺伯舒茨在此书中对西式各类建筑的场所精神有系统论述，但对包括中国建筑在内的东方建筑只字未提。

[2] 海德格尔：《筑·居·思》，《海德格尔选集》（下），孙周兴选编，上海三联书店，1997年，第1197页。

漂泊无依、自由深远或者痛苦窒息等。这也从根本上决定了，生存论还原本质上是关乎此空间形塑生存状态的价值直观：作为生存世界的延展性，空间本身即是对人类最本己的生存价值的度量。显然，唯有在这里，现象学直观的内容才既是空间性的，又是价值性和度量性的。这就是在生存论意义上源始的空间性。由此，建筑的物理空间便显像为生存论意义上独特的价值图谱，而对空间精神的把握则成为对这一图谱之价值内涵的领会与直观。

当然，作为对中国传统空间精神的研究，我们要面对的不仅仅是作为实物的建筑，还需要参照文化史上各类文本对这些造物的相关记载。这就进而决定了，在方法上，考察中式造物的空间精神，必然要求建筑实物的现象学直观与相关经典文本的理解相结合。

## 二、空间精神：中式造物深度空间价值取向的三个维度

那么，空间精神是否就等于"场所精神"了呢？可以这样说，但是，作为人造空间的根本价值指向，我们还需要对诸场所组建的价值图景给予更深度的生存论归因与还原，才能使空间精神得到更明晰、更强有力的揭示与概括。不同于场所精神的千变万化，宏观上看，人类空间组建的方维取向有三个维度：天人维度、人际维度和人神维度。既然造物空间是在人类生存的世界总体性中人造物的基础性安排，那么，在生存所关涉之天人、人人、人神三维一体的世界结构中，每一重关系都必然体现在人与物相互形塑的空间规划上。在此，不同的生存论意蕴体现为不同空间体系对三大维度不同的轻重取舍：在空间规划所必然关涉的诸维度之中，那特定的空间体系所突出、膨胀的是哪些向度？压抑、扭曲或忽视的又是哪些向度？这所突出者和压抑者形塑于人类共同体的生存状态意味着什么？由此，三重关系便成为开启诸场所空间组建方向的价值指向与归依，并由此构成人居世界深度的空间体系和独特的价值图谱，形成自然与人造空间一

体性的世界规划和总体风貌，显示出生存世界诸方面如何延展勾连、建构一体的独特生存论内涵。

## （一）人际维度

开启人际维度的生存动因包括行事、示意、交往、取效、区隔、凝序、交易、协作等政治权力关系的目的性塑造。比如唐代《营缮令》说：

> 王公已下，舍屋不得施重栱藻井。三品已上，堂舍不得过五间九架，厅厦两头门屋，不得过五间五架。五品已上，堂舍不得过五间七架，厅厦两头门屋，不得过三间两架，仍通作乌头大门。勋官各依本品。六品七品已下，堂舍不得过三间五架，门屋不得过一间两架。非常参官，不得造轴心舍及施悬鱼、对凤、瓦兽、通栿、乳梁装饰。其祖父舍宅，门荫子孙。虽荫尽，听依仍旧居住。其士庶公私第宅，皆不得造楼阁。……又庶人所造堂舍，不得过三间四架，门屋一间两架，仍不得辄施装饰。[1]

这些规定显然是针对人际的。作为筹划安排人与人之间不同等级权力关系基本格局的空间体系，建筑空间在人际维度生存论还原的具体内涵显示为了形塑人际政治秩序而予以规划的建筑图景。李晓东、杨茳善二位先生将此称之为"建筑语法"："通过建筑'语法'所包含的种种隐喻，建筑可以被视为权力和文化的能指。""作为权力的能指，最明显的是北京城。一条长达 7.5 公里的中轴线，贯穿北京城南北，重要建筑物分布于中轴线两则，整体布局气势恢宏。中轴线上唯一的建筑是皇宫，这体现了皇家至高无上的尊严。紫禁城本身也是权力的象征，层层环绕的城墙，前后贯通的城门，共同构造出层次丰富而又相对封闭的空间，并以此将紫禁城与平民隔离开来。城内重重台阶，依次递升，直至太和殿这一最高点。这一建

---

[1] 王溥：《唐会要》，中华书局，1955 年，第 575 页。

筑的'语法系统'综合了隔离、排外、庄严的中轴线和宏伟的宫殿建筑群等各种元素，清晰地传达出皇家的权威和特权。"[1] 二位先生所说的"建筑语法"大略相当于本文所说的"人际维度的空间体系"，"所指内涵"则大略相当于本文所说的"权力关系格局"。关键是，由此引申开来，我们很容易看到，小至一个家庭，大至一座城市，各种功能空间——包括公共空间、交易交往空间、私人生活空间、室内功能空间等的基本物序安排——主要是基于社会总体人际生态的政治要求而规划筑建的。任何一个文化共同体，任何一个国家、城市、乡村的政治统治，包括市政、军队、警察、监狱、学校、社会交易、交通和私人生活空间等，都必须通过建筑空间的物理性强制来塑形、卫戍和维持。这就决定了，空间秩序和分配是"世界"之人际构建最核心、最基础的内容。

在此，空间物序的筑造是实现全社会基本政治秩序的强制性物质力量，社会的经济秩序、文化、道德秩序也首先在建筑空间的物序格局中实现、凝序并通过后者稳固下来。就此而言，也可以说社会秩序的稳定首先是来自社会空间秩序的稳定。尽管由于社会动荡、历史继承、阶级消长、文化交融、家族兴衰等原因，几乎每一个历久经年的城乡空间体系都包含了极其复杂、紊乱乃至异质性的历史因素和来源，但是只要仔细考查，其针对人际筹建的形神因缘大体上仍然是可以还原描画的。

**（二）人神维度**

开启人神维度的生存动因包括祭祀、布道、交流、修炼、设位、仪式、象征、指号、教化、传播等。这是前现代空间构建非常突出的一个维度。比如《阳宅十书》说：

> 凡宅前低后高，世出英豪，前高后低，长幼昏迷，左下右长，长子荣昌，阳宅则吉，阴宅不强，右下左高，阴宅丰豪，阳宅

---

[1] 李晓东、杨茳善：《中国空间》，中国建筑出版社，2007 年，第 137 页。

非吉……[1]

中国传统泥、木、石三帮的工匠修房造物等都要用罗盘来定方位，用黄历来确定开工、落架乃至封顶的时辰，风水是中国传统工匠与民众的基本信念。所有的风水都是从人神关系出发来筹划空间秩序的，是基于祸福得失的考量来决定造物的空间方位与地势的配置选择。其中包括完成人神关系建构的各种建筑类型：庙宇、道观、寺塔、祠堂、牌坊、祭祀坛台等，包括建筑空间各种立面的装饰、雕塑，仪式性的装置、构型、场景，象征性的图像、器物、故事、符号、色彩等。"按传统风俗、术数，各种休咎庶征、图腾禁忌、兽首图像、房檐蹲兽、饰纹彩色等，均无不与居室主人的祸福休戚相关，因而也都一并纳入了设计的考量因素。"还有信事内容，"包括神鬼、佛道的符号、故事、人物、旗幡、场景等等。这些在古代建筑的遗留中随处可见"[2]。由于在信念上传统文化尤其是民间底层文化中神鬼道术、佛教信事与世俗权力、人世祸福纠缠不清，人神维度与人际维度、天人维度常常交汇一体，难解难分，从而决定了在中国传统空间设计中形神维度样态的繁复庞杂。

（三）天人维度

狭义的天人维度即人与自然，这是最关乎空间建造本性的一个维度。无论安身还是安生，作为自然的物空间都是生存展开最终、最基础的承担者。人的生存延展整体寓居于物空间——这一使生存成为可能的根本属性常常遮蔽了我们对其他空间维度的理解，使我们将出于天人维度的空间因缘与其他维度含混在一切，一谈到空间仿佛就只是关涉天人关系的物理空间。天人维度的设计动因包括安身、护卫、养育、生产、游娱、审美、抒怀等。在古代中国，由于"天"之一语包含多重含义，天人维度除人与

---

[1] 陈梦雷等辑：《古今图书集成》第461册《博物汇编·艺术典·阳宅十书》，中华书局，1934年，影印版，第1页。

[2] 吴兴明：《反省中国风——论中国式现代性品质的设计基础》，《文艺研究》2012年第10期。

自然外，还包括人神维度中的"道术"内容。传统中国"天"之一语的主要涵义有：（1）天然，非人造的一切物。此时"天"即是"自然"，是人们所说的"天然"之"天"。（2）冥冥之中决定人世祸福及生存法则的神秘意志，此即所谓"天命"、"天意"。此时，"天"即是"神"，是谶纬、风水、道术之本。（3）性命、天生禀赋。此时"天"即是"命"，是养生、修道与性命之学的根据之"天"。（4）超越者、至高者。此时"天"是超越性指向的终极之域和终极境界。在此，"天"即是"道"，是天地玄黄、宇宙洪荒、圣人与天地精神相往来的那个"天"。与这四重含蕴密切相关，还原于生存论规划，中国传统空间天人向度的开启主要可归结为两大指向：第一，吉凶祸福的命运之考量；第二，人生安顿、身心自由的存在性考量。这使中国传统空间天人向度的开启包含了自由与神道的差异。而在自由与神道的复杂关联中，诸层次的功能意向又相互涵盖融贯，难解难分，从而使传统中式空间呈现出一种迥异于西式空间的精神特征：一种身心舒泰与神秘奇诡、心神安宁与压抑盘算互为表里、相互转化的独特精神氛围。在宋代以后，这两大指向分别体现为不同社会文化阶层造物空间的深度取向：在民间底层与工匠传统中，粗糙的实用要求与避祸求福的阴阳道术相结合，形成底层民居、宗族祠堂之神秘诡异与逼仄简陋融为一体的建筑风貌，而在文人住宅、达官巨贾、王公贵族的院馆、园林设计中，更突出的则是自由舒适、心物感通与天人交感的人生意趣和审美精神。

上述三大维度的开创动因决定了，我们无法仅仅以物理的尺度来测量空间精神，而是要以生存—社会—文化的一体性关联展开与意义的敞开度、充盈度、丰富度为尺度来测量，或者说必须将这些所谓"生存—社会—文化"的测量指数融贯在物理性测绘的尺度之中；决定了只要仅仅是在物理学的意义上讨论空间，我们就谈不到什么空间精神。

由于我们讨论的对象是中国传统造物，对其作为普遍空间之生存论动因的揭示还须参照古人的相关论述，这又决定了研究中国空间精神在方法论上的一个特征：对实物之生存论直观与文本理解的相互融用。以此为基础，我们便大致可以来讨论中式造物的空间精神。

## 三、价值核心：从局部空间到天地自然的护卫与贯通

在对传统中式空间的经验直观中，我们很容易看到令人迷惑的两极：天人向度的极简轻灵与人际、人神向度的繁复滞重。与其他文明空间体系相比，中式空间具有明显两极分裂的特征：一极是在人际、人神维度上极其繁复的严密规整、夸张造型和压抑笨重，另一极则是在天人维度即面向自然方维上的极度开放和自由。一方面是绵密严整、累累重重的层次结构与意义象征，另一方面是身心舒泰、天开地敞的自由开放。在前者，我们看到的是方正、层次、等级、扭曲、笨重、灰暗，复杂结构、繁复装饰、压抑庄重、气象森严；在后者，我们看到的则是灵动、舒展、自由、轻盈、开阔、意趣幽微甚至是几何极简的美。前者如宗族祠堂、庙宇道观、宫殿、衙门、碑塔等，后者如院落、园林、廊道、亭台、楼阁、孔桥等，在此，分裂在于：历史状态下的中式空间往往是两极化状态中奇特的结合与扭结，从而呈现为一种让人既爱又恨、既处处情趣又舒展不畅，既气象森严又大而无当，既雅致悠长又飞扬跋扈的生存价值感。简言之，传统中式空间在人神、人际向度的结构特征直接体现为中点对称扩展之等级繁复的布局造型与装饰。当然，这之间具体的历史成因非常复杂，按李晓东、张庆华、张杰等学者的考察，中国空间对称性层级特征的产生与古代哲学的阴阳信念乃至与中国大陆性地域的山地环境密切相关。[1] 当然，我们知道，它还与中华文明的制度体系、神道信仰密切相关。对此，前人的论述已十分丰富，此不赘述。

---

[1] 参见李晓东、庄庆华：《中国形》，中国建筑出版社，2010 年；张杰：《中国古代空间文化溯源》，清华大学出版社，2012 年；李晓东、杨茈善：《中国空间》，中国建筑出版社，2007年，等等著作。

值得强调的是，关于中式空间精神，我们今天迫切需要的是剔除：将那些人际控制、神鬼道术之类的内容去除掉，而留下纯正的中式造物的空间精神。一言以蔽之，就现代价值而言，中国传统造物空间最值得关注和发扬的，是在天人之际于身心自由取向上的伟大创造和开启。一方面，由于技术、材料科学的进步和社会审美要求的现代化，传统造物的许多实用技术、复杂雕饰已经丧失了它的实用价值，比如卯榫、澡井、承重椽木结构乃至飞檐、坡屋顶等，另一方面，权力结构、社会文化体制的变迁，又使人神向度与人际向度的传统空间大部分丧失了它对社会秩序的规范整合功能及精神超越效力。这样，能够真正进入现代性转化的传统中式空间，主要就体现在天人向度的空间方维上。这就决定了今天，我们要着力张扬和继承的中式造物的空间精神主要是在天人向度的组建原则及价值内涵。

如果说人造空间内在精神的核心是生存度量的世界性展开，那么，在天人之际，中式空间精神的内核就是虚实相应、中空内外与天地自然相流通，或者说在巧妙设计中人居融于自然的天人相应、天开地敞。按我的理解，此即是中式空间所要孜孜建构于人居世界的广延性内涵：无限自然与有限局部的勾连相同，深度的山水天人与有限建筑的贯通与映衬。一言以蔽之，即在空间的开创展开中内与外、人与天地自然相往来的自由精神。

我们知道，对造物空间内外虚实的结构关系，中国古人很早就有深刻的认识。比如《道德经》第十一章："埏埴以为器，当其无，有器之用。凿户牖以为室，当其无，有室之用。故有之以为利，无之以为用。"对这章文字，思想史一般强调其有无相生的辩证内涵，但其实它是专论造物空间的有无转化的。计成《园冶》就指出，传统建筑中许多式样的名称就是来源于在不同的处所中人居与天地自然的护卫、相通与勾连：

（一）门楼　门上起楼，象城堞有楼以壮观也。无楼亦呼之。

（二）堂　古者之堂，自半已前，虚之为堂。堂者，当也。谓当正向阳之屋，以取堂堂高显之义。

（三）斋　斋较堂惟气藏而致敛，有使人肃然斋敬之义。盖藏修密处之地，故式不宜敞显。

（四）室　古云，自半已后，实为室。《尚书》有"壤室"，《左传》有"窟室"，《文选》载："旋室娟以窈窕。"指"曲室"也。

（五）房　《释名》云：房者，防也。防密内外以寝阔也。

（六）馆　散寄之居，曰"馆"，可以通别居者。今书房亦称"馆"，客舍为"假馆"。

（七）楼　《说文》云：重屋曰"楼"。《尔雅》云：陕而修曲为"楼"。言窗牖虚开，诸孔慺慺然也。造式，如堂高一层者是也。

（八）台　《释名》云："台者，持也。言筑土坚高，能自胜持也。"园林之台，或掇石而高上平者；或木架高而版平无屋者；或楼阁前出一步而敞者，俱为台。

（九）阁　阁者，四阿开四牖。汉有麒麟阁，唐有凌烟阁等，皆是式。

（十）亭　《释名》云："亭者，停也。人所停集也。"司空图有休休亭，本此义。造式无定，自三角、四角、五角、梅花、六角、横圭、八角至十字，随意合宜则制，惟地图可略式也。

（十一）榭　《释名》云：榭者，藉也。藉景而成者也。或水边，或花畔，制亦随态。

（十二）轩　轩式类车，取轩轩欲举之意，宜置高敞，以助胜则称。

（十三）卷　卷者，厅堂前欲宽展，所以添设也。或小室欲异人字，亦为斯式。惟四角亭及轩可并之。

（十四）广　古云：因岩为屋曰"广"，盖借岩成势，不成完屋者为"广"。

（十五）廊　廊者，庑出一步也，宜曲宜长则胜。古之曲廊，俱曲尺曲。今予所构曲廊，之字曲者，随形而弯，依势而曲。或蟠山腰，或穷水际，通花渡壑，蜿蜒无尽，斯窊园之"篆云"也。[1]

这是很精彩的论述，充满了广义的现象学精神。什么是"门楼"？门楼就是"门上起楼"，是要"象城堞有楼以壮观也"。什么是"堂"？堂就是"当"，是"当正向阳之屋，以取堂堂高显之义"。什么是"楼"？"重屋为楼"，"楼"之一语的含义就是表示"窗牖虚开，诸孔慺慺然也"。什么是"阁"？阁就是四面开窗的小屋子——简言之，屋宇的诸种样式要满足的是人居住的两大类需求：第一，藏身、安居与护卫；第二，内部空间与外部天地自然的相通相连，而且以天开地敞、幽雅远致为胜。由此，建筑也因空间需求的不同分为两类：护卫安身，或与天地自然相流通。故此，关于"屋宇"，计成又说："凡家宅住房，五间三间，循次第而造；惟园林书屋，一室半室，按时景为精。方向随宜，鸠工合见；家居必论，野筑惟因。随厅堂俱一般，近台榭有别致。""长廊一带回旋，在竖柱之初，妙于变幻；小屋数椽委曲，究安门之当，理及精微。奇亭巧榭，构分红紫之丛；层阁重楼，迥出云霄之上。隐现无穷之态，招摇不尽之春。槛外行云，镜中流水，洗山色之不去，送鹤声之自来。"[2] 都是讲的两种空间类型的差别与特征。

与计成差不多同时代的文震亨在《长物志》中也有类似的描述。堂："堂之制，宏敞精丽，广庭层轩。"山斋："明净简洁，爽心幽致，花木盆景环绕，夏日房门前后洞穿。"丈室："前庭须广，以承日色，留西窗以受斜阳。"楼阁："楼阁作房，闷者须回环窈窕，供登眺者须轩敞弘丽，藏书画者须爽垲高深，此其大略也。""楼作四面窗者，前楹用窗，后及两傍用板阁。作方样者，四面一式。"茶寮："构一斗室，相傍山斋，内设茶具，教一童专主茶役，以供长日清谈，寒宵兀坐，幽人首务不可少废者。"亭

---

[1][2] 计成著，陈植注，杨伯超校订，陈从周校阅：《园冶注释》(第二版)，中国建筑工业出版社，1988 年，第 79—95 页。

榭:"亭榭不蔽风雨,故不可用佳器,……粗足古朴自然者置之。"敞室:"长夏宜敞室,尽去窗槛,前梧后竹不见日色。""北窗设湘竹榻置簟于上,可以高卧,置剑兰一二盆于几案之侧,奇峰古树清泉白石不妨多列,湘帘四垂,望之如入清凉界中。"[1]——总之一句话,务求要达到"门庭雅洁,室庐清靓,亭台具旷士之怀,斋阁有幽人之致,令居之者忘老,寓之者忘归,遊之者忘倦,蕴隆则飒然而寒,凛冽则煦然而燠"[2]。

李渔在《闲情偶寄》的"居室"一节对居室空间的设计描述与此高度一致。他详细论及居室的向背、道路、高矮、出檐深浅、置顶格式、地基、门窗等,提出著名的"借景"之论:

> 开窗莫妙于借景,予曰:四面皆实,独虚其中,而为"便面"之形。实者用板,蒙以灰布,勿露一隙之光;虚者用木作框,上下皆曲而直其两旁,所谓便面是也。纯露空明,勿使有纤毫障翳。是船之左右,止有二便面,便面之外,无他物矣。坐于其中,则两岸之湖光山色、寺观浮屠、云烟竹树,以及往来之樵人牧竖、醉翁游女,连人带马尽入便面之中,作我天然图画。且又时时变幻,不为一定之形。非特舟行之际,摇一橹,变一像,撑一篙,换一景,即系缆时,风摇水动,亦刻刻异形。是一日之内,现出百千万幅佳山佳水,总以便面收之。而便面之制,又绝无多费,不过曲木两条、直木两条而已。世有掷尽金钱,求为新异者,其能新异若此乎?此窗不但娱己,兼可娱人。不特以身外无穷无景色摄入身中,兼可以身中所有之人物,并一切几席杯盘射出窗外,以备来往游人之玩赏。何也?以内视外,固是一幅理面山水;而以外视内,亦是一幅扇头人物。譬如拉妓邀僧,呼朋聚友,与之弹棋观画,分韵拈毫,或饮或歌,任眠任起,自外观

---

[1] 文震亨著,陈植校注,杨伯超校订:《长物志校注》,江苏科技出版社,1984年,第18—35、353—357页。

[2] 同上书,第18页。

之，无一不同绘事。同一物也，同一事也，此窗未设以前，仅作事物观；一有此窗，则不烦指点，人人俱作画图观矣。[1]

李渔的"借景"论早已成为中国园林设计的经典，但他打通居室内外，将室内空间融入湖光山色、天地自然之虚实相映、内外汇通的深度空间要求，却似乎没有被很好地阐发出来。实际上，这是中式造物的一种普遍的深度空间追求。几乎所有园林，包括皇家园林、贵族府邸和民间的各式园圃都无不希求将山水局部引入院内、室内的空间布局，让山石流泉、林木竹影、亭台楼阁、回廊园圃尽在曲直疏密、虚实阴阳的幽微显隐之中。于是，作为实体的建筑之"实"与作为外部山水、天光地影的无穷之"虚"被打通，形成一种复式结构的空间体系。不是园林，中国古代建筑的各门类——宫、殿、亭、台、坛、廊、榭、庑、厢、舍、轩、斋、寝、楼、阁——都有这种内与外、虚与实相互映衬贯通的空间结构特征。比如故宫各殿，从宫殿外部基底的台阶、栏杆环绕到中部支撑的廊柱、墙体门窗、孔洞再到顶部的飞檐、盖顶，无不体现为一种虚实内外勾连贯通的复式空间系统。其他各种中式院落、民居，比如北方的四合院、江南民居、岭南庭院、川西林盘、徽派院落等，仍然是要求通过围墙、门阙、照壁、天井、中空花园、窗棂、篱笆、矮墙、亭台、廊道、假山石、流泉、树植、盆景、植物雕塑等，而将居所实体与外部自然山水融会贯通，使之成为建筑空间的有机组成部分。所以，虚实相生、直接的实体空间与天地自然之深度空间一体构成的复式空间，不仅仅是园林空间的特征，也是整个传统中式空间精神的重要表征。

与西式建筑空间的城堡、村庄、城市街区民居习惯于墙面的藤蔓和窗外的花园、草坪、修剪整齐的花木植被不同，中式的空间理想是将人居完全融汇于山水气韵和天地自然的蕴育回环之中。而且，追求融汇于天地自

---

[1] 李渔著，孙敏强注：《闲情偶记》，浙江古籍出版社，2000 年，第 159 页。

然的不只是房屋园林廊道等，还包括行旅道路上的诸种设施，不管是官车驿道上驿馆长亭、古桥明月，还是商贾行旅的小桥流水、蜿蜒古道，抑或是作为交通工具的车轿船舫，无不如此。因此，这是中式造物普遍的空间指向要求。

## 四、心物感通：中式空间心物关系建构的深度指向

有限空间与天地自然虚实一体的复式空间建构是中国空间的客观方面，这一空间体系要能够有效，还必须涉及与此密切相关的另一个方面：心物感通的普遍有效性。因此，与天人一体的世界性延展密切相关的，是中式空间通过哪些独特的创造来使这虚实一体的心物结构成为一种具有普遍性和客观性的观赏效应？对此关乎中式空间的心物关系建构及其指向效力的现象学分析，显然是需要进一步挖掘的。

### （一）超越性解放的精神意向

首先要问的是，在传统的人居空间中，入居者究竟得到了什么？或者建造这种房屋，人们希求达到的人生感、生存体验是什么？简言之，什么是中式空间建构需求的内在意向？倪瓒曾自述他居住山野之居的体验："湖上斋居处士家，淡烟疏柳望中奢。安时为善年年乐，处顺谋身事事佳。竹叶夜香缸面酒，菊苗春点磨豆茶。幽栖不做红尘客，遮面寒江掩泪花。"这是倪瓒题在《安处斋图》（台北故宫博物院藏）上的诗，他写诗的缘起是"写《安处斋图》，并赋长句"，可见是在画成后题在页面上的文字，因此应该是诗、画、居一体相映的。诗中表达的是作者因居住于山水环绕的安处斋而获得的解放感和道应无穷的价值感应，一种我们在古代诗文中常常看到的山水乡居的居游感怀，比如《高唐赋》《铜雀台赋》《上林赋》《兰亭集》《登幽州台歌》《黄鹤楼》《送孟浩然之广陵》《登鹳雀楼》《岳阳楼记》《醉翁亭记》《沧浪亭记》《南乡子·登京口北固亭有怀》，等等。虽然这种体验的强度在不同类别、不同等级的房屋中有程度大小、价值高低的差

别，但是类似的描述在古代文献中非常普遍。实际上，在中国古代思想史上，对这类由天人之际的心物交感而触发深度意义引流的现象在先秦就得到了普遍的关注，它是古代哲人追求人生解放的一个重要途径。比如在庄子，心物感通是触目而即的世界显现与人心敞开的双向互动。《庄子》整本书都是从各个层面论述如何通过"天人"交感的领会而不断摧毁人世间的束缚，最终像仙人般居于"无何有之乡，广漠之野，彷徨乎无为其侧，逍遥乎寝卧其上"（《庄子·逍遥游》），与天地流通相往来。《庄子》一书的独特贡献正是在于提供了一条如何走向"世外"、实现终极超越的回返之路。作为意义论术语，在汉语中还有一系列与"世外"相似、相近的表达：荒、洪荒、大荒、荒古、荒原、原始、荒野、混沌、恍惚、恍惚、混茫、茫茫、鸿蒙……在汉语世界，"世外"是一个自古有之且浩瀚广博的原始意义域，它不仅指空间上的遥远极地和时间上的无限远古（如《山海经》），而且也指与世内一切拘束身心自由之意义系统相对应的"混沌"、"鸿蒙"和"恍兮惚兮"。[1]它崇尚一种直通洪荒的创世性，一种空间极致上的深度追求，"遗去机巧，意冥玄化，而物在灵府，不在耳目"[2]，乃至引人于溟漠恍惚，使居之者游心四野之外，入于天人大化之境。在这里，实体建筑三维空间之外的另一个空间维度于是被打开了：它是实物空间所包含的更深度的空间，其所展开的价值指向已经不只是目击而心动，而且是泰然安适，于山水大荒而与道大化，心神超越而溟于鸿蒙。

## （二）动态生成之空间感应系统的设计要求

在美感效应上，心物感通与天地自然的敞现是融为一体的，但美感体验本身是一个动态性的过程，要导入这一过程并使之具有持久性，就必须通过一系列巧妙的空间设计而将进入者引入不断闪烁、打开的空间系列之中。在美感上，这些设计的要求就是宗白华所说中国建筑的"飞动之

---

[1] 参见吴兴明等：《比较研究：诗意论与诗言意义论》，北京大学出版社，2013年，第66—77页。
[2] 符载：《观张员外画松石序》，《中国画论类编》，俞建华编著，人民美术出版社，1985年，第20页。

美"[1]。"飞动"是从空间而引发的超越性体验的持续性——质言之，飞动是由不断闪烁、延展的动态局部而引出天地敞开、浑然一体的自由之感。在此，感通即是敞现，敞现即是开放敞开，开放敞开即是天地之感的创生和出场。这是一个持续性的时间化进程：涌动，兴欣，展现，生成。由此就决定了，中式空间所要追求的是不断闪烁、延伸、生成的天地境界。在空间结构的直观效果上，中式空间的"飞动"景象显示为宏观与微观两极，宏观的是山水大地、天人宇宙，是为高远、清远、迷蒙、幽溟，微观的是一亭一窗、一石一水、一支局部的鲜明点染、韵味无穷。宏观显映的是天地自然的浩荡空茫，微观显示的是鲜明闪耀下的明丽虚无。

尤须提及的是，这是一种要将空间转化为时间的设计要求。实现"飞动"体验的具体设计是门、洞、墙、飞檐、亭台、楼阁、廊道、山水流泉，等等。它所要达到的体验是连续性、时间性的，因此，它是心物一体、让精神内在的连续性感应客观化了的"飞动"。实际上，后世建筑、园林美学所谓的一派境界、意境，或当代建筑学界所说的"城市山林"、"山水世界"，实质就是要求通过这些设计环节而达到在精神体验上世界感的轰然敞现。由此它要求建筑空间形式感上的雅致、优幽、简洁，在美感效果上的曲、动、幽、巧，生意欣欣，因为唯有如此，才能使片景生意能"引譬连类"，使整体世界的天地之感呼啸而至且持续展开。在直观领会中，生意是持续闪烁着的莹柔之光：那是一种时空扭结为一的心物实体。我们总是看见某一个景象或某物，比如一片篱笆，一丛翠竹，一张脸，一湾秋水或一座廊桥"有新意"——它有新锐明净的生气之充盈，有在生气充盈中的生动。从根本上说，生意乃是鲜明和动态的物感：一种微光线密致对比的持续闪烁。这是一种直接见证生命奇迹的物态。在结构上，生意是任何一片景观或一个物象的光感的核心。凡有生意的光芒闪烁，就意味着有一种东西从中心到边缘在持续扩展、弥漫。空间感便从这扩展、弥漫

---

[1]  宗白华：《美学散步》，上海人民出版社，2005年，第107页。

之中展开。当然，这不是物理量度上的空间，而是精神感觉上流动闪烁的时空扭结物——直言之，是现象学意义上的空间。

（三）对心物感应关系之客观化、空间化手段的无穷创造与探索

这是对设计手段、方法的探索。显然，对如何创造这一心物实体的创造性探索，是中式空间的创作论所要研究的主要内容。以计成《园冶》为例，它所论述的筑园原则的"因"、"借"、"体"、"宜"均由此设计意向而来：

> "因"者：随基势之高下，体形之端正，碍木删桠，泉流石注，互相借资；宜亭斯亭，宜榭斯榭，不妨偏径，顿置婉转，斯谓"精而合宜"者也。"借"者：园虽别内外，得景则无拘远近，晴峦耸秀，绀宇凌空，极目所至，俗则屏之，嘉则收之，不分町疃，尽为烟景，斯所谓"巧而得体"者也。[1]

其他为曲、为隐、为幽、为趣，为高下相宜、远近相通、朴丽相生、动静相谐各品，为城市、山林、村庄、郊野、旁宅、江湖的六地之用，为地基、室内外、屋宇、装折、筑台、门阶、轮栏、照壁、楼阁、庭除、桥、路、水石、广池、瀑布、凿井、位置，包括室内的坐几、坐具、椅榻、屏架、悬画，等等，均是据此设计意向而确定的各种局部、手段、材料及其选择特色。类似的话，计成不惜反复言说："山楼凭远，绕目皆然；竹坞寻幽，醉心既是。轩楹高爽，窗户虚邻；纳千顷之汪洋，收四时之烂漫。梧阴匝地，槐荫当庭；插柳沿提，栽梅绕屋；结茅竹里，浚一派之长源；障锦山屏，列千寻之耸翠，虽由人作，宛自天开。刹宇随环窗，仿佛片图小李；岩峦堆劈石，参差半壁大痴。萧寺可以卜邻，梵音到耳；远峰

---

[1] 计成著，陈植注，杨伯超校订，陈从周校阅：《园冶注释》（第二版），中国建筑工业出版社，1988年，第79页。

偏宜借景，秀色堪餐。紫气青霞，鹤声送来枕上；白苹红蓼，鸥盟同结矶边。""凉亭浮白，冰调竹树风生；暖阁偎红，雪煮炉铛涛沸。渴吻消尽，烦顿开除。""移竹当窗，分梨为院；溶溶月色，瑟瑟风声；静扰一榻琴书，动涵半轮秋水，清气觉来几席，凡尘顿远襟怀；窗牖无拘，随宜合用；栏杆信画，因境而成。"[1] 通过这些手段，每一个近处的局部都触动并通向更为广大的远方，每一个远方与局部的通联都交汇着生动明丽的实象局部向天地旷野的无限延伸。于是，每一个通联都是触动，每一次触动都带来幽微奇迹，每一次触动都是闪耀，每一次闪耀都牵动着心与物、色与韵、象与神——简言之，每一次牵动都是人与世界的展开与融入。在此，时空上的一与多并不是机械重复，而是无垠广大之世界感的出场。在计成的上述言说中，几乎每一个句子所论都是讲如何实现"天人之感"的心物扭结的："景"之为"胜"乃是因为触"物"而动神，是一种由触物兴欣所引发的心旷神怡，一种心物连绵—感通的精神结构。由于上述言及的种种手段，物／身心、近景／远致、人工／自然、局部居室／自然天地、有限／无限得到多层次的叠加、化合、转化，日常诗意人生的世界感由此得到多维度、多层面的物质性建构与组建。

至此，在以"天地"为超越性指向之终极境界的意义上，寓居于此空间中，终于也可以说是"天地人神"四维一体的"诗意的栖居"了。

## 五、从立体到平面的深度空间：超越性向度的文化共振

值得强调的是，引向天地自然的超越性指向是中国文化超越性建构的一个根本面向，中式建筑的空间精神只是这一大文化指向的一个部分。从哲学上儒家的天文、地文、人文之论到道家"道法自然"的全面展开，从

---

[1] 计成著，陈植注，杨伯超校订，陈从周校阅：《园冶注释》(第二版)，中国建筑工业出版社，1988 年，第 79 页。

佛家、道士占尽天下名山以寻求超越之地利的历史传统，再到山水诗、山水画、中国书法的平面空间，中国传统世界以自然为本、以回返天地自然为超越性指向的思想路线，贯穿了从宗教、艺术、文化到生活方式选择的各个领域，是一种贯通性的多领域创造与展开。中华文化几乎所有的门类都参与了这一宏大工程的创造。这就决定了，作为一个文明之超越性向度的开启，传统建筑指向天地自然的深度指向必然与诗文、绘画、书法等文化门类发生广阔的精神共振。我们随手就可以捻来许多吟咏建筑空间深度感应效文化共振的诗文名句。许多著名建筑都是历史上某些重大文化事件的见证：黄鹤楼、岳阳楼、望江楼、散花楼、浔阳楼、鹳雀楼、大观楼、烟雨楼、晴川阁、滕王阁、蓬莱阁、杜甫草堂、兰亭，等等。

与此相应，以局部而指向天地自然的空间开启之路也突出地表现于中国传统艺术平面空间的深度开启，绘画、书法、对联、题匾以及作为仙画、风景的彩绘图面等均是如此。由于艺术不担负实体造物的实用功能，是专门为精神超越而创造的空间，因此深度空间的开启指向就体现得更充分、更鲜明。今天，我们看传统水墨常感觉充满了古意，实际上，一个的重要原因在于：画面上呈现的是有深空间向度的空间。宋代以后的山水册页，人及居室总是低调隐伏于山水自然的景致环绕之中，而成为杳然无穷之天地自然的一部分。"近视如千里之遥"，"云水飞连，意在尘外"。[1] 那些画面所显示的是典型的虚实相生的二度空间："实"是画面有形的局部居室山水，"虚"则是由烟云、留白、高远、深远所引发的渺漠恍惚的无穷大自然。所以只要是看古画，扑面而来的常常就是山水天人、云水苍茫的无穷天地感。好的画，游人、岩石、山水、竹子、林木、溪流、草色、花、鸟、虫、马、牛、鱼，石头的细部皴染，弥漫的云霞，云中耸立的山峰，雕楼画栋的富态安详，蜗居于其中的人物姿态等，都无不显示出一种山水天人的苍茫飘逸和超越出世的精神向往。正如朱利安所指出的，中国

---

[1] 张岱著，冉云飞点校：《夜航船》，四川文艺出版社，1996 年，第 329 页。

山水画的画面要处理各种关系要素，"通过它所连接、联系和使之发生现象反应的东西，比如山水之间，风景以可感的方式通过其各种形式——如众峰云集或流水潺潺——的无尽变化而感受到它的内在，正是这种严谨性造就了世界之'道'。它是'道'显现的舞台，具体的、独一无二的舞台"[1]。按朱利安所论，"道"就是以有限的画面景观引发无穷天地自然的种种关系扭结之规则，那是画面各种大小远近深远虚实的空间布局的方法原则和创造。王维说："肇自然之性，成造化之功。或咫尺之图，写百千里之景。东西南北，宛尔目前；春夏秋冬，生于笔下。"[2]在古代画论中，这样的话从宗炳《画山水序》以来就源源不断有人论及，它要揭示的是以局部山水引出无穷之天地以至于"道"的秘密，而它要追求的欣赏效应则是要从娱情悦性而达到"与道为一"的精神之超升。

于是，中国艺术的关键技巧就是要创造一种笔墨的力量。盛大士说："古人以烟云二字称山水，原以一钩一点中，自有烟云，非笔墨之外别有烟云也。"[3]要求一钩一点自有烟云，就是要求纯形式的笔法的力量。好的画，不只是画出了有具体图样的风景，仅仅笔墨本身就要求惊雷滚动、烟云迷离——这是非常高的要求。这样的价值追求进而决定了书法的笔法、间架与构图。好的书法乃是以局部笔力而引致无穷深致的书法，是苍润飘逸而满纸云烟的书写……

这样一来，绘画书法等平面空间与实体造物空间的关联就不仅在于它们作为两大不同的艺术门类具有共通的超越性指向了，更重要的还在于：书画总是要用来挂在建筑的居住空间里的，在人类生活的空间建造上，它们是人在现实之外通向自由的排排天窗。

---

[1] 朱利安：《大象无形：或论绘画之非客体》，张颖译，河北人民出版社，2017年，第269页。
[2] 王维：《山水诀》，《中国画论类编》，俞建华编著，第592页。
[3] 此为清代盛大士《溪山卧游录》卷二引郎芝田语，《中国画论类编》，俞建华编著，人民美术出版社，1985年，第266页。

# 第十一章　许燎源的意义：设计分析中国式现代性品质的艰难出场[1]

　　第一次看许燎源的东西是在电视上，是那个"舍得"酒的广告。因为蒋荣昌教授告诉我，"舍得"酒的推广原来是许燎源做的，他们做的广告词有点问题，他重新想了一个广告词的方向。后来"舍得"酒似乎没有按照蒋先生的广告词去播，还是许燎源的"天下智慧皆舍得"，但这件事使我注意到了许燎源。我身边不断有人提到许燎源、张婷、李作民，好些人。但是一开始对这个酒瓶子，我认为一般般，觉得没什么神啊。许燎源设计博物馆，我开车从这里经过时从未进来过。远看这个建筑，感觉设计很好，不过一个人的博物馆搞这么大阵势，似乎有点夸张了。但是后来因为断断续续听到许燎源的次数多了，我就想，是不是真有什么名堂哦？正好，学院要办一个刊物——《现代艺术研究与评论》，是我们学院和美国、加拿大两所大学合办的双语刊物，设定的规格较高，需要一些杰出艺术家的作品图片。我就跟梅雪莲联系，她给我发了一组许燎源的作品图片。我看了大吃一惊，可以说是我苦苦寻找了五年之久的东西，一下子呈现在我的眼前。竟然还有这种人！于是我就想去拜访一下许燎源。但是我不知道许燎源是什么样的人。梅雪莲发给我的图片上有一张许燎源的照片，他穿着一件中式对襟的料面油晃晃的深褐色衣服，看上去有点老上海青洪帮

[1] 本章根据成都文化旅游发展集团与四川大学文学与新闻学院 2012 年 7 月举办的"当代艺术生产与文化旅游产业高层论坛"学术会议上的发言整理而成，由张一驰学友组织诸位同学记录整理。在此，对张一驰等人付出的辛劳表示感谢。

的味道，所以也没有怎么去联系。但是后来我们系要聘请一些设计界、文化产业界杰出的专家做特聘教授，我就想还是要找许燎源，李作民也推荐他。所以我就跟许燎源联系，跟他谈。没想到跟许先生一见如故，聊得很高兴，他也很兴奋，就干脆带着我把他的东西走了一遍。走了以后，老实说我非常震撼。别人跟我说许燎源就是搞酒瓶子的，但是我一看，啊，哪里是什么酒瓶子，简直是琳琅满目，品类丰富，瓷器、家具、建筑、日常生活用品的器物，还包括书画、礼品，简直就是一个世界啊，而且都是富有创新的设计。真是非常震撼。我马上意识到这个人是一个大师，他一下子就击中了我五年以来不断寻找的那一个兴奋点。老实说，我如获至宝。然后我就开始写那一篇文章[1]。

那篇文章写了一段时间，我觉得还不够，因为建筑还不成气候，杰出的东西很少。这时有一个做建筑设计的人告诉我说，还有一个人搞建筑很厉害哦。我说谁呀，他说是王澍，他完全可以跟安藤忠雄相比较。安藤忠雄我知道。说起安藤忠雄我就很感慨，因为他的作品，包括深泽直人和日本的一大批现代设计家的作品，非常集中地体现了东方式的现代品质，具有鲜明的现代感，对现代人有一种感觉上、心灵上的冲击力，但是又是典型的东方式的。这种品质我在中国人的建筑里面没有看到啊，贝聿铭的苏州博物馆有这种气象，但他不是中国籍。所以，那位朋友跟我说这个人的作品可以跟安藤忠雄相比较，我就很诧异，我不信中国有这种建筑师。想想看，为了在现代建筑中体现中国性，我们的设计师耗费了多少精神能量。但是那位朋友马上就把王澍作品的图片集发给我了，我看了以后又一次被震惊，完全被震住了。王澍跟许燎源，我认为，有了这两个人，我们就可以理直气壮地说，设计的中国式现代性品质已经出场了。那篇文章可

---

[1] 参见吴兴明：《反省"中国风"——论中国式现代性品质的设计基础》，《文艺研究》2012年第10期。

以有底气地写下去了。[1]

设计的中国式现代性品质，听起来很拗口，但实际上含义是这样我们讲现代性，都是讲审美现代性、启蒙现代性、社会现代性、可选择的现代性等，关于现代性的说法多了。大家都关注在社会理论层面上的"现代结构的品质描述"[2]，但似乎忽视了器物层面的现代性。所以我特别关心的是那种体现在物感上的现代性，一种在器物上所具有的现代性的品质感。比如有一个女孩穿了件衣服走过来，一看，这件衣服很现代啊，现代女郎，不是淑女了。一看，这个桌子，有现代性的品质感。那个冰箱的外立面，嗯，有现代感。我关心的是，商品作为物感的那个层面有没有现代性的品质感，而不是一种仅仅停留在观念或制度形态上的东西。当然，这两者有非常复杂的转换关联。更明确地说，我更关注的是作为一种活生生的生活品质、生活形态的现代性质感。看王澍的作品，一望而见，很鲜明的现代性品质，但与许燎源一样，又是地地道道中国式的，一种我所说的"中国式的乡土现代性"！终于，我有话说了，在作了相关的实地考察之后，洋洋洒洒地写了一篇接近两万字的文章。

## 一、中国式的现代性品质

我认为，要恰当地评价许燎源先生的意义，我们必须回到一个基本的视点百年以来中国式现代性品质的艰难出场。我们都知道，在全球化时代、消费社会时代，我们只能依靠产品去竞争。没有产品，不管搞什么玩法——高层论坛也好、文化研讨也好，"为儒学不懈陈辞"[3]啊，没用。要

---

[1] 后来有些朋友知道我的研究兴趣后陆续给我提供了一些其他中国新锐设计家的作品，比如叶锦添的舞美设计、朱成近期的雕塑等。可以说，设计领域的中国式现代性品质已经暗流涌动、历史性出场了。比较而言，他们的作品都已经大幅度地超越了"中国风"，而深入到了现代物感的设计创造。
[2] 刘小枫：《现代性社会理论绪论》，上海三联书店，1998年，第89页。
[3] 参见杜维民：《为儒学发展不懈陈辞》，《读书》1995年第10期。

让西方人像我们喜欢包一样喜欢有我们中国文化品质的产品，要让西方人喜欢我们的产品就像我们喜欢阿迪达斯、耐克、肯德基一样，这样才有用。中国的民族工业，或者说中国人在世界上的竞争力，不可能通过纯粹的意识形态宣讲来实现——其实，我们的意识形态对西方人毫无吸引力。在消费社会时代、全球化时代，只有一个途径是参与世界竞争的有效通道，这个途径就是市场，是产品销售的世界性市场占有空间。产品销售的市场占有决定了中国未来在世界上经济空间的比重。相应的，在一个全球性市场经济的普适化时代，市场占有的经济空间就是我们民族未来的生存空间。这一点是铁律，是任何人都没办法的事情。

可是问题在于，虽然现代设计很早就被引入中国，但是我们设计的产品其实并没有中国的现代性品质。我们作一个简单的回顾，比如，梁思成他们中国营造学社开始在中国引进包豪斯的设计，引进的时候梁思成感觉到中国传统的东西很重要，中国营造学社花了很多精力组织了一批人成年累月在中国大地上奔忙，对中国古代建筑做了非常艰苦的调查测量。一直到现在，四川古建研究所的鲁杰先生还在为中国古建筑技术——文化体系的传承而奔走呼号。梁思成写了好多本书，画了很多很精确的测量图。可是很遗憾，建筑上的中国式现代性品质一直都没有开启出来、转换出来。我们的建筑要么就是包豪斯，要么就是旧居、古建，你看周围那些古建筑、古街道，完全是仿古的产品。比如成都的文殊坊，这是最典型的。要么就是西方建筑，要么就是古建，要么就是在西方现代建筑的基础上做一个琉璃瓦的宫廷式大屋顶，要么就是做一点中国式的窗户，或者白墙青砖黑瓦，要么就把中国传统建筑的一些图案、徽标、意象拼贴在现代建筑里面——这些就是我们今天所看到的中国建筑设计的现状。实际上，如果中国人要去设计最新潮的西式现代建筑，比如说去设计极简主义或解构主义的作品，那比西方人确实差一等。因为那不是出于我们文化的母腹，我们不是潮流的原创掀起者啊。这就使得国内包括成都，几乎所有的大楼盘，其设计单位都是外国公司。几乎没有一个重要的设计作品是中国人自己设计的。那些大的、著名的建筑，我们都知道，北京的水立方啊，鸟巢啊，中国大剧院啊，奥运会场馆啊，全部是西方人担纲设计的。西方人按照他们的想法来设计，他们并不体现什么中国式的现代性品质，这就使在建筑上我们的中国式现代性品质迟迟不能出场。但是搞了这么一百年的西化以后，中国城市的西化已经很严重了，早已经千城一面，到处都是变异的包豪斯。

同时，在这样一种已经构成了我们基本生活背景的现状的前提之下，又逐渐兴起了一股复古潮，把中国古建的很多符号搬用到今天的设计中。这样，建筑领域就形成了一种风气，叫"中国风"。后来我们知道，中国风实际上在过去的法国、英国都有，那是另外一回事。中国风不仅是在建筑领域，在各个领域都有。比如昨天有先生说，他找李思屈找了好久，因为李思屈出过一本书，叫《东方智慧与符号消费》。李教授的书是有开创性的，他是讲日本，而且是说的广告。但是就设计整体而言，坦白地说，我不喜欢"设计的中国元素"这种说法，担心它把中国式现代性品质的出场简单地换算为一种图像、样式，一种现成的东西的拼贴。其实这种做法目前正在大行其道。换成一种拼贴之后，出现了很多稀奇古怪的现象。比如有位朋友的作品，将元青花用于设计烟盒的图案，他很满意哦，把青花瓷的图案放在烟盒上。可是我作为一个老烟民就知道，青花的感觉跟烟的感觉怎么也联系不上的，一者是神清气爽，一者是提神刺激，一者意在安宁，一者意在刺激过瘾。青花的图案是传统的，它其实是龙纹，现在我们看到，青花的图案完全泛滥了，女性紧身裤、足球广告、公共汽车广告、家具装饰等，到处都是青花。可是这样一种拙劣的挪用，却构成了当前中国风潮流的基调。这个潮流还在往深处扩散。比如云肩，中国古代的妇女是用云肩的，你看清代那些妇女穿的有云肩哦，可是现在很多女性服装的设计也在用云肩。女星在电影节上，穿一套中国风的唐装，摇摇摆摆地亮相、走过去，就像一个瓷人儿，唐代的瓷人儿那种感觉。现代女性被那个唐装包裹得灵气全无。我们知道中国传统的形象元素、符号元素、结构元素，很多东西是有它的含义的。在中国漫长的历史进程当中，这些含义是有它的权力背景的，它是有所指的。比如色彩，我们都知道，中国古代的色彩是不能随便用的。这个张法教授研究过。比如说黄色一直是谁用。前两天我看到一个人穿着一件绣着黄龙的衣服很招摇地走出来，我一看就觉得没劲。为什么苏州民居都是灰色的、青色的，中国的民居都是青色人家是有规定的，民居就只能用这个颜色，不能用其他的颜色。故宫房顶的颜色是金黄色，王府房顶的颜色是绿色，普通百姓的颜色是青色。中国古代许多东西都是有等级规定的，比如你这个建筑进深多少，开间多少，高度多少，房顶上有多少蹲兽，瓦怎么排，如何堆叠造型，还有房子的装饰等，全部有非常严格的等级规定。这些规定是有它的所指、历史内涵的。这样一些历史内涵具体对应于传统社会那套严密的等级秩序和道德规训。现在可好，我们不管三七二十一把它的意义抹掉，然后把它的形式抓过来用，这就是所谓的"中国元素"和大部分中国风的内容。

一直到看到王澍和许燎源先生的作品以后我才感到，中国式现代性品质已经真正地出场了。当然还有其他一些创新器物的设计者，但大多零散而不集中，属于个别突破。现在好了，王澍和许燎源有非常集中的、大规模的突破。比如那些酒瓶，它的立面也有拼贴挪用，甚至综合性艺术语言的拼贴（这是许燎源器物设计的一个基本特点），可是，他拼贴的方式完全不同，是一种在极其干净的视觉背景下的断裂式拼贴，具有非常鲜明的现代感和东方气质。这也说明，所谓"中国元素"并非不可用，关键在于你如何用。它是东方式的，但是它又有非常强烈的现代感，有能够打动现代人心灵的这样一种形象、构型和光影。刚才许燎源先生说，它是"锐化过的"。"锐化"一语很传神，"锐化"是说它击穿了心物阻隔，击穿了传统文化与现代心灵的阻隔，而呈现为具有鲜明的时代新感觉的"新物"。这个似乎有点微妙深奥了，但这是关键。大家可以作更精微的研讨。

这是第一个问题，百年中国风的误区，百年中国式现代性品质的艰难出场。

## 二、"物感"的出场

我要讨论的第二个环节是设计的现代性品质，其核心究竟在哪里这是一个很大的问题。刚才讲了，虽然我们一直关注现代性，但是现代性品质我们不讲。我没有看到一本书在讲设计上的现代性品质是什么内涵，没人讲。设计史的书我看过一些，比如王受之的，彼德·多墨的都看了。凡是有设计方面的书我都买，但是似乎都不讲设计的现代性品质、现代性器物的品质感。它只跟你说包豪斯是功能学派，功能学派追求的"少就是多"，"少就是多"是什么意思，极简主义、装饰主义是什么学派，等等。都是讲现代设计，可是关于设计的现代性品质始终没有给出一个概括性的、直击本质的概念。

我认为，设计的现代性品质，核心就是"物感"的出场。

什么叫物感呢？最初我是生造的这个词。关于物，实际上有一种最基础的东西，它不是符号、象征，它就是物本身，就是我们对物本身的体验性直观，是海德格尔所说的物在情绪状态中的"原始现身"。从现象学的角度看，这是我们对物的认知的基础。是胡塞尔所说的原初直观作为"意识奠基"的内容，是海德格尔所说的作为存在性出场的、为认识奠基的原初的物。而那被认知理性的分化所分解了的物的属性——物理、化学属性，光波、射线、分子结构之类，反而是更次级的物之属性了。那个原初的物，在海德格尔、弗雷德等人的指称用语是"物性"。可是我感到，说物性多少有一点像康德的物自体——那是无法显现的东西啊。后来我到网上去查，the feeling of things[1]，才发现其实人家西方人论物感的还真不少，the feeling of things 应该专门是讲物感的哦。这一下就不是我生造的了，这

---

[1] Peter-Paul Verbeek, *What Things Do*: *Philosophical Reflections on Technology*, *Agency and Design*, Trans., Robert P. Crease, PA: The Pennsylvania State University Press, 2005, p.8.

个词是有的，西方人就在用啊。

　　设计的现代性就是物感的出场——什么意思啊？什么叫物感的出场啊？不妨以波德里亚对现代物的非常经典的诠释来说明。波氏是讲家居布置。在《物的体系》书中一开始他就说，传统的布尔乔亚的家居布置，整个布置的结构非常典型地体现了父权制的家庭关系。他说传统的家居布置，其结构中心是两个东西，一个是大橱，一个巨大的壁橱，另外一个是它的大床。这两个东西居于整个居室的中心，然后所有的家具按照长幼的等级次序严格排列，以道德秩序凌驾于功能秩序的方式"环周布置"[1]。这种长幼次序体现了一种人在家庭当中的地位关系。家长居于中心的最高位置，其他人的位置依次下排。这样一种权力次序、道德次序，就是等级秩序凌驾于整个现实结构之上的家居结构。他为这种传统家居次序中的物给了一个命名，叫作"象征物"。因为这是一种特别的"物"，它凝结的是一种物序，它象征着深厚的权力背景，指涉一种很幽深的隐喻性的象征性含义，它以这样一种物的空间次序指涉着家庭的权力关系结构，指代着彼此间的差异化，指代着一个形而上的理念，甚至指向上帝等，反正就是物象征吧。在此种情形下，物其实是一个指号。可是，波德里亚说，现代社会的到来，使传统的象征物一下子就裂变了。我们看现在的家庭布局，它完全没有这种按照等级秩序来进行结构性排列的次序。现代家居的功能被简化到最开放、最流畅、最不定性的这样一种状态。现代家具的结构构件是"元件家具"。什么叫元件家具？就是这些家具没有指涉，它只有功能，没有含义。刚才赵毅衡老师说物有三个层次，有功能层，有符号的实用性含义层，还有符号的无用意义层。实际上，以我的分析呢，我觉得是三个层面，任何一个生活物品，你仔细分析，其实它都有三层结构。第一层是它的功能，比如这个茶杯，它用来盛水喝茶，是功能性的。除了功能以外，

---

[1]　Jean Baudrillard, *The System of Object*, Trans., James Benedict, London and New York：Verso, 2005, p.13.

它还有它的物感，就是物的直观整体、直接呈现。这就是现象学所说的"原初的直接给予性"。它不是符号，是物感，即物的形状、美感、品质质态。第三个层次才是它的意义。这是符号层，这个意义可以有很多层次的划分，它的道德意义、政治意义、等级秩序、形上指涉等，很多层次。可是波德里亚说，现代家具最突出的特征就是它的意义层被破坏掉了。所谓超越于功能之上的象征体系的"结构已经被破坏"同上。我们现在这个居室的布置，很流畅，我们讲究的是氛围，那种严谨的道德秩序凌驾于所有功能之上的东西消失了，一个随机的流畅的氛围的游戏取代了传统道德意义的凌驾结构。

波德里亚的描述实际上说明了一个东西，就是物的解放。因为在传统社会当中，比如我刚刚举到的建筑，中国古代的艺术，还有那些小摆设，古代器物，这些物，它是束缚在严格的等级之下的，它是被意义之网牢牢网住的。这些物，它也有物感，而且很精美，有很动人的物感，但是这些物感，它是被意义所约束、统治着的。你看故宫那么雄伟，那么美，可是巍峨之中你首先感到的是威严，一种高高在上、震慑胆魄的威严。人在这样的地方会感觉到非常渺小。所以传统的物，是意义统治物感和功能的物。不是没有物感，而是物感被预先设定为意义的手段，它仅仅作为通达意义的手段而存在。在古代，平民如果热衷于物感的享受和张扬则谓之曰"淫"，是犯上作乱，严重者是要杀头的。可是现代社会不一样啊，我们看看包豪斯，包豪斯设计的居室，比如格罗皮乌斯设计的包豪斯校舍，你没办法说它有什么等级。它没有等级，没有任何象征意义，它就是一个房子。这是没有象征意义、没有等级含义、不突出权力关系背景的"物"，它实际上根本就没有意义，就是一个实用物而已。包豪斯的现代性在于，它就是要实用物，它只要有最佳的居住或工作功能就行了，外在的装饰、符号性附加的扭曲等一概取消。可是，恰恰是在这样一种强调功能就行的背景之下，无意义的纯粹的物感被凸显出来了。它反而把物感从我们所说的意义锁定、约束当中解放出来。它材质的质感，它流畅的空间，它结构的宽敞简洁，它大块面立面的光影等——这些我们都能鲜明地感觉到。我们一看就觉得是有现代感的。现代感来自什么，正是来自物感。现代感的特殊性在于，它是一种无意义的物感冲击力。我理解，这就是密斯·凡·德·罗的名言"少就是多"。

当然，实际上物感也还不是现代物最终的结构。按波德里亚的分析，整体地看，不仅现代物呈现为物感与功能之间的严重分裂，而且现代物的物感也是要通向意义的，它通过个性化、氛围、情调和以模范商品为高阶标准的等级序列的系统安排，最终通向一种社会地位的指涉。所以现代性品质的特征是物感的凸显，但这并不意味着现代性品质就只有物感，它也有意义秩序的重组。甚至在现代社会和后现代社会，进而开创了一种新的物序开放性、不定性、多元性和多维度的物序。这一次物的意义结构的重建是向所有消费者开放的，这就进入了商品社会学或现代物序研究的范畴。关乎此，我们的研究其实还没有开始。

## 三、中国式的物感方式

现在我们可以回到许燎源先生的设计。

许先生设计的物品有没有包含意义？当然有，但是它的价值首先不在于其意义指涉，而是物感，是那些物品的形体直观给你的体感和直觉冲击力。在形体上，它也有一些拼贴、植入的符号引领意义，但那是其次的，首先是物感。许先生的物处处有击穿心物阻隔的活性，是灵气流动的新鲜的物。他的陶瓷质地晶莹到柔嫩，玻璃焕发出黛玉般的内敛与浑朴，家具呈现出异形的别致和灵动，立面有现代性的断裂、错置和简洁，书法稚嫩到笔墨像雨点般滴落，绘画是挣脱了一切约束的灵心之游走，形体呈现为不断冲击着成规的异形、异质性肌理和异度空间，建筑有立体莹柔光感的鲜明波动，还有那个抽象到仅剩两个铜圈但极其灵秀的熊猫雕塑———一句话，许燎源的设计表达，对应着一个当代心灵的敏感的触动，并不断刷新。是用物来触动你，就像音乐是用不可抗拒的音流，而不是用符号来击中你。在我看来，这就是许燎源设计的现代性品质具有当代敏感性的物感之凸显。

实际上，我们看到的各种物，哪怕是很夸张的、充满了符号的异形，它们无所不在地围绕着你，但是通常并不打动你，因为作为"物"，它们从款式、质地到光感其实都"老"了。你早就看厌了，疲惫了。这样的物塞满了大大小小的家私城。但许燎源不是这样。集中地看许燎源的器物世界，我们能够看到他不断冲破、摆脱那些已经僵化、老去了的"物"陶瓷从形体到质地的僵硬、程式化，玻璃由于外表光鲜的科技感而廉价化的美，家具已经固化了的僵硬笨重与因袭，平面设计的范式老化和模仿，书法与当代心灵日渐疏离的笔墨构架，绘画大面积挪用的波普化和无性灵的重复，图案设计中失去了灵心的墨色、拼贴和晕染，视觉、空间形式感的传统格局和四平八稳……许燎源的物感是活生生的，具有当代活感的鲜明、精神、色彩和灵性，是活生生、具有天才敏感性的中国当代性灵的再生和突破。

同时，许先生的物又是地地道道的中国式的现代物感的创生。他是现代性的，因为他的设计出现了一种具有当代敏感性的新物感。他是中国式的，因为这些物感的出场，不是拼接了中国传统文化中的那些符号、图像——那些只具象征意义的符码，而是准确地抓住和呈现了中国人独有的物感方式。这一东方式、中国式的物感方式，我给了它一个初步的命名柔性的物感。即柔性的、内视化的物感，或者说是体验性的物感。看那些酒瓶，你觉得动人，但它不张扬它很触目，但它全无外表的光鲜和夸张它很晶莹，击中你心里的某个隐秘的地方，但到底击中哪里又似乎难以用语言来表述。它不是那种外表光鲜、嵌金戴银的贵族感很强的酒瓶或玻璃杯。重要的是，这一新感性不是移植西方，而是中国式原创的现代性品质感。木板墙，砖墙外立面，非规则性门窗，起落随意的构型，柔性的、内视化的形体，丝绸、瓷器的鲜丽质感，明式家具的圆润精细与结构的质朴浑厚，如玉般朴厚温莹的玻璃，新派园林的简洁灵动，书法丹青的墨色精微，与木质浑然一体的不锈钢剖面，用各种材料自创的中式桌椅，形状各异、闪烁着东方式异形光芒的器皿——许燎源的整个器物世界的呈现都偏重于对物的品质、肌理和幽微情致的体验和涵咏。这是东方式的现代新感性，与中国传统的柔性物感一脉相承，与偏重于功能、线条、结构和光影的西式的现代物感迥然相异。事实上，与王澍一样，许燎源敏锐地意识到了物感呈现逐渐僵死的现代性危机——由于以包豪斯和工业设计为标志的现代设计将物纳入全面的理性化、科技化开发，并生产出现代世界的总体构建，现代设计的物感品质已经逐渐被惯习化、均质化、表面光鲜化了。这种物感的典型特征就是那些似乎是不堪一击的塑料，那些完全用旧了、老化了的塑料花、塑料玩具。今天，科技已经变成了一种吞噬物感独特性的统治力量，现代化的千城一面不过是这种吞噬的世界表征。由此，如何突破科技统治，让物感回归感觉的原始、丰富、差异性乃至陌生性，成为一个世界性的难题。许燎源向中国式物感的创造性返回，可以看作是一个中国式现代性的物感世界茁壮呈现的新开始。在千篇一律、万物西化的现代性背景中，许燎原的物有着东方式异域色彩的灵光。

自20世纪初以来，中国设计一直在模仿和犹疑之中艰难前行。到今天，中国设计所面临的最大问题其实已不是学习西方，而是中国文化与生活世界之世纪性的阻隔和疏离。我们的观念一直重知识而轻器物，可是如果没有建筑、汽车，衣食住行等器具，人类就失去了自己的"世界"，大地也不再是我们能居住于其中的家。然而，恰恰是在器物上，中国文明没有自己的现代形态。我们的建筑、器具、服装、交通工具乃至视觉符号几乎无所不是西方的，以致到今天，我们最欠缺的已经不再是科学，而是中国文明之物感世界的现代出场。一个文明如果丧失了器物世界的新呈现，实际上就湮灭了这个文明在体性的家。而对此，只有靠设计家们前赴后继，拿出击穿心物阻隔、文化与生活世界阻隔的真正的创造，才有可能挽回。

# 第十二章　漂浮的空间：20世纪90年代后的中国都市茶楼

　　在中国人的生活中，茶楼一直是作为一种传统事物而出现的。在北京、重庆、昆明、成都——尤其是在成都，茶楼向来是一种特色文化：它的长嘴壶、大盖碗、竹躺椅、漆方桌、青砖平房、竹林环绕以及麻将声、茶馆的吆喝声承载了浓厚的民俗风情，因而茶楼常常作为民俗学的对象而受到观光客的青睐。

　　20世纪90年代后期，都市茶楼的另一种功能——作为现代大都市城市空间的组建功能——开始显现。今天的都市茶楼显然已不只是民俗风情的载体，透过茶楼所显示的也不再只是城市中人的休闲、享受和绵软，而有了些新的内涵。首先，茶楼的档次发生大规模的分化，主流的、大量的是那些装修精致、空间优雅、有封闭式小包间的茶楼，而不是露天或平瓦房的"坝坝茶"。"坝坝茶"以其简陋价廉而被驱逐至城市空间的"边缘"，散落在博物馆、公园、大学周边、临街河畔。在占主流地位的都市茶楼中，主导消费群不是平民中的有闲阶层，而是西装革履的白领阶层。茶客里有很多表情严肃、行色匆匆、背影神秘的人，有很多聚散、约会、谈判、公务、讨论、躲避、交易在这里发生。因此，茶楼在这里既是传统的、民俗的，又是当代社会主流阶层在大都市最重要的公共活动空间。茶楼以分流的方式实现了城市空间功能的不同承载。其次，主流都市茶楼的空间性质带有鲜明的后现代特征。它们不同于传统的公园、宾馆、剧场乃至夜总会，不是那种时空一体的"有机化空间"；它们是完全零散化的，在其中的活动带有隐私和民间的色彩；它们以其数量的巨大和碎片式的分布、茶客选择的随机自由实现了空间的流动性。此即是说，对目前社会的主流阶层来说，都市茶楼的大规模涌现改变了现代城市的空间方维。

本文即试图阐释都市茶楼这种新型的空间功能是如何转换和组建的，作为一种纯粹地方性（local）的文化——生活空间，茶楼如何在现代大都市的"空间爆炸"中实现其地方性空间的进入和膨胀。

## 一、茶馆：作为有机化的空间

大茶馆现在已经不见了。在几十年前，每城都起码有一处。这里卖茶，也卖简单的点心与菜饭。玩鸟的人们，每天在遛够了画眉、黄鸟等之后，要到这里歇歇腿，喝喝茶，并使鸟儿表演歌唱。商议事情的，说媒拉纤的，也到这里来。那年月，时常有打群架的，但是总会有朋友出头给双方调解；三五十口子打手，经调解人东说西说，便都喝碗茶、吃碗烂肉面（大茶馆特殊的食品，价钱便宜，做起来快当），就可以化干戈为玉帛了。总之，这是当日非常重要的地方，有事无事都可以来坐半天。

在这里，可以听到最荒唐的新闻，如某处的大蜘蛛怎么成了精，受到雷击。奇怪的意见也在这里可以听到，像把海边上都修上大墙，就足以挡住洋兵上岸。这里还可以听到某京剧演员新近创造了什么腔儿……这里也可以看到某人新得到的奇珍——一个出土的玉扇坠儿，或三彩的鼻烟壶。这真是个重要的地方，简直可以称作文化交流的所在。

我们现在要看见这样的一座茶馆：

> 一进门是柜台与炉灶……屋子非常高大，摆着长桌与方桌，长凳与小凳，都是茶座儿。隔窗可见后院，高搭着凉棚，棚下也有茶座儿。屋里和凉棚下都有挂鸟笼的地方。各处都贴着"莫谈国事"的纸条。

有两位茶客，不知姓名，正眯着眼，摇着头，拍板低唱。有两三位茶客，也不知姓名，正入神地欣赏瓦罐里的蟋蟀。两位穿灰色大衫的——宋恩子与吴祥子，正低声地谈话，看样子他们是北衙门的办案的（侦缉）。

今天又有一群打群架的，据说是为了争一只家鸽，惹起非用武力不能解决的纠纷。……现在双方在这里会面。三三两两的打手，都横眉怒目，短打扮，随时进来，往后面去。

——老舍：《茶馆》第一幕

熟悉传统茶馆的人都知道，这是对老茶馆文化氛围、空间结构、社会关联情形的经典描述。在现代文学中写茶馆有两例是有名的：一例是老舍的《茶馆》，写北京；另一例便是沙汀的《在其香居茶馆里》，写成都。

但是，不管是老舍的茶馆、沙汀的茶馆，还是李人在《大波》中反复描写的茶馆，都是老茶馆。这些茶馆的空间性质约莫类似于城市、乡镇的休闲会所（馆）：那里终日聚集着一些社会贤达、有闲阶层、文化人、游手的市民和江湖中人。由于数量有限，"每城至少有一处"，它对于方治国、邢幺吵吵、王利发、刘麻子之流是一个明确的、绕不过的去处。它的空间方位是明确的、众所周知的，人们知道某某某去了茶馆、在茶馆或不在茶馆，人们知道在什么时候能在茶馆找到方治国或刘麻子，因此人们也知道在茶馆乃至不在茶馆发生了什么事。这样，茶馆成了各种社会势力、关系、信息、矛盾的半透明的纠结处。茶馆的生活样态在表面上看是自由的、闲适的、悠然的，但在实际上它是各种社会关系、势力摩擦、胶着的无所隐遁的公共空间。这是一个张弛有度、大家心照不宣的公共着力场，也是一个带有炫耀、窥探、展示功能的命运展览地。老舍的《茶馆》很好地揭示了老茶馆对人生命运兴衰沉浮的展览功能，而《在其香居茶馆里》则典型地揭示了茶馆作为透明性公共空间的社会冲突的摩擦与胶着。作为"每城至少有一处"的聚会地，茶馆的名利场性质绝不亚于中世纪西方贵妇的沙龙或剧院：某地的江湖中人只有在茶馆中出现他才是在场的。我们知道，作为此种场域的公共空间除茶馆而外还有许多，当前最强大的名利场域是传媒。但传媒依赖于高技术严密组织化的系统网络，而茶馆则是由传统民间自发而成的。《茶馆》的三个时间片断截取了近五十年间各色人等不同的命运。尽管几十个角色中只有三人贯穿始终，但是因为茶馆依旧、掌柜（王利发）依旧、秦仲义和常四爷从二十几岁到七十几岁都曾在这同一个茶馆喝茶，几十个人物便有了命运的见证。茶客一拨一拨地来，一拨一拨地去，来来去去因为人和物（茶馆）的见证而有了历史和时间。每一个角色都在茶馆的场域中出场和消失，他们因为见证者的目睹、讲述和记忆而被编排进历史。

实际上要在片断中展示人物的命运必须要有见证者。片断只是时间之一瞬的空间展示，茶馆是这一展示在空间维度上的物理承载。此种展示如果不在时间化状态中呈现出来，那么它就只是一些孤零零的碎片，而命运一定是在不同时间的生存对比中显示出来的。因此，如果没有时间中前后相续的贯穿者的见证，我们就无法感受和谈论那些时间碎片中人物的命运。碎片中涌现的人物的命运必须在时间坐标中才能显现。

传统茶馆总是在时间之中的，它是时间化的空间或者说时空一体的有机化空间。我们很容易看到这种空间的农业社会的背景：它几乎就是一个纯粹自然的时空建构。时间上茶客日出而聚，日落而散，空间上茶馆建构在城里的某一处。那建馆之处往往是依山傍水、绿树环绕或有某种"看头"的地方。就如自然时空的九曲回环，必有一景，茶馆不像那些耸立的现代化建筑突兀乃至剥落于自然的空间，它在自然时空和带有浓厚农业社会色彩的城镇中依势而建，被掩映或淹没在城镇、自然的深处。关键是，传统的茶馆有明晰的社会关系背景。首先，掌柜和茶客、茶客与茶客之间大多是熟知的。彼此不仅是熟人、朋友、同事、合伙人等之类的关系，更重要的是对彼此的社会地位、势力背景、来龙去脉、性格人品乃至个人隐私、朋友之间的恩怨情仇等都心知肚明。因此，茶馆是一个聚积了巨大的社会关系能量和历史信息能量的地方。来喝茶的人一走进茶馆的场域就已经被这预先的"熟知"所定位。此种定位决定了他在茶馆中的举止言谈、得意和失望，决定了他要讨好某某、蔑视某某和挑衅某某。其次，茶馆在传统社会中最重要的功能之一还在于它是一方"码头"。就是说，它是组合有序的地方社会势力最重要的公共活动场所。代表"一方"的人在这里谈判、交易、聚会、谈天、迎来送往，各方的三教九流通过这些"站点"（茶馆）结成更大范围的民间社会并造就"江湖"。这样，茶馆的自然时空就被牢牢地铆定在社会关系的空间方维和社会历史的时间轴上。此种自然时空与社会历史时空的一体化熔铸发生于民间社会，是地地道道的小社会的时间和空间，因此它更显得扑朔迷离、牢不可破和深不可测。

要言之，传统的茶馆是农业社会背景下有机化时空的一个场域，它用以喝茶、休闲，以似乎是无所事事的空间形式聚焦某城民间社会势力的组成和变迁，展示各色人等的命运起落、兴衰沉浮。

## 二、茶楼：时空中分裂的碎片

20世纪90年代大面积涌现的都市茶楼从根本上突破了传统茶馆的时空格局，相当程度地改变了当代都市生活的日常空间。它使空间从时空一体中碎片般地脱落出去：那是一些似乎漂浮于自然时空和社会关系背景之上的飞地，是一些没有历史的空间，一些在虚拟时间中的空间。

首先，在这些高档茶楼中，再也看不到自然时空的围合背景。由于它遍布于水泥森林般布局的楼群之中，它的名称不再叫茶馆，而是叫"茶楼"。"楼"之一语不是中国传统建筑中的楼台，而是现代建筑中的 floor。但是茶楼又不是指整座雄伟壮观的高楼大厦，而是由大厦中成百上千个标准间中数个或数十个连缀而成再加一个厅堂。茶楼通常在大厦的底层或第二、第三层，由于高楼林立，楼外车流拥塞、人流如织，再加上高级精致的窗帘、幕布的围合环绕，茶客几乎看不到窗外的自然。笔者考察过的近百个茶楼中，没有一个能让人自然地看到月亮、星星和太阳，也很少能感受到窗外大自然的阴晴寒暑。即使是夏日炎炎，汗流浃背的人一钻进茶楼，在舒适的空调环境的作用下，很快就会觉得窗外滚滚红尘中白晃晃的阳光十分苍白和虚假。现代大都市的茶楼是没有条件去依山傍水的，但是就内部而言，每一个高档茶楼又都是一个洞天式的景观和置身空间：豪华、洁净、舒适、优美、灯光柔和、音乐流淌；茶座是巨大宽敞的沙发或豪华藤椅，茶座周边植物簇拥乃至花草繁茂；茶楼中或者有水流、风车，或者有民乐演奏，或者有曲径回廊，或者间隔疏朗，或者每一茶座都有绿色植物围合成相对独立的空间。总之，洞天式的效果是每一个茶楼都精心追求的，它包括茶楼的装修、布局、器皿、音乐、灯光乃至茶楼服务生的穿着和步态，等等。洞天感使茶楼具有空间的视觉引力和内聚力，它使洞天内的一方空间看起来比窗外的世界好看得多，精彩得多，舒服得多。正因为它是一个人造的洞天，洞天内的时空节奏与窗外自然世界的时空节奏、岁月轮转毫无关系。因此走进茶楼就有一种很抽象的感觉，一种日日笙歌、岁月停滞的感觉。洞天的营造由此在自然的层面上实现了与自然时空的隔断和分离。

其次，现代都市茶楼没有社会关系背景的紧密缠绕。这不是说茶楼作为商业运作的社会场所不是经济运作中的一环，或者说它不受地方政府的管辖以及诸如税务、社会治安部门的检查，也不是说开茶楼的人或茶楼工作人员没有复杂的社会关系背景，而是说茶客和茶客之间、茶客和掌柜、工作人员之间那种在传统茶馆中的彼此熟知因而能见证命运乃至无可逃避的关系纽带断裂了。除了朋友相互邀约之外，喝茶的绝大多数都是陌生人，彼此既不认识，也互不相关，极少有人会在茶楼因偶然相识而结识新朋友。现代的茶楼因场面的过于雅致和奢华而压制了茶客言谈的肆无忌惮和高声喧哗，场面的严整和洁净使喝茶者变得温文尔雅。在文雅和自律的状态中与陌生人打招呼是造次的。由于茶楼的约会常带隐私的性质，常见的情形是偶尔发现一个熟人也会远远地躲开。这是一种新的社会生活状态下茶楼人群间的相处格局：不同桌次、包间的茶客间完全丧失了传统社会的认同感。他们以桌为单位相互孤立隔绝，没有人关心近在咫尺的邻桌在谈论什么或发生了什么事，因此，也一般不会发生跨桌之间的围观、监视和信息交流。茶楼不像超市，后者往往人声嘈杂，并在短时间之内有巨大的顾客流动。茶楼是一个滞留的地方，茶座的换座率往往是几个小时、半天或者一天，包间的换客率则时间更长。不同单元的人长时间孤立相处，彼此漠不相关，只是在个人所在的单元小声交谈，因此也不必担心邻桌的搅扰、监看和偷听。这是一种只有在生活方式高度现代化、城市化的地方才可能发生的相处格局。最重要的是茶客间绝大多数都是陌生的。实现此"陌生化"的关系状态是因为如下条件：其一，茶楼数量众多。例如，成都市就有近万家茶楼，且茶楼和茶楼之间无明显的优劣之差。由于茶楼众多，实现了茶客选择的随机性：没有某一个茶楼是茶客必须去的，这样的功效使茶楼经常成为秘密约会、躲避麻烦乃至流动办公的上选之地。其二，喝茶者数量巨大。众多的茶楼当然需要数量巨大的消费群体来支撑。因为茶客数量巨大且选择随机，在茶楼很少遇见熟人，从而实现了茶客的高度流动性。其三，交通便利。光顾都市茶楼的茶客大都是有车族或者打的族，一经与朋友约定在某茶楼相聚，大多能很快到达市内任何一个约定的地方，聚散迅捷而方便。

关系的陌生化使茶楼的茶客间极大地解脱了社会关系背景的束缚和缠绕：它不再是一个心照不宣的公共着力场；喝茶不再是一种社会势力在固定空间的摩擦和胶着，而是一种隐遁和逃逸。因为陌生，彼此仅仅是互不相干的碎片式的碰面，茶楼不再具有在时间化状态中见证并展示命运的功能。正是这一点，使现代的都市茶楼从时间的深处剥离出去：因为社会关系的逃逸，因为无故人相遇和历史的见证，现代的茶楼没有历史。或者说，它们仅仅是一些现在，是一些在永恒现在中的碎片，一些无任何时间感并剥离于自然时空的空间。

## 三、都市茶楼空间与后现代世界的空间性

显然，对当代都市茶楼这种空间变化的特征我们很难从文化习俗或恢复传统风尚之类去理解，尽管今天很多所谓"习俗的复活"实际上是出于后现代背景下商业目的的装点。我们也不能从现代建筑之空间扩张方面去解释，那些拔地而起的钢构架、混凝土所营造的宏伟空间从未在茶楼的空间浮动中展示其雄伟。就单个的茶楼空间而言，其所显示的文化属性和情调如同在传统世界中一样低调而保守：仿佛城里人只是顽强地保留了农耕时代的生活习俗，喝茶仍然是悠闲、懒散、低消费并充满了怀旧的诗意——它不仅和后现代的高科技、高消费体系不相干，也和现代化的生活品质格格不入。我们很难直接在喝茶的仪式、场景和含蕴之中去发现什么现代性因素。

但是，如果把单个的茶楼串起来看，如果把茶楼在数量上大规模的激增与茶客们的游走喝茶相联系，我们会看到茶楼在整体上为现代都市生活所提供的自由空间。此时，那些作为单个茶楼的空间便从低调隐伏的有机化时空状态纷纷脱落，它们纷纷扬扬、作为纯粹空间的碎片漂浮在后现代大都市巨大的超空间之中，它们因脱离了历史和时间状态而成为一些永恒现在的空间。因此，茶楼空间性质的转变既不在于它的传统因素，也不在于它作为单个茶楼所依托的现代化都市楼盘在空间上的物理扩张，而是在于大都市的当代生活背景。我们很容易想到：如果没有现代大都市集约化的大规模消费需要，都市茶楼就不可能大规模激增；而没有数量上的大规模增加，也就没有茶客选择的自由和随机。在这种情况下，装修再精致的茶楼也仍然是老舍笔下的茶馆。因此，从茶馆到茶楼的突变是在一种消费体系普适化背景之下实现的，它所表征的是消费时代的来临。

当代都市茶楼这种空间变化的特征使我们想起后现代世界的空间性。首先是都市茶楼在时空感上的脱时间化，它由于脱离了历史和时间而变得

触目和强烈的当下感、更加清晰的现在感。这是后现代空间性最突出的感受性特征。弗雷德里克·詹姆逊曾以精神分裂者为例来揭示后现代世界脱时间化状态下这种触目的当下感：

> 由于精神分裂者并不了解这样的语言构造（指句子在时间中的推移），他或她都不具备我们有关时间连续性的感受，而是注定生存在永远的当下之中，他或她的过去不同时刻之间少有关连，在他们面前也没有所谓未来。换句话说，精神分裂者的感受是这样一种有关孤离的、隔断的、非连续的物质能指的感受……[1]
>
> 注意，当时间的连续性打断了，对当下的感受便变得很强、很明晰和"实在"：世界以惊人的强烈程度，带着一种神秘和压抑的情感引生、点燃着幻觉的魔力，出现在精神分裂者之前。……我想强调的正是能指如何在孤立的状态中变得更加实质——说得更好，是直接——或对于感官更加清晰，姑勿论这种新的感受是吸引的或者是可怕的。[2]

由于在后现代世界中，"现实转化为影像，时间割裂为一串永恒的当下"，出现了一种后现代世界特有的空间性：历史感的消失。詹姆逊说："那是这样一种状态，我们整个当代社会系统开始渐渐丧失保留它本身的过去的能力，开始生存在一个永恒的当下和一个永恒的转变之中，而这把从前各种社会构成曾经需要去保存的传统抹掉。"[3] 当代茶楼的空间在感受状态上显然已有了后现代空间的显著特征。

其次，是都市茶楼作为"仿真"事物的真实性。茶楼的空间是高度情

---

[1] 弗雷德里克·詹姆逊：《晚期资本主义的文化逻辑》，张旭东编，陈清侨等译，生活·读书·新知三联书店，1997年，第409页。

[2] 同上书，第411页。

[3] 同上书，第418页。

调化的、灯光、音乐、拼贴式的装饰以及花草、假山等自然物的装点使之成为一个完全人工化的空间。就此而言，茶楼的空间似乎是假的，是一个仿真的空间。但是，作为一个身体可以置身其中的物理空间，它又是一个绝对真实的洞天，它的实在感和真实性不容我们去指证它摹仿了什么，并根据摹仿和被摹仿的关系去判断它的真或假。事实上，判断它的真和假是毫无意义的，"仿真"和实实在在的生活世界混而不分，"仿真"成为实实在在生活世界的一个部分，这正是波德里亚所谓"乱真现实主义"（Hyperrealism）所要揭示的后现代世界之空间性的另一个重要特征。波德里亚认为，我们的社会和经济已经发展到这样一个阶段，在这个阶段，"不可能再把经济或生产领域同意识形态或文化领域分开来，因为各种文化人工制成品、形象、表征，甚至感情和心理结构已经成为经济世界的一部分"[1]。这是一个时代之历史性转变的标志，它表明现代社会已经从一个以物品生产为基础的社会向一个以信息生产为基础的社会转变。而在这个社会中，各种真的和伪的、事物和表象、原生态和仿真物已丧失了传统的时空界限，统统受经济世界之"消费总体性"的规则所支配。就像广告世界、大众传媒、迪斯尼乐园和现代城市的形象编码，在那里，"模拟与'真实'之间的区别发生内爆；'真实'与想象不断地倒向对方。结果是令人感到现实与模拟之间没有任何差别——就像游乐场的过山车一样，沿着一个连续的统一体来运转。模拟的东西可能会让人感到比真实的东西更加逼真——甚至比真实的东西更好"[2]。据此，后现代世界空间性的第二个特征可以说是虚拟世界变成了现实的空间，或者说是虚拟物加入了现实空间的扩容和膨胀。这一点，在当代都市茶楼的空间同样有鲜明的体现。

再次，是茶楼作为纯粹地方性的文化—生活空间向现代化城市超空间的进入。正是文化向经济领域的爆炸性扩张让詹姆逊看到后现代世界空间

---

[1] 约翰·斯道雷：《文化理论与通俗文化导论》，杨竹山等译，南京大学出版社，2001年，第255页。

[2] 同上书，第256页。

性的根本变化：它不只是脱时间化，不只是真实与模拟界限的内爆和膨胀，而且是一种根本上超出人的感性感官能力的巨大的"后现代的超空间"。一种从现实延伸到形象（两者的界限混而不分）而最终将形象和现实统统收纳于消费总体性的编码和规则系统之下的巨大的超空间是无法用人的眼睛去衡量的，对于这样的新世界的空间性我们无法看清它，甚至无法测定它的方位。因此，詹姆逊认为，后现代的超空间"这种最新变化最终成功地超出用单个的人类身体去确定自身位置的能力，人们不可能从感性上组织周围的环境和通过认知测绘在可绘制的外部世界找到自己的位置"[1]。这种在身体与他所建构的环境之间令人吃惊的分离本身可作为更为突出的窘境的象征："即我们的头脑，至少在当今，没有能力测绘整个全球的、多国的和非中心的交流网络系统，而作为个体，我们又发现我们自身陷入这个网络之中。"[2] 超空间之所以为"超"（super），是因为它超出了我们在感性上把握空间的能力，超出了我们用身体为参照去测绘和定位的认知坐标，是因为我们丧失了能够判定这种空间的方位感、起点和终点（依据）。这种空间的典型态当然不再是实物之物理建构的空间性，而是那些无法测量、无处不在、无中心的网络世界、影像世界、电视传媒和讯息世界，是那种以文化和经济的方式渗入现实生活并将整个现实世界都改造编码于其中并内在地支配了这个世界的、由传媒帝国和消费总体性共同塑造的新感性世界的空间性。

对现今的这个世界，我们可以名之为后现代、晚期资本主义、消费时代、信息时代或者干脆说全球化时代，因此，后现代的超空间也可以说成是全球化的超空间。饶有兴味的问题是，相对于全球化的普遍性而言，中国当代都市茶楼的空间是一个个地地道道的地方性（local）空间。一方面，作为一种地方性事物，正如塞米尔·阿明所说，当自主的国家市场和

---

[1][2]　弗雷德里克·詹姆逊：《后现代主义与消费社会》，载《文化转向》，胡亚敏译，中国社会科学出版社，2000年，第15页。

生产区域迅速同化为一个单一的空间，在这种在全球范围内实现标准化的新世界体系中，要想"脱离连接"而维护传统的地方性是无法想象和不可思议的；另一方面，我们每一天的生活又必然是地方性的，没有一个人能真正生活在纯粹的全球化的空间之中。因此，地方性事物和我们的日常生活经验必然"日复一日，由全球的种种过程所塑造"[1]。在这里，我们终于可以看到地方性空间和全球化超空间的联通：传统茶楼的空间在城市化的大都市空间塑造中由于应运而生的大规模的文化—休闲消费需求而成长为城市超空间的一部分，城市空间进而在全球化消费总体性的运作下成为全球化时代世界空间的一个地方性的空间支点。地方性与全球化在此呈现为双向互动的交互式膨胀。——显然，那些不能联通的纯粹地方性事物，那些保留着强固的地方性、异质性的空间将会在这种世界空间的巨大膨胀之中被挤压、变形直至死去。

---

[1] 汤林森：《文化帝国主义》，冯建三译，上海人民出版社，1999年，第332页。

# 第十三章　窄化与偏离：当前文化产业一个必须破除的思路

与 20 世纪 90 年代不同，今天一讲到文化，人们会立刻联想到"文化产业"。各级政府、民间投资者、教育界、设计界乃至江湖各路豪杰都把目光聚焦到文化产业之上，一时间中国大地文化产业园区蜂起。此间，有一种意识已经成为支配社会各界关于文化—经济决策的流行思路，其要点一是将文化的经济功能归结为文化产业；二是将文化产业的功能理解为满足社会精神生活的需要；三是按照想象中的精神生活需求去策划实施各种对应性、突发奇想的"文化产业"项目。这是支撑当前从政府、民间到学界关于文化产业投资决策的普遍思路，或者可以更明确地说，这一看似严谨、颇有学理的思路是目前在国内支撑许多大规模的文化产业工程并代表了大部分国民文化经济观念的"共识"。

此一共识虽未必明言，但在实际通行；虽然表面上看去并无大错，但理论起来却关涉深远。关键是，这一思路是以对世界先进经济形态的理解、开创为表象的，因此，其所包含的内在误判和偏差，影响会十分深远。比如，几乎所有内容空洞、大同小异的文化产业园区开园的时候，主事者都会说是在贯彻"文化大发展"、经济优化提升的发展战略，但实际上，在全社会一再升级的文化产业大潮之下，分析并打破此一共识已经刻不容缓。

# 一、误识：“文化”的经济功能＝文化产业

该思路的基础是一个前提性的判断：“文化的经济功能＝文化产业”。这是当前颇有代表性的主流意识。它基于对文化经济功能理解的窄化，来源于对消费社会文化与经济之时代关系的误判，而其纵深的思维机制却可以追溯到中国近半个世纪以来被宣讲的历史。

所谓文化经济功能的“窄化”，不是说将文化的总体功能做了只与经济相关联的狭隘理解，意在强调文化除经济而外还有其他种种非经济的功能。比如我们通常在詹姆逊、法兰克福学派一类批判理论家那里读到的所谓“文化工业”瓦解了文化、文化要有超越性之类[1]。也不是说文化除了直接的文化产业功能而外，还有长远、间接的经济功能，意在强调文化影响对于市场空间的前瞻性开启[2]。比如学界关于企业文化、诚信价值经济功能的讨论，关于中国文化传播在世界性购买认同中经济作用的讨论，等等。此所谓文化的经济功能是指：在消费社会时代，文化直接在产品交易中所实现的价值。“窄化”云云是说，狭隘地理解了文化在直接经济产品中的价值构成；是说，如果文化的经济功能只瞄准和落实到文化产业（cultural industry）上，那它在经济总量和经济价值构成中的比重就会被不恰当地严重低估，大打折扣。

文化的经济功能＝文化产业吗？似乎并没有人明确地这样说，但实际上与此相关的说法随处可见。比如说“‘文化生产力’是当代社会以社会化生产和市场经济为依托，以现代科学技术为手段，以文化产业的兴起为标志和典型形态，生产满足人们精神需求的文化产品的水平和

[1] 弗雷德里克·詹姆逊：《后现代，或后期资本主义的文化逻辑》，见《快感：文化与政治》，王逢振等译，中国社会科学出版社，1998年，第205—206页。
[2] 吴兴明：《全球化时代比较文学的历史承担——论比较文学的学理立场与策略立场》，《思想战线》2005年第4期。

力量"[1]。这里，文化的经济能量是被界定为以文化产业为标志的"满足人们精神需求的文化产品"的"水平和力量"的。这甚至是国家统计局发布的《文化及相关产业分类》(2004) 对"文化及其相关产业"内容的规范性界定："为社会公众提供文化、娱乐产品和服务的活动，以及与这些活动有关联的活动的集合。"在反复修改之后，在 2012 年国家统计局颁布的《文化及相关产业分类》中，"文化及相关产业"仍然被"定义"为："是指为社会公众提供文化产品和文化相关产品的生产活动的集合。"它包括四大内容：

1. 以文化为核心内容，为直接满足人们的精神需要而进行的创作、制造、传播、展示等文化产品（包括货物和服务）的生产活动；

2. 为实现文化产品生产所必需的辅助生产活动；

3. 作为文化产品实物载体或制作（使用、传播、展示）工具的文化用品的生产活动（包括制造和销售）；

4. 为实现文化产品生产所需专用设备的生产活动（包括制造和销售）。[2]

根据这一界定，学者们对文化经济功能的产业体现纷纷做出如下类似性的表述："包括提供文化产品（如图书、音像制品等）、文化传播服务（如广播电视、文艺表演、博物馆等）和文化休闲娱乐活动（如游览景区服务、室内娱乐活动、休闲健身娱乐活动等），它构成文化产业的主体；同时，还包括与文化产品、文化传播服务、文化休闲娱乐活动有直接关联的用品、设备的生产和销售活动以及相关文化产品（如工艺品等）的生产和销售活动，它构成文化产业的补充。"[3] 类似的表述普遍见于各类文化产业研究的文章和教科书中。于是，"文化及其相关产业"就真的只是"文化产业"了，"文化的经济功能＝文化产业"几乎成了中国文化产业研究

---

[1]　李春华：《文化生产力初探——文化生产力研究之一》，《生产力研究》2005 年第 3 期。
[2]　中华人民共和国文化部官网：《文化及相关产业分类（2012）》第二节《定义和范围》。
[3]　王毅：《文化产业竞争力评价方法与测度分析》，《求索》2007 年第 2 期。

界和社会各界通行的权威认识。

仔细分辨，这一认识还有许多相关内涵，比如关于"软实力"的讨论。查近年报刊乃至网络上的文章，所谓"文化软实力"的构成大抵是指五个层面：（1）制度优势；（2）核心价值观；（3）文化传统；（4）文化传播；（5）文化产业。与此相对应，"大发展"当然也主要是对这五个方面的贯彻与发展。经常看到的说法是：我们已经有了较强大的经济实力，缺乏与之相适应的文化软实力。在这样一个隐含了双重判断背景的话语逻辑中，"文化软实力"是在"强大的经济实力"之外的，"文化"实际上是一种只关乎精神生活的文化。文化产品满足精神生活的需要，物质产品满足物质生活的需要——这不是我们长期以来习而惯之的基本逻辑吗？可是，在一个经济竞争占据主导的时代，文化究竟是如何形成软实力的呢？只是因为它影响了人们的精神生活吗？在一个消费"不仅支配着劳动进程和物质产品，而且支配着整个文化、性欲、人际关系，以至个体的幻象和冲动"[1]的时代，不落实到具体的商品生产，不融入社会公众的日常消费——注意，不是"精神生活"，而是包括汽车、住房、家具、吃饭穿衣在内的全部的日常生活消费——再"先进"的文化要形成能影响世界的"实力"只怕都难。事实上，"软实力"的命题之所以深刻，是因为它切中了一个时代世界经济—政治运行的关键：唯有在这样一个时代，文化才直接成为一个民族经济—政治竞争的根本。只是因为是在经济—政治领域直接构成了竞争力，所以才叫作"软实力"。而竞争的途径不是别的，就是在竞争中占领全球化时代世界市场的销售空间。所以今天讨论软实力，不只需要一种国际政治策略的视野，更需要一种纵深的经济学视野乃至打量现代性进程的整体社会理论的视野——直言之，我们必须考察在消费社会时代的宏观经济运行和现代性进程的当代最新进展中，文化究竟如何在经济领域构成了一种"实力"（power）。然而，这样的考察在国内关于"软实力"的讨论中几乎没有。

---

[1] 波德里亚：《消费社会》，刘成富、全志钢译，南京大学出版社，2001年，第225页。

将文化的经济功能等同于文化产业，包含着对文化与经济之时代关系的重大误判。这一误识的思维机制深刻植根于中国20世纪50年代以来公众宣讲的历史。大半个世纪以来，在我们的知识生活中，意识形态与经济基础、社会意识与社会存在、社会的"物质生产力"与"精神生产"有截然的区分。不管现实有多少变化，只要一落实到理论表述上，我们就无法逃出这一主体哲学二元划分的逻辑。《辞海》（1980年版）说："文化是人类所创造的财富的总和"，狭义的文化"特指精神财富，如文学、艺术、教育、科学"，根本不包括广泛意义上的实用性商品，甚至不包括旅游、景观、服务业等广大的第三产业。这是我们长期以来对社会事务的基本理解。现在，我们又用同样的思维去理解新事物——这就是"文化经济功能＝文化产业"背后的思维机制。在一些学者看来，承认了文化产业，承认了文化也可以构成一种实体经济，就已经是重大突破了。可是，我们看到的是：几乎所有关于当代社会的重要研究都表明这种二元划分的模式已经失效。而事实上，即使在最发达的欧美国家，文化产业在整个经济总量中的比重也只占12%左右，但大规模融入了文化附加值、符号价值的商品却包括了第二产业的大部分和第三产业的几乎所有产品，约占整个现代经济总量的65.8%。随着消费社会的纵深发展，这一附加值占有的经济份额还在增加。因此，所谓"文化大繁荣，大发展"并不只是关涉所谓文化产业的发展，而是关涉整个经济优化转型的基础性建设工程。

## 二、文化进入基础领域：文化≠满足精神生活的需要

显然，真正要破除这种积习已久且深深植根于现代知识结构，尤其是中国人知识结构中的思维逻辑，我们就必须强有力地描述在当代社会究竟发生了什么。

关于这个时代的变化，我曾经用过一个极温和、保守的说法，叫"文

化进入基础领域"[1]。此种变化，用波德里亚的话说，就是商品变成了符号，生产变成了模拟和仿真。用约翰·斯道雷的话说，就是经济领域和文化领域融合为一，"各种文化人工制成品、形象、表征、甚至感情和心理结构已经成为经济世界的一部分"，以致从此"不可能再把经济或生产领域同意识形态或文化领域区分开来"。[2] 用费瑟斯通的话，就是"消费社会的基本趋势就是将文化推至社会生活的中心"。[3] 用詹姆逊的话，就是文化与现实之间的"距离被取消"，文化吞噬了世界，变成了一个完全超出人类认知测绘能力的无所不包的"超空间"。[4] 用拉什的话，就是"解分化"：为现代性分化所确定的一切区隔、划分重新进入交织、融入的漩涡，以致文化与经济、精神与世界、能指与指涉物、现实与意义再也无法明晰确认和区分开来。[5] 用德里达的话，干脆就是"世界统一性的丧失"："这个世界突然无法统一，分崩离析，不复封闭，不复在世界之中，显然被交付给一种类似于混乱疯狂的东西，被交付给无序和迷惘"[6]，出现了"绝对的断裂和无边的脱节"，以致一切分类都已经失效。我们不仅丧失了在分类之中的"归属"感，我们甚至没有了"朋友"和"敌人"，变成了可以开出无穷清单的"没有关系的关系"、"没有共同体的共同体"和"没有 X 的X"[7]……这些林林总总的说法表明，文化进入基础领域是西方人判断当代社会根本变化的共识。

可是，文化究竟是如何进入基础领域的？为了更清晰、更具学理性，

[1] 吴兴明：《重建生产的美学——论解分化与文化产业研究的思想维度》，《文艺研究》2011 年第 11 期。

[2] 约翰·斯道雷：《文化理论与通俗文化导论》，杨竹山等译，南京大学出版社，2001 年，第 256 页。

[3] 费瑟斯通：《消费文化与后现代主义》，刘精明译，译林出版社，2000 年，第 166 页。

[4] 弗雷德里克·詹姆逊：《后现代主义与消费社会》，载《文化转向》，胡亚敏译，中国社会科学出版社，2000 年，第 15 页。

[5] S. 拉什：《后现代主义：一种社会学的解释》，高乐飞译，《国外社会科学文摘》2000 年第 1 期。

[6][7] 德里达：《幻影朋友之回归》，胡继华译，载《生产》第二辑，汪民安主编，广西师范大学出版社，2005 年，第 9 页，第 10 页。

我们不妨换一种老套的思路来加以描述。

**（一）机制：全球化时代的购买动员**

首先是社会的基础性变化：西方自 20 世纪 60 年代、中国自 20 世纪 90 年代以来全面进入消费社会时代。体制上，所谓消费社会的实质是市场体制的全球性确立，核心是消费关系的基础化和普适化。基础化是指：由于社会经济从生产主导向市场主导转移，消费关系成为社会的基础关系，它实际上成为所谓生产关系的基础和核心（生产的前提是市场）；由于冷战格局的解体，经济竞争取代意识形态纷争而成为国际关系的重心；由于社会生活的全面消费化，消费关系成为生存关系的基础维度。在此关系构架的背景之下，不仅日常生活感、体验结构变了，甚至每一个人独立生活的实际凭靠都来自他在这个世界上的买卖与交换。因而，消费社会作为社会转型，标志着在消费关系的基础构架下日常价值秩序的重新排序以及社会关注重心的位移。也就是说，消费关系实际上已成为全球化时代重新整合政治、经济、文化关系，整合人群、国际乃至个人生活关系的逻辑基础：一切都在所谓建立市场、争夺市场空间、维护市场秩序的基本目标下重新建构和调整；人生在世的基本生活感、生活情调、情绪样式以及需要等，归根到底要在消费关系的结构性背景中才能得到说明。普适化是指：由于市场经济成为一种跨国界、跨区域的经济形式，消费关系成为一种全球范围内的普遍关系形式。它有两个含义：第一，无地区限制，可在个人间、地区间、国别之间普遍建立，因而超出了地域和国界的范围。由此应运而生的是经济运作、组织、市场、资本流动的去国界化和去区域化。这是跨国公司建立的前提。正是在此种背景下，"地方性"与"全球性"成为文化研究的一对基本范畴。第二，它将一切关系转化为消费关系。它将一切需要，包括情感、精神、本能，"所有的激情和所有的关系都抽象化或物化为符号和物品，以便被购买和消费"，让消费的逻辑"支配着整个文化、性欲、人际关系，以至个体的幻想和冲动"。因而，一切关系都被转化成了消费关系基础上的派生关系。比如，通过资助、基金会、出版、传播和评价体制等，将传统意义上的精神生产整体纳入消费体制背景，其中包括精神的超越性和先验性本身的解体，以至通过一种奇特的运行机制，使对消费社会的反抗和批评也变成了一种"反向的和声"。

由是，消费关系成了消费社会的"超关系"形式，消费社会以此为基础，建构起了当代世界之无所不包、吞噬一切的巨大的"超空间"。在这个超空间里，一个根本的变化是，文化进入整个经济运行的中心。这一点首先表现为消费社会全球化竞争的购买动员机制。一方面，由于生产过剩，世界经济的主导转向买方市场；由于经济在全球范围内竞争，同类产品的技术含量高度趋同。由是，产品之间差异的凸显不只是靠技术含量和实用品质，更重要的是靠该产品的影响力，靠附着于其上的生活情调、文化情趣的差异，靠将这一切影响力、文化因素含纳编排于其中的商品符号的编码性区分。另一方面，市场经济对于消费活动基本的体制规定是自由购买。消费者的购买自由是由整个法律制度及其执行系统来保障的，市场销售的主要根据在于消费者能否自愿购买，胁迫购买、市场垄断和搭售都明确为法律规定所禁止。这是市场经济之所谓"自由"的基本含义。由是，整个经济的增长都必须仰赖、依托于这样一个环节：对消费者购买意向的文化动员。公众社会购买的空间成为经济增长的空间，而购买力的强劲与大小决定于文化动员的效力，尤其是其中活生生的创意刺激。社会购买的意向决定于公众自由选择的文化认同。由此决定了：所有的商品生产都必须考虑将文化动员作为经济生产、经营的内部环节。这样，文化设计就成为经济运行内部的核心，是几乎所有的产品竞争都必须具有的普遍性环节。文化的影响力和信持力直接转化为经济空间，文化的信持力、影响度转化为直接的经济增长，文化变成了直接的经济竞争力（软实力）。文化优势首次在人类历史上成为生存优势夺取的急先锋。

**（二）编码：商品价值的二元构成**

进一步说，文化进入基础领域不仅仅体现在商品从命名、设计、生产、包装到广告、销售场景等经济运行的全部环节之中，而且它直接成为了商品内部价值构成的一部分。按波德里亚著名的区分，作为现代消费品的商品，价值是由两部分构成的：其一，是实用功能，这是商品的"原始品质"，是所有时代的商品都共同具有的品质。其二，是符号价值，这是消费社会的商品所独有的功能。波德里亚说，在消费中人们并不是真的要使用物本身，而是把物当做能够突出自己的符号，"或让你加入一个视为理想的团体，或参考一个更高的团体来摆脱本团体"[1]。在《物体系》中，波德里亚更直截了当地说，物编码的原则是"社会地位"（social standing）。这就是所谓"物符码"（object-sign）的含义："物在一个普遍的社会身份的承认系统中形式化：一种社会身份的符码。"[2] 地位的符码成为我们这个社会排除其他符号的一枝独秀的符码。物的流通不是使用价值的交换，而是身份和地位的符号性占取。于是，作为编码根据的物的差异性便不只是使用价值、功能、自然特征等的差异性，更重要的是身份等级的差异性。波德里亚认为，通过这种符号编码区分的系统化功能，消费活动的内在意向发生了根本的改变：区分变成了为区分而区分。"它取消了一切原始品质，只将区分模式及其生产系统保留了下来。"[3] 于是，区分"这一系统从来不依靠人们之间的（独特的、不可逆转的）真实差别"，而是锻造了团体整合的差异交换。

"像这样编了码的差异，远远没有将个体区分开来，而是相反变成了交换材料。"[4] 正是凭借这一点，消费"被规定为"一个沟通和交换的系统：被持续发送、接收并重新创造的符号编码。一句话，交换本身成了目的，符号意义的享有和占取成为商品消费的标志性价值。这就是所谓"消费关系的自我消费"。它通过社会总体的符号化而开辟出无穷增长的新空间。所以，波德里亚反复强调，是否具有内在价值的符号构成是决定经济

---

[1][3][4]　波德里亚：《消费社会》，刘成富、全志钢译，南京大学出版社，2001年，第48页，第88页，第88页。

[2]　波德里亚：《在使用价值之外》，《消费文化读本》，罗钢、王中忱主编，中国社会科学出版社，2003年，第29页。

活动是否进入消费社会的根本标志，它甚至决定了所谓"消费"的定义："消费既不是一种物质实践，也不是一种'丰盛'的现象学。它既不是由我们所吃的食物、穿的衣服、开的小车来定义，也不是由视觉、味觉的物质形象和信息来定义，而是被定义在将所有这些作为指意物（signifying substance）的组织之中。消费是当前所有物品、信息构成一种或多或少连接一体的话语在实际上的总和。"[1] 消费是一种新的"语言的同等物"，是一个组织化的话语系统。"消费，它的有意义的用法是指一种符号操控的系统行为。"[2] 所以，"要成为消费品，物品必须变成符号。即它必须以某种方式外在于这种与生活的联系，以便它仅仅用于指意：一种强制性的指意和与具体生活联系的断裂；它的连续性和意义反而要从与所有其他物类符号的抽象而系统的联系中来取得。正是以这种方式，它变成了'个性化的'（personalized），并进入了一个系列等等：它被消费，但不是消费它的物质性，而是它的差异性"[3]……

商品价值的二元构成从根本上决定了：我们若是想要在社会的"经济基础"中去除精神性或符号性的意义构成，就无异于取消整个消费社会。

### （三）手段：审美效果联合体编码的意义膨胀

那么，消费社会的商品是如何实现编码的呢？借用莫尔斯（Abraham A. Moles）的话，是靠从 Logo、命名、商品定位、形态设计、包装、销售场景到广告、形象大使、活动等"审美效果联合体"[4] 的综合作用。"消费绝不仅仅是为满足特定需要的商品使用价值的消费。相反，通过广告、大众传媒和商品展陈技巧，消费文化动摇了原来商品的使用或产品意义的观念，并赋予其新的影像与记号，全面激发人们广泛的感觉联想和欲望。"[5]

---

[1][2][3]　Jean Baudrillard, *Jean Baudrillard：Selected Writings*, Edit, Mark Poster, California：Stanford University Press, 2001, p.25.

[4]　莫尔斯：《设计与非物质设计：后工业社会中设计是什么样子?》，《非物质社会——后工业社会的设计、文化与技术》，马克·第亚尼编著，滕守尧译，四川人民出版社，1998 年，第 44 页。

[5]　费瑟斯通：《消费文化与后现代主义》，刘精明译，译林出版社，2000 年，第 166 页。

这是当今无处不在、无时不有的商业性审美效果联合体的核心功能。按波德里亚的理论，这是一个统治了整个消费社会的系统编码。而具体到每一种商品，实现并进入系统编码的中心环节是设计。与过去几乎所有时代的设计不同，今天的设计不是仅仅为实用功能或权力的需要而展开，而是设计对功能的大幅突破：设计成为向着意义的膨胀而展开的设计。这就是所谓新时代的"符号爆炸"：文化扩张性进入基础领域的具体手段。正如我在另一篇文章中所说，"新技术的发展为消费社会的文化向基础领域进入提供了强大的支持，开辟了前人无法想象的全新可能。今天的解分化已经不是回到分化之初的生活世界的自然状态，而是按幻想和消费的需要大踏步突破生活世界之自然构架的界限和分野。新合成技术、人工智能、数字技术、材料技术、互联网、手机等等，使文化向基础领域的渗透、分解、操控、重塑一日千里，甚至从根本上改变了世界的存在形态……"[1]景观社会、媒体奇观、虚拟化、平面世界、远程操纵、时空重组、拟像、仿真、内爆、超美学、超真实、超空间——可以说在今天，人类的想象有多么辽阔，意义膨胀的边界就有多么辽阔。这是一个没有边界、也无法用任何尺度去测量的世界。对此，西方思想家的描述五花八门，以致弗雷德里克·詹姆逊认为，后现代世界不只是真实与模拟界限的内爆和膨胀——所谓"模拟与'真实'之间的区别发生内爆；'真实'与想象不断地倒向对方"[2]——而且是一种根本上超出了人的感官能力的意义爆炸的"后现代的超空间"。"这种最新变化最终成功地超出用单个的人类身体去确定自身位置的能力，人们不可能从感性上组织周围的环境和通过认知测绘在可绘制的外部世界找到自己的位置。"[3]超空间超出了我们在感性上把握空间的能力，我们已经无法用身体为参照去测绘和定位认知坐标，因为我们丧失了能够判定这种空间的方位感、起点和终点。在一个符号爆炸、意义膨胀的

[1][3]　吴兴明：《重建生产的美学——论解分化与文化产业研究的思想维度》，《文艺研究》2011年第 11 期。

[2]　约翰·斯道雷：《文化理论与通俗文化导论》，杨竹山等译，南京大学出版社，2001 年，第 256 页。

世界里，我们无法知道自己究竟置身何处，就正如网络的世界不存在南北东西……

显然，所谓"文化进入基础领域"已经是以一种保守的方式来描述消费社会在总体上呈现出来的巨大变更。在这里，一直以来我们所强调的物质生产实际上"从最原初的环节——产品定位开始，就一步一步把文化、意义消费的预期深度铭刻、植入到物质生产的每一个环节之中，直至释放为一波又一波的消费浪潮，然后又重新开始"[1]。从此，我们所面对的生产就是文化和基础二元合一的生产：它始终既是物质的，又是文化的，既是内在的，也是外在的，既是精神生产，又是物质生产，既满足物质需要，也满足精神需要。因此，至少在今天，"文化 = 满足精神需要"成了一个假命题。遗憾的是，在这种新现实面前，我们的文化产业——从实施到研究——仍然热衷于在文化与经济基础二元区分的视野下来谈论那些作为"精神食粮"的"文化生产"，这就注定了力图追赶新产业革命的"文化产业"及其研究不得不在目标和手段之间南辕而北辙。而我们的经济学、文化研究、设计学、文艺学、美学等，对此巨变几乎毫无反应。

## 三、错位：应对的偏离与失误

由于把文化的功能规定为"满足精神生活的需要"，要实施"文化大发展"，各个层面就不得不从两个方向去设想文化向经济的功能转变：(1) 千方百计地去挖掘满足精神生活需要的产业：动漫园、画家村、伪古董、老街道、影视城、休闲街、非物质文化遗产园，等等；(2) 将各种文化事业单位企业化，自谋生路。

可是真正的问题在于，即使在这两方面都做得很好了，经济就升级换

---

[1] 莫尔斯：《设计与非物质设计：后工业社会中设计是什么样子?》，《非物质社会——后工业社会的设计、文化与技术》，马克·第亚尼编著，滕守尧译，四川人民出版社，1998年，第44页。

代了吗？比如，即使这两方面都做得很好，我们满街跑的轿车仍然大多是西方掌握有知识产权，我们的最重要的公共建筑——水立方、鸟巢、央视大楼等——的设计者都是外国公司，我们几乎制造了全世界的生活日用品，可是我们做的仅仅是低端的提供原材料和原材料加工，所有的知识产权、标准系统、管理系统和营销系统都是别人的，在这种情况下，能够说我们的文化大发展了吗？

如前已述，在全球化的消费社会时代，所谓"软实力"是无法靠强行灌输来取得的。实际上，在消费社会时代，民族和民族文化的生存空间只有一个根据：消费者自由购买的全球性认同。改革开放让中国进入世界体系，什么时候我们设计的、具有中国式现代性品质的产品为世界的广大消费者踊跃购买了，中国文化就有软实力了，我们的经济就真正升级换代了，而中国文化也就成了哺育世界的文化。

因此，这里所关涉的不是局部的问题，而是整个思路和认识的问题。当我们仅仅按照"满足精神生活的需要"去设计、安排"文化大发展"的时候，我们的策略与消费社会的真正时代需要就处于一种交叉错位的状态。旅游产业、动漫产业、文化产业园、非物质文化遗产的保护性开发等并非不需要，但是那仅仅是消费社会文化—经济运行的局部，真正需要振兴的是含纳整个商品经济在内，包括全部日常生活用品、公共设施，涉及全社会各个行业、部门的"文化"，是所有商品和所有具有影响力的事物都必须内在具备的"大文化"，是融入所有消费品之中与实用性需求难解难分的"文化"——显然，在这里需要另外一种关于"文化"的眼界。不是把文化看做仅仅关乎精神，而是看做关乎每一种商品的物感、形态、肌理、品质、意义、政治含蕴、生态、审美的内容和形式、品鉴与赏玩、形态与质地等等的文化———句话，是真实融入我们的日常生活并体现在所有消费品中的"文化"，是作为整个生活世界之意义构成的"文化"。关乎此，波德里亚说：

> 如果我们排除纯粹的技术物品……我们便可观察到两个层次的存在，那便是客观本义（dènotation）和引申义（connotation）层次，透过后者，物品被心理能量所投注，被商业化、个性化、进入使用，也进入了文化意义……[1]

用我们熟悉的话说，功能物是世界结构的客观基础，这是物的"客观本义"，而它的"文化"则是属于物感政治学、生态学、美学的范畴，是"一个二次度的意义构成"。据此，波德里亚指出，消费社会的总体趋势就是"逃离技术体系，走向文化体系"：这就是"文化"，是从法兰克福学派、伯明翰学派，尤其是20世纪60年代以来几乎席卷了整个西方人文学界的"文化研究"（cultural study）中的那个活生生的"文化"！

显然，这个"文化"的"大发展"不是文化产业园区能够奏效的，它依赖于迄今为止在我们的知识意识中基本缺乏甚至是竭力排斥的东西：全民族设计意识和设计素质的提高。从中国制造向中国创造转换的关键是设计出我们自己的世界品牌，它绝不仅仅是技术创新加工艺设计这么简单，它是关涉品牌定位、文化理念、生产体系、标准系统、销售体系等的多学科、多领域的综合性系统化工程。长期以来，我们把设计仅仅看做是装潢、建筑、工业制造等的技术工艺设计，而忽视了它作为一个大文化系统的综合性、多维度内涵及其背后的体制、人才依托。由于每一个行业的产品都有它自己的历史和运作系统，一个品牌的成功往往涉及经济、管理、技术、艺术、人文、营销等多方面的综合性创意和协调搭配，涉及管理、技术、咨询、艺术、传媒、市调、营销等众多专家群体长时期的通力合作。这就是为什么几乎每一个大的跨国公司都有自己的设计学院，有自己深厚的设计—文化传统。西方大量的专业学院是设计学院，由于我们在

---

[1] Jean Baudrillard, *The System of Objects*, Trans., James Benedict, London and New York：Verso, 2005, p.8.

认识上、在教育布局上长期的偏差，如今我们最缺乏的就是设计教育、设计文化传统和综合性设计人才的储备。长期以来，我们竭力于提高民族的文化素质，可是我们显然忽视了创造设计的素质。

所以，"文化大发展"的确是关涉全社会整个经济—文化布局的基础性建设工程。如果我们不从根本着眼，整个经济运行的状况将会依旧。由于劳动力成本的提高和部分第三世界国家的大幅政策调整，甚至经济的竞争还会恶化。以教育为例，长期以来我国通行的是以知识传授为重心的教育体系，要提高全民族的设计文化素质，就必须在总体上调整教育结构。第一，调整目前普遍以知识传授为重心的教育体系结构，建立以设计、创新能力培养为重心的教育结构体系。知识传授并非不重要，但是在更高的层面上它要从属、服务于设计创新能力的培养，由此意味着要打破整个现代学科、知识的分类系统，在综合性创新设计的需求下建立新的学科关系和知识结构模型，这就是西方教育界、思想界近年广泛探索的解分化和多学科综合的后现代教育模式。第二，以设计教育为突破口，从根本上扭转我国只重知识不重创新的教育局面和文化传统，培养尊重设计、尊重创新的社会风气和知识积累传统。第三，持之以恒培养大规模的设计创新人才，形成丰厚的人才储备，从而形成以市场竞争为突破口的、可与欧美发达国家比肩的设计创新能力，从根本上提高民族竞争力。

上述种种，最后归结为一点：全民族综合性设计素质、设计能力的提高才是提高中国软实力的根本。在全球化时代，一个国家和文化的软实力归根到底是在世界范围内产品市场竞争的能力，软实力的提高并不自外于全球化的商业竞争，而是直接实现在商品销售的文化含蕴之中。文化融入是一种生活消费乃至生活方式的融入，而不是与生活无关的文化灌输。因此，无论是提高中国的软实力、中国文化的世界影响力还是提升中国经济的形态，都终将依靠全民族设计素质和设计能力的整体提升。

# 第十四章 重建生产的美学：解分化及文化产业研究的思想维度

　　现代性分化以来在消费社会所出现的解分化、和解、伪和解，是我们今天的人文学诸学科在学理上遭遇到的最严重的理论困境。

　　比如美学，当前最棘手的问题其实是：传统的现代性分化已经解分化了，它还如何是"美学"？众所周知，美学原本是一种乌托邦式的存在，"无论是好是坏，都凌驾于现存的实践世界之上"。它与其他精英文化一道，是现代人立足现实之外的精神飞地，"这些飞地曾为批评的有效性提供了治外法权和阿基米德的立足点"[1]。可是今天，美学与现实的这种精神关系失效了。用波德里亚不无夸张的话，如今，"每件事情都是性，每件事情都是政治，每件事情都是美学"[2]。这样的情形让美学与现实的传统关系急剧解体，它甚至丧失了视野重建的分类学根据。如果真的"每件事情都是美学"，那"美学"是什么意思？怎么重建？同时，呼声极高的文化产业研究也由于无法归类而没有理论，大量的案例总结乃至产业规划代替了理论分析和思想批评。如今，到处都是琳琅满目的商品和审美化，美学或类似美学的研究——比如文化产业研究——却成了一副在学理上无法收拾的烂摊子。

---

[1]　弗雷德里克·詹姆逊：《后现代，或后期资本主义的文化逻辑》，载《快感：文化与政治》，王逢振等译，中国社会科学出版社，1998年，第205页。

[2]　Jean Baudrillard, "After the Orgy", *The Transparency of EVIL：Essay on Extreme Phenomena*, Trans., James Benedict, London and New York：Verso, 1993, p.9.

面对如此情形，我们该采取什么理论策略？本文力图在西方人五花八门的答案的基础上讨论这个几乎无解的问题，提供一个求解的思路和一个或许同样无望的可能方案。

## 一、解分化：传统美学的失效

传统美学的失效不是新话题，但对于何以失效却需要一个相对明了的认定。前两年，陶东风基于日常生活的审美化提出启用"文化研究"，余虹基于文学在当代社会的"普遍性宰制"[1] 提出广义的文学性，詹姆逊因为"距离的消失"提出文化的超越性丧失——其实，更准确地说，距离消失、文学性溢出以及韦尔施等描述的全面审美化，说的都是一个现象：后现代社会的解分化（dedifferentiation）。

实际上，当代世界的解分化是一个比审美化远为浩大、彻底的历史进程。它是人类自现代性分化以来多维度乃至全方位的系统性变更和现实重组。

以波德里亚的论述为例，当代社会的解分化至少包括如下层面：（1）主客体分野的打破和转化。"就好像需要、感情、文化、知识、人自身所有的力量都在生产体制中被整合为商品，物化为生产力，以便被出售，同样，今天所有的欲望、计划、要求，所有的激情和所有的关系都抽象化或物化为符号和物品，以便被购买和消费。"[2] 这可以看作是解分化最初级的层面：一方面是主体要求，包括最隐秘的情感需求被客观化，另一方面是这一客观化转过来成为主体需求的支配性力量。它"不仅支配着劳动进程和物质产品，而且支配着整个文化、性欲、人际关系，以至个体的

---

[1] 余虹：《文学的终结与文学性蔓延——兼谈后现代文学研究的任务》，《文艺研究》2002 年第 6 期。

[2] Mark Poster（ed.），*Jean Baudrillard：Selected Writings*，California：Stanford University Press，2001，p.26.

幻象和冲动"[1]。(2) 物的重新分类和编码。于是，"一切都由这一逻辑决定着，这不仅在于一切功能、一切需求都被具体化、被操纵为利益的话语，而且在于一个更为深刻的方面，即一切都被戏剧化了，也就是说，被展现、挑动、被编排为形象、符号和可消费的范型"[2]。这是说物的改变：一切都被编排为形象、符号和可消费的范型，所有的商品包装、销售场景、所有的物都因为这种改变而变成了"一串意义的总体"。这是消费社会的物的编码。这一编码的力量打破了过去的分类，将社会、文化与生活事物按一种新的秩序重新编排。比如杂货店，它不把同类的商品并置在一起，采取符号混放，"在一家上等的杂货店与一个画廊之间，以及在《花花公子》与一部《古生物学论著》之间已不再存在什么差别"[3]。这不是局部编码，而是一种新的社会的总体性编码。(3) 现代性分化的诸领域出现相互转变和渗透。于是，政治、经济、性、审美，知、情、意——为现代性分化所确立的几大基础领域——相互发生渗透、转变乃至扩张。"不仅日常生活如此，就连精神、疾病、语言、媒介，甚至我们的欲望，在进入到解放领域或渗透到大众领域中时都具有了政治性。同时，每件事情都变得与性相关，性的规则统治了最近以来的每个领域、角落。同时，每件事情也都被美学化了，公共场合的政治话语、广告、色情描写都被美学化了……每个领域都扩张到尽其所能的领域中去，并最终失去了自己的特征……"[4]在晚期波德里亚的眼中，解分化变成了失序，是各领域之间的渗透、转变、畸形、失度乃至完全无度的片面性扩张。这就是超政治、超性和超美学。(4) 由此，出现了极度混乱和趋于热寂状态的世界景象，以致最终打破了现代性分化的理性前提：精神与现实、存在与影像、灵魂与肉体、文

---

[1]　波德里亚：《消费社会》，刘成富、全志钢译，南京大学出版社，2001 年，第 225 页。

[2]　同上书。波德里亚早期认为，资本主义现实是由生产逻辑支配的，晚期却认为符号的"内爆"已经吞没了一切，成为一种社会总体性的"超真实"。本文不认同他的晚期思想。

[3]　同上书，第 5 页。

[4]　Jean Baudrillard, "After the Orgy", *The Transparency of EVIL：Essay on Extreme Phenomena*, Trans., James Benedict, London and New York：Verso, 1993, p.9.

化与实践世界之间的二元结构解体。在一个超美学的符号秩序和组织完整的结构系统中，我们已分不清消费活动是精神的还是物质的，是审美的还是经济的，是理想情景还是现实遭遇。"在当代秩序中不再存在使人可以遭遇自己或好或坏影像的镜子或镜面，存在的只是玻璃橱窗——消费的几何场所，在那里个体不再反思自己，而是沉浸到对不断增多的物品／符号的凝视中去。"[1]（5）最后，极度的解分化终于导致人的能力素质和生存结构的残缺：先验性的终结。"消费并不是普罗米修斯式的，而是享乐主义的，逆退的。它的过程不再是劳动和超越的过程，而是吸收符号及被符号吸收的过程。""正如马尔库塞所说，它的特征表现为先验性的终结。"[2]于是，人再也没有重返理性秩序的可能了，它丧失了存在的先验性根据，人类进入了一种不折不扣的末世景象。

这就是詹姆逊所谓"距离的消失"。换作德里达的表述，就是"世界统一性的丧失"。"这个世界突然无法统一，分崩离析，不复封闭，不复在世界之中，显然被交付给一种类似于混乱疯狂的东西，被交付给无序和迷惘。"[3]尽管本文并不认同上述波德里亚第四、第五两个层次的描述，但即使到第三层为止，解分化的程度也已经足够深入和辽阔。韦尔施在《重构美学》中分析了解分化的审美方面：它渗透了现代主体性分野的所有领域，既包括"认识论的审美化"，也包括"美学的伦理学内涵与后果"[4]。而在《我们的后现代的现代》一书中，韦尔施将分析延伸到哲学、科学、建筑、政治和理性类型等方面，全面地展开了后现代社会的解分化与多元性[5]。

显然，现实的解分化意味着传统美学的针对性失效，因为传统美学的

---

[1][4] 波德里亚：《消费社会》，刘成富、全志钢译，南京大学出版社，2001年，第226页，第225页。

[2] 德里达：《幻影朋友之回归》，胡继华译，载《生产》第二辑，汪民安主编，广西师范大学出版社，2005年，第9页。

[3] 韦尔施：《重构美学》，陆扬、张岩冰译，上海译文出版社，2006年，第112页。

[5] 韦尔施：《我们的后现代的现代》，洪天福译，商务印书馆，2004年。

视野及其针对性是来自主体的现代性分裂及其自我确证。现代性分裂：自康德以来在精神与现实之二元性背景下知、情、意的巨大分野以及以这种分野为根据的现代西学的系统知识结构；现代性的自我确证：在人义论背景下每一个领域内部循环的自我证明（自律性）。按马克斯·韦伯的分析，这是社会理性化的结果，它同时意味着诸分化领域为了专门化而从生活世界中分离出去。如果现实已经解分化了，就意味着自现代性分裂以来针对特殊领域的专门化要求（各大领域的学科化指标）失效了。基于此，韦尔施推出了美学的解分化图景："最后，随着这种扩展，美学的学科结构将会怎样？我的答案肯定不会让人吃惊：它的结构应该是超学科的。……它综合了与'感知'相关的所有问题，吸纳着哲学、社会学、艺术史、心理学、人类学、精神科学等等的成果。"[1] 他一再强调："在现代性中，理性类型的区分和分界是得到提倡的，这些理性类型被认为是轮廓清楚、内核各不相同。但是近年来的分析表明，这样做最多是表面看来正确，根本上却是错误的。理性的不同类型不可能滴水不漏地彼此限定，而是在其核心部分表现出纠缠不清和相互转换的状态，从根本上瓦解着传统的分类。"[2] 按他的理解，现实的解分化是一种新综合，它呼唤着与之相适应的知识样式：跨学科的美学。在这一点上，我完全同意韦尔施。如果不跨学科，美学就无法有效分析相应的文化现象，因为现实发生的文化现象已经不再是一个由审美来支配的领域。新综合之下的社会感知已无法不是被消费所诱导、编码和强化聚光之下的感知，它已经改写了公众审美感知的社会光谱。美学就是这样失效的：它所揭示的与人们的现实遭遇大相径庭，它呼唤的并不是人们敏感需要的。比如审美的自律性，它是传统美学的价值信念和知识结构自我确证的基本逻辑。但显而易见的是，不管是作为生产还是消费，消费时代的审美都从不自律。新感性的直接状态是：不仅社会审

---

[1][2] 韦尔施：《重构美学》，陆扬、张岩冰译，上海译文出版社，2006年，第113—114页，第114页。

美潮流、审美趣味无法同生产的目的性区分开来，甚至那些审美时尚正是因为消费的符号性编码和消费逻辑的强劲推动，才那么激动人心，永不疲惫。

由于在社会消费的浪潮中纯粹审美的活动日益减少，传统美学从主体性分裂而获得的学科自主性在新现实面前逐渐执著为一种拒绝姿态。美学因为现实对象的丧失而失去与时代的同步性，举凡新时代的重大文化现象——比如时装、时尚、名牌、发烧友、流行音乐、奢侈性消费、新媒体直至当代人的生存感和体验结构——美学都缺乏有针对性力量的考察手段和分析模型。面对这些现象，所有含义单纯的美学分析都不得要领。

## 二、生产的逻辑：文化进入基础领域

但是显然，消费时代的美学重建不只是跨学科这么简单。解分化并不是解体，即使照韦尔施的建议引入种种跨学科手段，如果不明白为什么出现解分化，我们对日常生活审美化的分析仍然是不得要领。问题的复杂性还在于：跨学科的美学如何是美学呢？一旦现代性分化的视野解体，美学去何处获得作为学科的理论基点呢？因此，我们必须更源始地追溯解分化得以发生的历史语境，在更纵深的视野结构中去获得理解解分化的根据。

为什么出现解分化？从直接推动上看，消费社会的解分化是由生产逻辑的推动产生的。从产品定位开始，我们所强调的物质生产就一步一步把文化、意义消费的预期深度铭刻、植入到物质生产的每一个环节，直至释放为一波又一波的消费浪潮，然后又重新开始。因此，这是有着明确生产目的性的集结方向。正是这一集结的持续性进展，使消费社会逐渐产生了一个巨大的基础性变更：文化进入基础领域。

### （一）物的构成与质性改写

消费社会商品的符号编码从一开始就改变了物的构成。在编码之前的物，波德里亚称之为商品的"原始品质"，其对应功能是使用价值。但编码使物品变成了符号，在一个普遍化的商品符号系统中指向一个标示社会关系、权力等的社会身份（social standing）。这就是意义。这个意义并不像波德里亚所说仅仅是社会阶级身份的简单认同，而是包括了极为复杂的生活理想、品质、氛围等的审美内涵。商品因此拥有了一种独特的精神价值，一种对消费者自我社会身位、生活品质之活生生的、切身的意义感。这就是商品世界的意义膨胀：意义进入商品使商品变成了物符码（object-sign）。"商品的使用价值和交换价值向符号价值转移，或者说物与商品的形式转移为符号的形式。"[1] 按波德里亚的理论，物品向系统化符号的转移包含如下含义：（1）地位的符码成为社会交往中一枝独秀的符码。它排除其他符码，斩断物品与生活的真实联系，而从物品与其他物品的差异性联系中取得意义。（2）因此，消费价值所建立的不是人与物的关系，而是人与人的关系。"这就是说，人人关系（human relations）本身在物品中并通过这些物品倾向于自我消费。"[2] 物的流通并不是使用价值的交换，而是身份和意义的符号性占取。（3）因此，消费活动的基本性质是唯心主义的：它是一种意义享用，一种以物符码为中介的社会—心理运动。它既是内在的，也是外在的，既是经济基础，也是意识形态。

**（二）审美效果联合体的销售动员**

借用莫尔斯的话，物的编码靠的是从 Logo、命名、商品定位、包装、销售场景到广告、形象大使、活动等"审美效果联合体"的综合作用。"消费绝不仅仅是为满足特定需要的商品使用价值的消费。相反，通过广告、大众传媒和商品展陈技巧，消费文化动摇了原来商品的使用或产品意义的观念，并赋予其新的影像与记号，全面激发人们广泛的感觉联想和欲

---

[1] Jean Baudrillard, *For a Critique of the Political Economy of the Sign*, Trans., Charles Levin, St Louis：Telos Press, 1981, p.124.

[2] Mark Poster (ed.), *Jean Baudrillard：Selected Writings*, California：Stanford University Press, 2001, p.25.

望。"[1] 这样一个系统化审美效果联合体的核心功能就是实现胡塞尔所说的"符号赋意"：在全面的欲望激发和感觉直观中实现意义的直接给予[2]。仔细分辨，这一赋意过程实际上有三重相互循环的功能：（1）编码，标出；（2）购买动员；（3）品牌沉淀。这是一个魔力般的创造过程，饱含了消费社会非凡的创造力和审美设计的灵感，是千奇百怪、变化万千的社会风潮的创造者和推动者，也是大批从事设计、管理、营销、发行、媒介等专家群体通力合作的产物。公众持续不断的审美感受、欲望激发、身份认同、生活理想投射相继实现在这一系列效果联合体的综合作用之中。由于全球化时代的产能过剩，社会运作重心从生产竞争转向了购买动员的竞争。由于所有的消费几乎都变成了意义消费，几乎所有商品都要考虑如何以最动人的方式来创造社会的购买动员。由此，美学设计成了整个商品生产的文化核心，商品世界的意义膨胀进而发动为席卷全社会的符号—意义扩张的狂潮。

### （三）消费作为意义分享的社会运动

从生产的视角看，当今社会正经历着消费周期不断缩短的加速运动。无穷无尽的消费浪潮滚滚而来又迅速消退，周期越来越短，这意味着生产者要用最快的速度反馈市场信息，推出更时尚的产品。正是在市场需求无穷无尽、永不饱和的关键点上，波德里亚发现了消费作为社会运动的精神本性。"惟有它才能阐明消费的基本特点，它的无限特点——用某种需求和满足理论无法解释的那一面。因为用热平衡和实用价值来计算，饱和的界限肯定马上会到达。但是我们所见的显然是恰恰相反的东西：消费节奏的加速，需求的连续进攻，使得巨大的生产力和更为狂热的消费性之间的差距拉大。"符号的意义来源于商品在符号系统中的位置。"它始终要参照

---

[1] 费瑟斯通：《消费文化与后现代主义》，刘精明译，译林出版社，2000 年，第 166 页。

[2] 胡塞尔：《对赋予行为含义特征的描述》，载《逻辑研究》第二卷，倪梁康译，上海译文出版社，2006 年，第 71—87 页。

其他符号，使得消费者始终不满足。"[1] 于是整个社会都变得心神不定，全部成员的努力都变成一种向着社会符号体系更高位置的精神攀升。"物的量的吸收是有限的"[2]，但是意义的编码是无限的，因而攀升也是无限的。攀升运动的时间化和规模化体现为大大小小的时尚。攀升越是加速，攀升的意义感就越短促，符号的追逐就越趋于白热化。由此决定了整个时代感的加速：追赶时尚的代价更为昂贵，捕捉时尚的神经更敏感和年轻，保持生产与时代同步性的竞争更为激烈。

### （四）新技术强大支持下的世界变迁

同时，新技术的发展为消费社会的文化向基础领域进入提供了强大的支持，开辟了前人无法想象的全新可能。今天的解分化已经不是回到分化之初生活世界的自然状态，而是按幻想和消费的需要大踏步突破生活世界之自然构架的界限和分野。新合成技术、人工智能、数字技术、材料技术、互联网、手机，等等，使文化向基础领域的渗透、分解、操控、重塑一日千里，甚至从根本上改变了世界的存在形态。拟像、仿真、虚拟化、平面世界、远程操纵、时空重组、景观社会、媒体奇观、内爆、超美学、超真实——西方思想家对此的描述五花八门。不仅"模拟与'真实'之间的区别发生内爆"，"'真实'与想象不断地倒向对方"[3]，而且产生了一种根本上超出了人的生物基础即感官能力的巨大的"后现代的超空间"。"这种最新变化最终成功地超出用单个的人类身体去确定自身位置的能力，人们不可能从感性上组织周围的环境和通过认知测绘在可绘制的外部世界找到自己的位置。"[4] 比如"全球的、多国的和非中心的交流网络系统"，作为超空间，它已经超出了我们在感性上把握空间的能力，我们无法用身体为参

[1][2] 波德里亚：《消费社会》，刘成富、全志钢译，南京大学出版社，2001年，第49页，第53页。

[3] 约翰·斯道雷：《文化理论与通俗文化导论》，杨竹山等译，南京大学出版社，2001年，第256页。

[4] 弗雷德里克·詹姆逊：《后现代主义与消费社会》，载《文化转向》，胡亚敏译，中国社会科学出版社，2000年，第15页。

照去测绘和定位认知坐标，因为我们丧失了判定这种空间的方位感、起点和终点。

文化向基础领域的进入是整个消费社会在生产逻辑支配下的新和解，它体现了解分化无法逆转的深入程度。从此，我们已经"不可能再把经济或生产领域同意识形态或文化领域分开来，因为各种文化人工制成品、形象、表征、甚至感情和心理结构已经成为经济世界的一部分"[1]。从此，我们所面对的就是文化和基础二元合一的生产。它始终既是物质的，又是文化的，既是精神生产，又是物质生产。

## 三、从解分化到消费社会：问题的诊断及视野变更

显然，文化向基础领域的进入就是解分化。由于生产的逻辑本身还有一个如何评价的问题，我们对解分化的语境还原还需要进而追溯到对消费社会整体结构的理解和评价。

先看解分化在西方思想界引起的巨大冲击。我们知道，在现代性早期，从黑格尔就已经开始了对现代性分裂的警示与反省，后经马克思、尼采、海德格尔、法兰克福学派直到德里达、利奥塔等，对现代性分裂的反抗愈演愈烈。在他们各个层面的、几乎是全方位反思批判的深入揭露中，我们看到了理性化一系列延伸推进的分裂和压迫：理性化即分裂、分化，即片面化，即诸专门领域从生活世界分离出去（形成亚系统），即以某种分类尺度为根据的同一性和差异性，即逻各斯中心主义或主体中心论，即在理性之片面构架下对内在自然和外在自然的压迫，即人自身整体性和世界整体性的失落，即人与人之间的疏离、压迫、手段化和阶级对抗，即人对自然的控制、榨取，即信仰与神圣的失落，等等。在此，批判的目标是

---

[1] 约翰·斯道雷：《文化理论与通俗文化导论》，杨竹山等译，南京大学出版社，2001年，第255页。

解放，即解分化，向着存在整体性的回返。从黑格尔、尼采、海德格尔到本雅明、德里达等，解分化都意味着和解。他们思考并设计了各种各样的解放通道和和解的瞬间状态：黑格尔的"伦理总体性"、马克思的"人类解放"、尼采的酒神精神的沉醉、本雅明的弥赛亚时间、巴塔耶的"耗费"与自主权，等等。抵抗分裂，呼唤和解一直是近两个世纪西方思想家思考现代性危机的基本主题。

可是，当消费社会的解分化成为一种普遍现实的时候，无归属的震荡却显示为一波又一波的思想对立和情绪躁动。在生存论的意义上，解分化意味着现代人习惯已久的归属结构解体。正如德里达所指出，"我们归属于这个巨变的时代，这个巨变正是归属结构和归属体验之中的极度痛苦"[1]。巨大的反抗笼罩着对无归宿之失序、混乱和虚无感的恐惧。一言以蔽之，抵抗来自对解分化的拒绝。哈贝马斯、波德里亚、詹姆逊、伊格尔顿、阿甘本以及那些后马克思主义者，主要从两个方面对解分化状态忧心忡忡：（1）过度的解分化已从根本上损害了现代性奠基以来的理性基础，合理性约束裂变为世界结构的畸形和无度。这便是形形色色的世界终结论：主体的终结，艺术的终结，历史的终结。在他们看来，消费社会的解分化已过渡到这种程度：完全打破了精神与世界、幻象与真实的二元区分，从根本上瓦解了人类重建主体性的存在论基础，消除了人类历史再度展开的逻辑空间（尼尔·露西、波德里亚等）。（2）解分化的畸形发展使生产亚系统上升为世界的支配性力量，传媒帝国和生产亚系统的共谋已经完成对生活世界的全面殖民化（哈贝马斯、海德格尔等）。如果说在现代性早期通过民主制和公共领域的结构性制约，以市场和货币为手段的资本力量还可能受到来自生活世界合理性要求的约束，那么，在消费社会，三大系统的结盟就已经彻底完成了对生活世界的统治。公民越来越变成了无

---

[1] 德里达：《幻影朋友之回归》，胡继华译，载《生产》第二辑，汪民安主编，广西师范大学出版社，2005 年，第 10 页。

主体性、无政治性的消费的身体，生活世界被肢解为纯粹再生产的手段。显然，如果他们的判断是真实的，我们就必须从与解分化的对抗之中获得反抗的力量和理论的规范性基础。

但是，消费社会真的已经是一个趋于死寂的世界了吗？这是我们必须慎重考虑的问题。本文认为，那些偏激、极端的、隐含着终极价值判断的描述分析是靠不住的。如果说解分化是一种新和解状态下的重新集结，它难道不是意味着人类的自由在新世界实现的更高可能性吗？

这里有两个关键环节。第一，我们需要什么样的和解？是在分化基础上的更高层次的和解还是前现代性的返魅的和解？这一点，不管从必要性还是可能性上讲，答案都是显而易见的。从前述文化向基础领域的进入，我们看到，审美、经济、政治、伦理、科技等在产品、消费活动中所实现的转换、融入，是以高度的现代性分化、发展为条件的，是现代性分化向生活世界之感性状态的返回。惟其是向着感性生活需求集结，解分化才意味着和解；惟其是在现代性充分分化基础上的解分化，和解才意味着对现代人生活品质的提高和更高的合理化，而不是蒙昧、空洞的返魅和扭曲。虽然目前和解状态还在不断的调整之中，但是它作为一种总体指向，是明确而坚定的。第二，今天消费社会的生产逻辑究竟意味着什么？实际上，今天的生产逻辑已不是在主体哲学视野下看到的目的理性操控的逻辑，而是交往制约的逻辑。只有以主体哲学之工具理性的目光来打量，消费社会的和解才呈现为一种更彻底的操纵。尽管人们无数次宣布主体已死，但这种主体意志操纵社会世界的思想逻辑仍然在无主体的主体论逻辑中阴魂不散。于是，这个主体缺席的主体论逻辑就变成了一个无名主体的"幽灵"，它在哈贝马斯是亚系统统治，在海德格尔是主客关系的座架，在德里达是逻各斯中心主义，在福柯是无主体的现代知识系统，在卢曼则是瓦解了主体间性结构的现代性功能系统——这样，所有与生产相关联的环节就都在逻辑上变成了亚系统自我增值的手段，人成了任系统机器所统治、分解和碾压的碎片。在晚期波德里亚的笔下，这个世界已经没有了主体，更没有精神，存在的只是肉体、幻影和虚无。用德里达的话说，解分化将我们交给了"绝对的断裂和无边的脱节"，不仅"归属"没有了，我们甚至没有了"朋友"和"敌人"，变成了可以开出无穷清单的"没有关系的关系"、"没有共同体的共同体"和"没有 X 的 X"。[1] 荒漠化、虚无化不仅是有宗教情怀的思想家们对当今人类存在状态的基本判断，也是所有向往实体性价值的理论家给当代世界的最终判词。一方面，他们站在审美主义立场对抗现代性分化的理性统治，另一方面又牢牢立足现代性分化的理性立场，以对抗消费社会迎面而来的解分化。这归根到底是由于他们在视野上的一个共同盲点：对现代社会消费的交往界面视而不见。

实际上，以现代民主制、社会理性化、世俗生活化为特征的当代世界根本不是一个混乱无度的畸形世界，而是一个以高度专业性分化为手段来重返生活整体性的新感性世界。这是后现代和解与前现代魅惑的根本差异。受消费制约是今天生产逻辑构成的基础，而实现现代性分化向生活世界回返的根本场域是消费与生产之间的转换—交往界面。当代消费的交往界面是一个需要专文论述的问题，鉴于篇幅，这里只做如下概述：

（一）体制规定。现代市场交易是以法定的规范性交往为合法交易的自由买卖体系。这是以全世界认同的权利法案和物权制度为根据的交往活动。其体制性交往的内涵是：（1）买卖主体的平等公民身份；（2）非常强制性、垄断性的自由买卖；（3）以购买认同为根据的社会有效性要求。销售动员之所以审美化，就是因为无法胁迫和利诱购买。消费社会是实现了从生产主导向消费主导转型的社会。由于前消费社会没有产能过剩，那里通行的是以社会匮缺为必要条件的生产（资本）主导法则，可是在消费社会普适化的全球化背景下，这一法则失灵了。不管技术多么先进，资本多么雄厚，消费者不买就毫无意义。

---

[1] 德里达：《幻影朋友之回归》，胡继华译，载《生产》第二辑，汪民安主编，广西师范大学出版社，2005 年，第 10 页。

（二）行为类型。现代消费的活动模式核心是一种交往的互动。从单方面的买或卖来看，消费是一种目的行为，双方在各自主观世界的范围内所实现的是一种功利性交易，但是从买卖的规范性、平等性、自由性来看，连接买卖的行为沟通及其有效性约束的活动体系却是一种未受损伤的主体间性结构。买卖是一种社会行为，其有效性来自在一系列合法性规程基础上的相互认同，道德的、法律的、政治的、审美的、文化的认同因素融合在买卖行为的决断之中，买卖的平等性、自主性是买卖合法性的根本保证。正如蒋荣昌所说，"商品作为符号或文本在消费社会正式出场，不过是向世人出示了某种隐蔽已久的真相"，"消费社会无所不在的对话场景使得以'文本'或'符号'来完成交流和对消费生活的意义表达成为惟一具有合法性的权力来源"[1]。

（三）活动模式。消费活动是多种行为因素在交往行为界面的交织。它是一个连通社会亚系统向生活世界解压的入口：技术、科学、艺术、道德、教育、政治、法律、作为生产原料的外在自然、生产、社会管理、安全、文化、社群组织等分化因素或领域，经由消费之门融入生活世界，变成世界诸因素的机体成分，目的行为、策略行为、规范行为、戏剧行为等诸种行为类型都被集合到消费活动的交往界面来实现连接、沟通、能量转换与循环。因而消费活动也是实现生活世界合理化要求向诸专门领域输送动力并从根本上制约亚系统异化的本源力量。现代性分化在生产领域的解分化重组已经是生活世界对生产亚系统巨大约束力的体现，它首先来自消费社会自由购买的约束。形形色色的异化宰制的反抗力量根本上来源于生活世界的自由要求。当然，现代社会维护这一生活世界对亚系统的约束同时也有赖于政治、法律、科技、文化、传媒等的综合效力。同时，消费活动也是个体化与社会化、文化传承与集体认同的中介，是生产亚系统与生活世界相互循环的社会化再生产的中介。

---

[1] 蒋荣昌：《消费社会的文学文本》，四川大学出版社，2004年，第108页。

消费社会的巨大解分化—和解功能来自现代民主体制两百年的推进。这场持久的社会运动经由一系列法案、规则和生产的历史进展，终于在一个巨大的、无所不在的中介领域确定了以交往界面为活动场域的社会化体系，从根本上焕发了现代性所蕴含的交互主体性潜能。要正确地打量这一界面的诸多功能，我们需要一个思想视野的转变：从主体论的视野转换到交往论。而一旦从交往论视野去打量消费社会，我们就立刻看到：韦尔施、波德里亚等所描述的解分化，实际上是消费社会从生产到生活世界的全方位现代性分化的和解。这意味着，我们取得了一种打量解分化的、有着纵深历史感的新立场和新视野。

## 四、分化与和解：生产的美学或文化产业研究的思想维度

于是，我们将理论重建的思想坐标定位于两个关键词："分化"（differentiation）与"和解"（mediation）。这一独特视域决定了我们将以消费社会从生产到消费的社会活动过程为对象，并进而决定了我们研究考察的立场、方法和纵深的思想意识背景。

何为和解？从人的切身感、体验感来描述，和解诸维度可以显示为：（1）内在自然强制的和解：信仰、激情或松弛状态下内在自然的压迫之解除；（2）外在目的性约束的和解：在审美、创造、爱、游戏等活动中的自在与自由；（3）单一性目的性强制的和解：现代消费，交往活动，交织着政治、经济、审美、休闲等各种因素的综合性活动的协调和谐；（4）生活内容及环境构成的多因素和谐：将实用、审美、文化政治等诸因素融合一体的产品、用具、环境等所融入的和解；（5）人与社会之压迫、强制关系的和解：人与人、与社群的整合、融入、团结、共契、自由认同，等等；（6）人对外在自然强制的和解：生态和谐、人与自然的和谐共生。这些和解诸层面必然已经是相互渗透、重叠、转化的，区分乃勉力为之，几乎每一个和解因素都最终体现为内在自然、社会世界或人与自然关系的和解。

归根到底，衡量和解的标准在于，是否重新或更高地回复到生活世界的开放、自由、和谐与勃勃生机。

和解特指现代性分化的和解，因此现代性诸领域的分野仍是我们用以考察和解的前分类学根据。惟有靠着现代性分类，和解的确认与陈述才是可能的，但是和解本身又意味着对现代性分野的溢出、突破、解构、还原乃至变形，所以，与现代性分化的理性化推进相反，我们要考察的是理性化强制如何被突破。这是一个逆现代性分化而行的反向集结进程。由于消费社会的和解是在高度现代性分化条件下实现的，因此，现代性分化的持续性推进是一个不可终止的进程，后现代和解的方式必定是分化与和解之双向互动、交融和高精确加速的循环，是内在包含着分化的和解。这就使我们的知识结构或学科形态呈现为一种精确与模糊、明晰与含混、分类与破分类之同时存在，乃至多维度交织的开放或无边界状态。对此种非现代性集结的理论策略，西方人一直在探索，如尼采的权力意志论、海德格尔的存在论、德里达的文字学、福柯的知识谱系学、德勒兹的"褶子"论、加塔利的"横贯性"理论、弗朗索瓦·于连的中国研究，等等。他们的理论意识各不相同，但探索知识非现代性集结的可能性及指向却是非常明确的。

鉴于消费社会和解的核心是以生活形式的审美创造及文化注入为中介，本文将对和解的研究命名为"生产美学"（productive aesthetics）。本文认为，只有深入到每一个美学设计门类的历史、现状、经典案例、创造性活动分析、销售效果及审美效果的现象学分析，并扩大到诸美学设计的效果历史和综合性社会功能的研究，才有可能有效解码和确认和解的具体形式及其意义。由于消费变成了政治、身份、审美、综合性生活享受乃至宗教、情感等因素的一体化活动体系，并正在成为生活世界的多维性活动场域及活动内容的主要构成，生产美学的研究必定是多维度、跨学科的。美学作为感性学，其时代新内涵在于：专门从感性生活的形式化角度无限制考察现代理性化强制如何被突破。鉴于篇幅，本文仅对生产美学的立场、方法、与传统生产美学的差异、与文化产业研究的关系等四个方面简略陈说。

（一）生活世界的总体性立场与和解的形式化尺度。面对解分化的思想立场只有一个终极的参照：生活世界的总体性。这个立场意味着为维护生活世界合理化而必然提出的现代性分化诸领域的和解要求，它指向所有手段性环节通往生活自主状态的一体化和谐。作为和解的形式化或无定形解放力量的精灵，审美向来承担着整体突破—协调的融合作用。达于极致的审美性是无形式，犹如尼采所描绘的叔本华的"惊骇"：它突破形式，"冲破分离与隔阂，从内到外和无定形的自然浑然一体"[1]。局部而言，这个尺度不仅常常与生产的目的性相违背，也常与各领域自身的专业化要求相违背。比如长期以来艺术生产都是高度专门性的，可是显然，那些过于精深的形上性探索不可能成为社会生产的和解尺度。和解是诸分化领域为满足生活世界综合性需求而协调融合的产物。这就注定了生产美学必须从传统美学中分化出来，进入生活政治、生活美学的领域。审美如此，政治、法律、科技、道德等也是如此。如果传统美学是现代性视野中的美学——它是现代性构成的基本维度——那么，生产美学就是后现代美学。和解在生产中形成以审美直观为根据的形式化。自康德以来，审美就一直被寄托着现代性分化之和解、解放的重任，此一寄托代代传承至今。悖谬的是，人们一直是在纯粹审美的领域寻找先验性思辨的和解空间，而不是在生活世界的综合状态中探索和解、解放的新形式。于是，寻找的结果不是审美作为闪烁跃动着的解放力量在日常生活中的渗透，而是审美与其他领域日益强化的分裂、对垒。

（二）交往论视野与现象学方法。生产美学作为对消费社会和解形式的研究，方法论必然是多学科交叉性的。这里只强调两种起主导作用的方

---

[1] 哈贝马斯：《现代性的哲学话语》，曹卫东等译，译林出版社，2004年，第109页。参见该书第108—110页对尼采酒神精神的分析。

法。交往视野是考察社会活动交往因素的结构关系、有效性约束和行为逻辑的思想视野。作为哲学视野，它的现代表述集中体现为哈贝马斯的交往行为理论。可是，如前已述，哈氏并未将这种视野运用于社会生产和消费活动之交往界面的研究。一言以蔽之，现代交往论的视野就是哈氏所说的"未被损害的交互主体性的一般结构"[1]：非强制性自由选择之交互主体性结构的关系直观。生产表面上是一个策略行为的大结构系统，但消费的制约使之吸入了交往行为的内容并扩展为生产—消费的关系界面。现代生产的交往内涵在于：（1）在生产内部各领域之间的交往协作；（2）生产外部生产与消费、与生活世界之间的循环互动。外在的交往互动被内在收摄为和解的形式化要求，这一要求实现在各领域生产主体之间的相互协作、创造和转化之中。因此，没有交往视野，我们就无法勘定后现代解分化的和解究竟是如何发生的。可是，困难在于，对和解形式的审美内涵我们仍无法从交互主体性的关系结构中分析出来，而只能来自我们作为研究主体的现象学直观。实际上，对一切审美形式及其内涵的切身把握都只能来自现象体验中的直接给予。审美形式在此显示为原初直观中的明见和照亮。正如莫里茨·盖格尔所说，"在历史过程中，所有在美学和艺术理论中提供过有关持久性价值的那些真知灼见的结论，都是通过沉浸在材料的本质之中的现象学过程得出来的"[2]，美学研究事物的审美品质，它"天然属于它们作为现象被给定的范围"[3]。应该指出的是，现象学视野本身是属于主体哲学的，它与交往论视野不在一个层面上。可是就美学研究而言，它们之间从黑格尔、席勒、康德到马克思、哈贝马斯等都有程度不同的交叠运用。在交往论视野下考察审美，尤其为研究社会审美提供了极为有力的方法论补充。所有的人际融入、生产与消费的互动、社会的时尚运动等，都共同

---

[1]　Jürgen Habermas, *Philosophical-Political Profiles*, Trans., Frederick G. Lawrence, Massachusetts：MIT Press, 1983, p.173.

[2][3]　莫里茨·盖格尔：《现象学美学》，载《面对事实本身——现象学经典文选》，倪梁康主编，东方出版社，2000年，第251页，第240页。

依赖于交互主体间的审美共振。这是一种有差异性的同感：其主体承受依赖于各自在审美状态中的体验直观，而共契所发生的交互性传导、感染则来自交互主体性的互动。所以它是一种内外双向循环才能解释的活动，因而也是两种方法论协同运用才能有效分析的审美创造和社会化感知。这就决定了，对交互主体性的关系直观和审美直观的现象学反思是社会审美运动研究的方法论基础。

（三）与传统生产美学、技术美学的差异。"生产美学"不是一个新提法。马克思创立了最早的生产美学视域。他的"劳动是人的本质力量对象化"、人在劳动产品中观赏和肯定自身、工人在异化劳动中"不是肯定自己，而是否定自己"[1]等论断，开辟了美学视角的新领域。此后的批判理论继承了这一遗产，卢卡奇、布莱希特等都程度不同地发展了马克思的生产美学。这一思想对生产环境伦理性的关注直接启发了20世纪的技术美学。可是，马克思关注的是生产过程中劳动者的反强制和解分化，而笔者关注的是生产结果的解分化。马克思以生产中劳动者的自由自主为根据，反对资本家对工人的压迫、剥削，笔者关心的是整个现代性分化的解分化。生产亚系统中劳动的审美化、非手段化是否可能，在笔者看来尚不能肯定回答，但无论是怎样的生产，作为生产结果的解分化、和解都是必需的。人类有可能永远都不能完全改进到个体自主自由的生产，但产品向生活总体性的和解却是在任何条件下都必须坚持的恒久指向。自20世纪50年代以来，生产中的美学问题一直由技术美学承担。但迄今为止，技术美学的研究缺乏一种纵深的思想视野，未能把生产、消费的审美问题纳入生活世界的整体视野和现代性分化—和解的历史进程来考察，而是用胡塞尔所说的"自然态度"孤立、外在地研究技术与美的关系或生产环境的伦理性。这样，技术或劳动环境的美学考察就从纵深的思想视野和复杂关联中脱落出来，变成一个技术与环境设计的美化或装饰问题。实际上，对技术的审

---

[1] 马克思：《1844年经济学—哲学手稿》，中央编译局译，人民出版社，2000年，第54页。

美要求永远存在，只要有技术，就有对技术之实用性的美化问题。区别在于，惟有在消费社会，解分化才作为大规模和解的历史进程成为人类生存活动的主导指向，从而成为关乎人类命运和生存质量的根本问题。因为现代性分裂的片面化发展已经从生态危机、能源危机、城市化、污染、军备竞赛、科层化统治、意义危机等诸多方面危及人类的基本生存。如果缺乏纵深的思想视野和历史意识，对技术问题的哲学考察就将蜕变为传统思辨哲学的一个分支，丧失美学研究的历史针对性。基于目前技术美学在立场、指向以及研究内容上的含混性，本文只能放弃该概念，承用"生产美学"的称谓。

（四）生产美学与文化产业研究。今天是文化产业研究风起云涌的时代，但是由于人们所说的"创意产业"实质上指消费社会的文化—商品生产，即文化向基础领域的进入，而不是指在经典马克思意义上独立于经济基础的上层建筑和意识形态的再生产，所以，按现代性分类的逻辑，根本找不到研究的逻辑重心和研究对象的明确界限。按现代西学的学科创立原则，丧失了分类学基础就失去了学科知识的逻辑推论根据，于是，文化产业研究理论无法创立，更谈不上思想。产业规划、纯粹经济指标的外在统计和急功近利的空洞描述代替了学科理论。在此有两个关键点：（1）创意产业的崛起是消费社会与新技术革命的伴生现象，它本身即是后现代社会涌动不息的解分化潮流，是科技、艺术、经济、政治、审美、消费、社会世俗化之一体协同、渗透转化的产物，因此，用经典现代性的分类学眼光去打量文化产业是错位的。这种错位不仅导致文化产业研究在学理上的失度，也产生了一系列研究取向上的偏差。比如，不是将研究重心确定于对当代世界整个解分化的融合创造及历史进程的研究把握，着力于研究整个商品生产的品牌创造、符号生产、品质与款式的创新、时尚的创造以及综合性创新设计的教育体系、人才储备等，而是热衷于形象工程、伪名胜古迹一类泡沫经济的鼓动。（2）如果硬要区分文化产业与其他经济产业，那么，重要的是区分作为产业的外部研究与作为生产的内部研究。就作为一个经济产业的外部研究而言，文化产业与其他产业并没有什么不同。它属于产业经济学，只要给予一定的统计学标准——比如中国国家统计局制定的《文化及相关产业分类》(2004) 的统计分类标准——就可以严格按照产业经济学的规范研究它的规模、布局、发展、综合带动与关联效益、产业链构成、投资、成本效益、覆盖人口等。可是，真正有待研究的是文化产业的特殊性，即文化产业作为生产的特殊性：它在消费社会的和解使命，它内在的创造性、扩张性、产能构成机制，它作为综合性创造的来源、分工、内部协调与渗透，创意设计的承担和构成因素，符号及审美形式的创造，审美联合体的生产及分工，时尚消费运动的引领，生产与生活世界的互动等。一言以蔽之，这正是本文所说的生产美学。因此，生产美学就是文化产业研究的思想理论维度，它从视野组建和研究内容两个方面确立了文化产业研究的理论内涵，蕴含着自现代性分化以来纵深的思想史背景，潜在地规定了这个时代文化产业研究的内在思想目标和规范性基础。

# 附录一
# 意义论、物感论、交往论："新三论"解释世界

**访谈参加者：**吴兴明、邱晓林、卢迎伏、赵良杰

**时间：**2017 年 10 月

**地点：**成都蓝谷地 1 期 17 栋 302 室

**整理人：**卢迎伏

**邱晓林：**今天我们帮吴老师回忆一下，看看这些年你都做了什么事情。从你 1987 年在《文学评论》上发表《精神价值论——文艺研究的逻辑起点》开始算起，到今年刚好 30 年。你的这 30 年学术研究成果，与文艺学上下相关的涉及两个大的主题：一、文学学科的内部研究；二、一个更内在的线索，就是美学、文艺学如何回应现实。你这些年的研究虽然涉及很多具体的小话题，但这个东西是一以贯之的。第一个大主题，文学的内部研究，又有两个小主题：文学意义论问题；持续时间最长（1996—2006 年）的比较文学研究。

## 一、美学、文艺学如何回应现实?

**邱晓林：**我记得刚刚和你接触的时候，听说你参加冯宪光老师的博士生入学面试时问过一个让很多人都懵掉的问题："现在还有美学吗?"好像你也问过我这个问题，我当时也被整懵了，因为当时完全不知道你要干什么。

我查了一下你这方面的文章，发现"美学与消费社会问题"，是基于技术时代和消费社会的背景。《美学批判——一条需要质疑的思想之路》(2002)、《消费时代或全球化——重振美学的一线新机》(2003)、《漂浮的空间：20世纪90年代后的中国都市茶楼》(2004)、《直面波德里亚——对一种消费社会理论的批判性解读》(2005)、《反思波德里亚：我们如何理解消费社会》(2006)、《美学的扩张：作为社会理论的审美主义》(2006)、《美学如何成为一种社会批判——从哈贝马斯的省思看批判理论价值论设的失落》(2006)、《海德格尔将我们引向何方：海德格尔热与国内美学后现代转向的思想进路》(2010)、《重建生产的美学——论解分化及文化产业研究的思想维度》(2011)、《论解分化作为艺术研究的思想视野——对重建艺术研究思想背景的一个简要考察》(2011)和《直面解分化或文化向基础领域的进入——简论马克思主义美学规范性转型的思想视野》(2017)，我认为上述文章，都是在反思消费社会时代如何看待美学的任务问题，今天对这个主题还有哪些看法？

**吴兴明**：1987年写《精神价值论——文艺研究的逻辑起点》的时候，有一个更纵深的背景：我们一直以来是在二元论背景下思考文学、艺术问题，即在精神与物质、存在与意识、经济基础与上层建筑这样一种关系中来思考艺术生产。

**邱晓林**：是，你1991年写过一篇《从价值论看上层建筑与经济基础的关系》。

**吴兴明**：因为这里有一个问题，如果按照经典马克思主义理论，上层建筑是要为经济基础服务的，甚至说政治是经济利益的集中体现，而文学为政治服务归根到底是要为经济利益服务。这样一种定位，实际上是把认识、把精神活动定位为一种手段，最终要换算成经济利益。文化利益通过政治利益，还原到经济利益。这种说法有一个很大的问题，它从根本上消解了精神产品的独立价值。所以我认为不能仅从工具、手段这个角度来讨论问题，而要从价值论角度来讨论问题——精神作为一种独立的价值，是不能完全被还原为为经济、为政治服务的工具的。历史上很多艺术品，我们根本找不到它们为具体的经济服务的支点。艺术、知识有自己独立生长的历史，这种独立生长的历史有它自己的独立精神价值在里面。我们必须去正面地肯定、发掘这种超越性的精神价值。与之相应，恰恰是中国传统文化一直以来都把精神看成是手段，这导致了中国的科学一直都不发达，中国艺术一直都超越性很差，中国的道德哲学的终极指向一直都很有问题。

**邱晓林：**当时有一个反映论的文艺学研究背景吧。

**吴兴明：**反映论对中国的文艺学界影响太大了，很长时间，它变成了一根棍子。

**邱晓林：**好像你的《精神价值论——文艺研究的逻辑起点》发表后被批判了。

**吴兴明：**有学者在《文艺报》上发文章说我的"精神价值论"是唯心主义，他们认为文学价值最终是为经济服务的。

**赵良杰：**吴老师当时从精神价值的独立性角度，隐约地抓住了现代规范价值的核心：现代文化的基础是保持各个领域的独立性价值追求。

**吴兴明：**谢谢。你从现代性的角度可以这样说，但在整个前现代社会的文化和精神生活，也是有超越性指向的，而且一直以来，是引领人精神的那种超越性指向的核心。正因为如此，所以我们看到艺术与宗教一直以来都难解难分，就是因为它们共同从属于并建构了人类精神超越性指向的体验性的归依。当然它跟现实有交错、交互影响，但这种交互循环不能简单地用一个手段或目的来解释。把艺术最终归属于为经济服务的所谓的二元论，实际上是一种机械唯物主义，是一种还原论。这种还原论是很糟糕的，它导致了不同价值领域的混淆和收归。

**邱晓林：**李泽厚的文艺观就是这种吧。

**吴兴明：**就是啊，他的"历史沉淀说"。"历史沉淀说"只是从发生论的角度，来论证文艺的基础、生成。但是文艺的核心关切，不只是后人对历史起源还原中描述的那些东西，劳动啊，"杭育杭育"啊，剩余精力的发泄啊，内模仿啊，等等，因为这些东西没法从根本上解释我们到底为什么需要文艺。

**邱晓林**：他把人类的行为高度单质化了。

**吴兴明**：对。

**卢迎伏**：那艺术和宗教的关系，与后来蔡元培提出"以美育代替宗教"有什么关系呢？

**吴兴明**：这个案是要翻的。这个事情很重要。因为现代性的根本标志就是宗教统合力量的解体——"理性杀死了上帝"，精神终极的超越性支撑和统制被解除。由此带来的，是整个精神领域的现代性分裂，人的主体性大踏步、大规模扩张。此所谓从"神义论"到"人义论"，人为自己立法。可是人都是平等的、个体的人，人怎么为自己立法呢？人必须创造出一种超越性指向——没有这一极，我们的自由就无法开启和约束；但同时又不能再造一个类上帝——如果是这样，我们将重返"神义论"的统制。而且，现代人的超越性承载必须以现代人信服的方式才能实现和展开。这就决定了，形形色色的"审美主义"成为现代思想家们几百年来生生不息的救世蓝图。一方面，思想家们只能以科学的方式来论证，现代人才会信服，另一方面，又必须有可欲分享的价值体验才会成为一种活生生的栖居。这两者都决定了现代精神乌托邦唯一可能的方向是审美。这就是审美主义大行其道的缘由。所以，审美主义的兴起，实际上意味着一种危机——在人类精神、人类知识超越性指向的根据断裂处、重建处，显示的是现代人不可为而为之的生生不息的努力。

在现代性晚期，美学批判又走向另外一个指向，就是消费社会批判。因为进入消费社会后有一种更大的变化：现代性的各种学科分化，进入消费社会后被重新综合为一种生活方式。在重新被综合为一种生活方式后，生活当中的活动，既是美学的，也是知识的，既是功利的，也是享受的，既是精神的，也是物质的。在现在这个时代，它所产生的一切分化所导致的各门类精神领域的鸿沟，都被解分化了。这是个非常复杂的问题，研究这个问题实际上就是研究现代性危机及其出路。但国内对于现代性的讨论，绝大部分人都没有把这个根，这种内在精神指向的目标、潜在的深远意义搞清楚，所以就大谈特谈美学救世。

这个问题特别重要，因为它代表未来。

**邱晓林：**你的《重建生产的美学——论解分化及文化产业研究的思想维度》应该是对这个问题的一个全面的总结，包括《海德格尔将我们引向何方：海德格尔热与国内美学后现代转向的思想进路》。

**吴兴明：**海德格尔想通过一种生存论的还原，来寻求一种超越性的根据。寻找到什么呢？就是存在之思和存在者之思的差异，这种说法实际上是非常有问题的。因为每一个人都可以去领会不同的存在，也就是说超越性指向是为每一个人不断地设定的，而为每一个人不断地设定也就意味着相对性，也就没有一个共同的指向，没有人与人之间的共契。

**邱晓林：**那《文艺研究如何走向主体间性？——主体间性讨论中的越界、含混及其他》（2009）也跟这个问题有关系吧？

**吴兴明：**就是。这个问题有更深度的关涉。

**邱晓林：**先用一种主体性思路来设定了一个理想的乌托邦状态，并以此为出发点来对现代社会进行批判，这就消解了权利意义上的主体间性规范。这篇文章，我估计很多人是没有读懂的。

**吴兴明：**确实没什么影响。

**邱晓林：**但这个问题其实很重要。你对审美主义的批判好像没多少人回应。

**赵良杰：**杨春时等人有回应。

**吴兴明：**杨春时等人的观点是说，审美状态是最好的自由状态。

**邱晓林：**国内学者在这个问题上，思路跟你很接近的是陶东风。他在《社会转型与当代知识分子》（1999）里面也有对审美主义的批判，跟你思路差不多。

**吴兴明：**陶老师牛啊，比我敏锐哦。但陶老师没有从交往论来看问题。从主体哲学角度来看，你就永远只看到主体与客体的设定。

**邱晓林：**陶老师他从根本精神上对乌托邦进行了反思。

**吴兴明：**对。

**邱晓林：**就是说在这个问题上，真正比较早的跟你有知音感的是陶东风。虽然陶老师缺少交互主体性的理论支撑，但他有体悟性的洞见。也可能跟气质有关系，陶老师有文化精英主义的立场，就是不喜欢通俗文化。但我认为是可以并存的——承认一个权利平等的社会的人，也可以完全不喜欢大众文化。我觉得我就是如此。

**卢迎伏：**以赛亚·伯林的多元论。

**邱晓林：**对，一个接受权利平等的现代社会的人，可以不接受大众文化啊。他可以批评大众文化啊。这有什么问题呢？

**吴兴明：**这有一个学理上的剥离。陶东风有天才的敏感性，很能够抓住启蒙现代性的核心是权利至上、天赋人权、人人平等。一切都是要在这种背景下来讨论，来讲体制的合法性，讲历史的合理推进。他确实天才式地把握住了这一点，把握得很准，而且能洞穿一系列的社会文化现象。稍有遗憾的，是陶老师没有进一步从哲学地基上去反思我们该如何确认现代社会原则的根据——真正的逻辑根据不仅仅是由于历史，不仅仅是由于人们相互商讨，而是由于交互主体性之间对称平等的交往结构，正是这种平等交往结构才保证了人人平等。我们讲人人平等，不是讲一个个独立的主体，而是讲"此主体"与"彼主体"之间，讲诸主体之间的交互性结构关系。

**邱晓林：**是先验的。

**吴兴明：**也可以说是先验的。用哈贝马斯的话说是"后形而上学时代的合理性结构"，是一种应然合理的结构关系。陶老师没有深入地去推进这一点。而杨春时的问题是，他认为审美状态是最好的状态，是交互主体性原则的完满实现。

**邱晓林：** 而且杨春时把主体间性搞成了人与世界，把自然当成一个主体。

**吴兴明：** 就是，这就是问题。因为主体间性是说主体与主体之间。

**邱晓林：** 他之所以这么搞是因为，他脑子中完全没有现代正义观的价值背景。

**赵良杰：** 杨春时也写过关于现代性的著作，有现实的痛感，比如权钱交易啊。

**邱晓林：** 那种痛感如何通向他所说的人与自然的和谐呢？

**赵良杰：** 现实是一种功利的、利己主义的、缺乏超越感的沉沦状态，只有审美才是超越的、救世的，出路是走向审美结构，伸张每个人的权利。

**邱晓林：** 你的意思是进入审美状态，大家就不互相倾轧了？

**吴兴明：** 杨春时和刘再复实际上是中国主体性思潮时期的代表。李泽厚发表《主体哲学论纲》和《批判哲学的批判》后，刘再复写了论文学的主体性，杨春时紧随其后以主体性来呼唤自由。这当然是非常有力而及时的论断。杨春时的问题是，他仍然从主体哲学出发——从人与客观世界、人与对象的角度来看待权利和自由，而没有主体与主体之间的视角。

**赵良杰：** 对，他混淆了两种自由：一是审美状态的自适、自得的自由，二是权利平等之下的法权状态自由。

**吴兴明：** 对，杨春时认为只有在审美状态之中才有交互主体性，而实际上，审美状态本身是主客体状态，审美状态背后的发生机制才是交互主体性状态。只有作为一个独立自主的人，我们的审美才是自由的，我们的创造力才能得到最大程度的发挥。讲交互主体性的核心是要讲人与人交互的平等结构，它是现代平等权利的体制建构性基础，杨春时没有意识到这一点。我写文章批评过他这点后，他又组织人写了几篇文章来回应我。我没再回应，因为我觉得我们其实是有共同指向的，没必要再争。

**卢迎伏：** 吴老师如何看待尤西林老师提出的"审美共契说"呢？

**吴兴明**："审美共契说"的说法源自黑格尔，仍然是在主体哲学的背景下，不同的主体间的共通感、共契感，但审美共契与交往并不是一回事……

**邱晓林**：在美学与消费社会问题上，你至少有两年时间很关注波德里亚，波德里亚的主要问题是？

**吴兴明**：波德里亚是个旗手，他对消费社会、大众传媒和后人类时代都有很多论述。

**邱晓林**：波德里亚对消费社会的解释的确有很多洞见，可能你不太认可他的价值取向。

**吴兴明**：我认为波德里亚对消费社会的解释是错的。他正确地抓住了很多现象，但消费社会并不仅是一个经验事实。从 20 世纪 60 年代中期开始，世界进入了消费社会，消费社会作为一个历史阶段意味着社会生产力的极大提高，整个社会生产靠消费来拉动、支配，而消费的核心是权利平等的公民之间的自由交换。在消费这个端口上，以权利自由平等的公民之间的自由交换，结成了推动整个社会的生产、文化、实践、教育的一个端口，最终导致了一个物—人—物交换的繁荣的现代社会。波德里亚批判消费社会是站在现代社会立场上，也就是前消费社会的超越性指向立场——指向高端价值、绝对价值、超越价值和信仰；他认为消费社会泯灭了这些价值，消费社会是被大众文化牵着走的。

**邱晓林**：也就是说他的符号政治经济框架是有问题的？

**吴兴明**：我认为是。波德里亚认为消费社会的人已经丧失了超越性的能力。人站在玻璃橱窗面前，沉浸在各种眼花缭乱的物品之中，被商品建构的身份等级所操控，完全丧失了个人的超越性指向。

**卢迎伏**：这让我想起吴老师说过的一个妙语：商标是现代人的精神图腾。

**邱晓林**：如果从符号学角度解释，商标是一种区分，跟阶级划分有关系。但商标为何会成为一种精神图腾，则需要吴老师后来的物感理论来解释——商标能成为精神图腾，确实有其物感打动力量。

**吴兴明：**在消费社会状态下，原来消费社会所分解的一些超越性指向的东西，又重新得到了综合。

**卢迎伏：**解分化了。

**吴兴明：**对，因此不能说消费社会中的人就完了。

**赵良杰：**波德里亚看重消费社会中的经济谋算和符号控制，我们则看到商标本身就有一种直观的物感力量，这是它能成为奢侈品商标的原因所在。

**吴兴明：**商标是人在消费社会对美好生活的一种向往力量。

**邱晓林：**一种感性动员。我发现你从 2002 年到 2010 年，一直都在写文章反思批判这个问题，而从 2011 年则开始写一些建构性的文章（《重建生产的美学——论解分化及文化产业研究的思想维度》《窄化与偏离：当前文化产业一个必须破除的思路》《重建生产的美学——论解分化及文化产业研究的思想维度》《反省"中国风"——论中国式现代性品质的设计基础》），这是一种连续性的思考：从反思美学和消费社会，转到论述文化产业和现代设计（包括对许燎源的设计的看似偶然的关注），是有内在的学理逻辑必然性的，而很多人则没有看到这点，认为你是在搞打一枪换一个地方的游击战。

**吴兴明：**谢谢邱老师鼓励。有人批评我说，你自己在消费社会赚钱堕落也就算了，居然还写文章为消费社会辩护。因为他们认为现代设计都是资本集团敲诈社会、官商勾结，而没有看到现代社会的整个社会趋势。我最近写中国的空间感，也是在想从建设性的层面来展开论述。

**赵良杰：**确实学界对消费社会的基本定位是有差别的：是将消费社会看成是由法权结构所支撑，人在其中进行着自由创造，商品购买活动在改进着社会；还是讲消费社会看成是一种资本和符号的系统力量所控制。

**吴兴明：**这两方面肯定都有。我们不能说消费社会只有推动人类向自由发展的积极性一面，而忽视了其负面——符号操控和系统对生活世界的殖民化。但毕竟消费社会的正面性要远大于其负面性。

邱晓林：你所提出的"解分化"确实也只能在很多微观层面（物和商品的生产）上适用，因为整个消费社会的结构中，"劳动生产"与"休闲享受"的分化基本上看不到解决的希望。这也是马尔库塞念兹在兹的问题：劳动在根本意义上要审美化。

吴兴明：这是非常可笑的想法，是典型的乌托邦想法。在消费社会中，专业的日益细分和解分化其实是并行不悖的。

邱晓林：对，很多人可能没看到这点。

吴兴明：一直以来，劳动与享受之间的分割，跟劳动内部的劳作与享受两种元素之间的关系是两个不同的层次。所谓的"分化"不是指劳动与享受分裂开了，而是说劳动的诸种因素分裂开了；"解分化"并不是说手段和目的是一个东西，而是现代社会中分门别类的东西被更高地统合了——文化进入了基础领域、学科的交叉……整个现代西学的学科构成、学院构成和知识的构成，都是现代性"分化"的产物，"分化"只会越来越精准。"解分化"是说，在生产的大系统和消费的大系统中，"分化"会被综合起来。比如，韦尔施在《重构美学》中说，美学、艺术、设计、消费和生产都通合起来了。虽然很多西方学者描述了"解分化"现象，但没有正面确立"解分化"的意义。

邱晓林：中国的文艺学界学者中能够意识到这些研究都是背靠着现代性危机，并应该以此出发应对这个问题的人非常少，大部分人都把这个问题看成是单纯学科的内部问题。比如说，看到文化研究侵蚀文学研究的边界问题。

吴兴明：所谓"边界融合"。

邱晓林：他们都只是看到了表现出来的症候。

吴兴明：这也涉及大学系科的设计、教学目标等整个文化教育组织系统的改变，是一个牵一发而动全身的大问题。

邱晓林：这样看，你2014年写的《人与物居间性展开的几个维度——简论设计研究的哲学基础》，是正面建构的孤零零的奠基性的文献。因为文艺学和美学学科的学者没有意识到"设计"应对"消费社会"的重要性，而做具体设计的人又没有这个思想背景。包括你的《重建生产的美学——论解分化及文化产业研究的思想维度》（2011）都是纲领性的文献，但学界也没有什么回应。《重建生产的美学》其实是和你的思想能够打通的。他们没想到你的所有文章都是有内在理路的。因此，我们认为吴老师在中国当代思想史上是应该有其一席之地的，因为在文艺学学科极少有人从与消费社会之间的关系进行如此紧凑而连续的思考和写作。

**吴兴明：**啊，不敢当啊，邱老师……

## 二、比较文学与文学意义论

**邱晓林：**我看到你 1996 年就写过一篇文章《谁能够返回母语——对重建中国文学理论话语的策略性思考》，这篇文章跟曹顺庆老师思考"失语症"有关系吧？

**吴兴明：**曹老师的思想有自己的独立来源，在这一点上我对曹老师的想法是深表赞同的。我关于中国文论话语的想法，是源自 20 世纪 90 年代我去海南参加现象学大会，会上张志扬他们提出中国的苦难经验（创伤记忆）向文字转化过程中为何总会失重？可以说几乎整个 20 世纪中华民族都贯穿着非常惨烈的苦难经验，我们看到的仅是些简单回忆，没有相应的语词来表达我们这个民族所遭受的沉重的苦难经验，这就是失语了。但像苏联，文学、音乐、戏剧和绘画等领域（如肖洛霍夫、肖斯塔科维奇）都有相匹配的杰作。从海南回川大后，我在文艺学教研室做了一个相关的汇报。关于文论话语的失语，有一个原因是我们使用的都是西方文论话语，现代汉语文论话语几乎就没有使用从古代流传下来的具有汉语质感力量的表达，仅有王国维的"意境"等极少的例外，而中国传统文论的诗话、词话那么丰富。

邱晓林：我看你1999年与曹顺庆老师合发的文章《替换中的失落——从文化转型看古文论转换的学理背景》，还在思考这个问题。

吴兴明：对，因为西方文论有其纵深的社会历史经验背景，所以我们将其挪用过来的时候，我们的中国经验背景与这些西方的语词之间其实是脱节的，我们生存经验的表达是失语的。

邱晓林：那中国古代社会有没有苦难经验之汉语表达的失语问题呢？

吴兴明：还是有。因为中国人没有个体的人生体验，其对人生体验的描述、把捉都是一种位置性的描述、把捉——天地人、君臣民、修齐治平。因为内心体验质态的概念都是位置性的概念，所以没有个人体验的丰富性、敏锐性，在这个意义上说，中国古代人是空心人。诗歌主要以建功立业为主题，例外可能就是民间性气质的宋词和宋以后的书画、园林。

邱晓林：也就是说，失语的原因还不只是因为遭受到了西方现代话语的冲击。

吴兴明：我们挪用西方文论话语来描述、把捉中国本土经验，是脱节而无历史感的，而从中国继承下来的传统文论又是空壳的，这就导致了苦难表达的汉语失重。所以我才要提出"谁能返回到母语"——呼唤建立最能够揭示真相的汉语力量。因为文艺理论、比较文学和哲学等归根到底都是要揭示生存真相、击中生存体验的。

邱晓林：所以这是你思考比较文学的根据——话语背后都带着其纵深的生存经验。

吴兴明：对。

邱晓林：那你觉得刘小枫的《拯救与逍遥》如何呢？

吴兴明：在这个环节上我以为刘小枫是对的，西方人体验维度的确是"拯救"，中国古人的体验维度（道家）是"逍遥"。这涉及另外一系列问题，"比较"究竟是求同还是求异？任何学科都要用比较的方法，那么比较文学作为一种求新知的方式，其独特性何在？

邱晓林：《全球化时代比较文学的历史承担——论比较文学的学理立

场和策略立场》（2005）要思考什么问题呢？

**吴兴明**：在全球化时代，比较文学要建立起承担中西文化沟通的能力。

**卢迎伏**：中国古代人在位置感中打量人生，也是吴老师的专著《谋智、圣智、知智——谋略与中国观念文化形态》（1994）所阐释的主题吧？

**吴兴明**：对。中国古人为何要从位置感中打量人生？就是因为他要谋划。

**卢迎伏**：那是何机缘促使您写《谋智、圣智、知智——谋略与中国观念文化形态》呢？

**吴兴明**：当时有出版人找到我，让组织人写一套中国传统谋略智慧通书。

**邱晓林**：你还为本科生开设过一门《中国传统智慧研究》？

**吴兴明**：就是。作为这套书的统稿人，我发现确实中国人的智慧质态就是谋略——智多星是姜尚、张良、诸葛亮、刘伯温、曾国藩、张居正等人，他们的智慧才是中国人崇拜的正宗智慧。但谋略智慧实际上是人际之间单方面的谋算权衡，此所谓"谋者，蒙也"。先秦各家各派智慧的实际主题是王道论，历代以来，文人的最高理想都是"谋弼辅佐"，学而优则仕，一代又一代的文人所追求的成功都是为王者出谋效力。这从根本上决定了中国传统主流文化的基本性质。

**邱晓林**：所以，中西比较要深入到对中西文化的根本的体验方式和运思方式中去，使你关注法国汉学家弗朗索瓦·于连的著作？

**吴兴明**：对。"比较"最终要深入到中西知识谱系、中西知识性质、中西民族的知识意识和智慧意识，所以日内瓦大学汉学部的创建人毕来德教授看到我的《谋智、圣智、知智——谋略与中国观念文化形态》后会专门给我写信说："就我所了解，自五四以来，还没有人如此清晰、透彻地论述过中国文化。"

**邱晓林**：你今年关注的另外一个问题是意义问题。2008年写过《文学意义论比较研究》和《"意象"与"意境"：中国古代诗论的意义论的取向》。

**吴兴明**：意义问题很重要。文学活动是一种意义体验式的生存活动，文学以意义体验为目的，艺术是为了意义体验而生成的文化。

**邱晓林**：这样看，文学意义论与你强调要进行深层比较还是相关的。

**吴兴明**：对。如果不讲意义活动，我们就不能搞清楚文学艺术在学科大门类中的归属。

**邱晓林**：你对文学的界定（文学是唯一以意义体验为目的的文字），看似容易想出，但确实我在学界还真未见到过这样清晰明了的界定。这个界定能解释很多具体问题，比如为何有的说明文、报告文学和日记会被看作文学文本？就是因为其文字让人产生意义体验之感。

**吴兴明**：对啊。余虹在《诗与思的对话》中说"文学是一个语言事实"，也是在触及这个问题。意义论本质上是一种生活方式的意义研究之学，其根基是存在论。

**邱晓林**：你的文章《为"天道"之光所照亮的一隅——庄子的意义论与20世纪西方文学意义论的视角相关性》也论述到这个问题。

**吴兴明**：中国古代的文化虽然主要是一种谋略的智慧样态，是有大问题的，但在文学的意义体验和理论总结上又是很有创见和价值的，比如对"文"的论述。我们一直以来对庄子的理解都是一种本体论的理解——齐万物、等是非。但如果我们仔细看《庄子》，就会发现庄子强调在万事万物中的人的世界把握，是有分、有定的。言的定与未定（意义的规定），意之所随的"道"之沉入，也是在讲"言"的意义体验状态。中国历代以来，讲诗意、诗品和滋味，这是最核心的东西，比如司空图的《二十四诗品》。比如"兴"，我专门写过一篇《"兴"作为一种言语行为——对"兴"的意向结构及效力演变的语用学分析》(2010)。"兴"者，起也，是指情绪的兴起、诱发、生成与大家同举共契的状态，所以是一种意义建构起来的情绪流，因此具有普遍的情绪点燃、提升和弥漫的功效。

**邱晓林：**《"…者…也"与 S 是 P——中西文论诗学的断言式及谱系相关性》（2002）也是这个角度？

**吴兴明：**就是。S 是 P，是一种断言式的意义推理，是以外延的规定而非意义体验来规定的。

**邱晓林：**吴老师这些研究，感觉都是孤军奋战啊。

**卢迎伏：**每个点都可以建立一个体系。

**吴兴明：**每个点都应该写一系列论文或专著。

**邱晓林：**这样看，文学意义论其实是你一直都在思考的问题。

**吴兴明：**中国古代在文学意义上确实是抓住了本质的了。

**卢迎伏：**对意义问题的长久关注，也促使您写出了专著《中国传统文论的知识谱系》（2001）吧？

**邱晓林：**这本书里对中国传统文论知识谱系的研究，与你刚才所讲的中国文学的意义方式和研究文学意义方式之间的关联是什么？

**吴兴明：**研究文学就是要以意义体验为中介来搞，在体验性的粘连中，中国文论的各种概念会涌现出来。这种涌现呈现为文论的知识流程就构成了中国文论的知识谱系……

**邱晓林：**你如何看我们所熟悉的一些西方文论话语，对意义方式的探讨？

**吴兴明：**西方传统文论中明确地从意义论角度来分析文学，我没看到。比如优美和壮美，仍是在主体美学观照视野下来展开的，而中国古代讲滋味，讲诗意的各种状态等已经浩如烟海了。但西方现代文论就汇聚到这里了，比如雅各布森对诗言意义结构所进行的准确分析，新批评、阐释学、现象学文论、言语行为理论、文学语义学等等多方位展开，浩浩荡荡，思潮不断。中国古代虽然有对诗言的体验性描述，但毕竟与经过西方现代语言学训练而对诗言所进行的意义分析不可同日而语。遗憾的是，整个现代中国几乎可以说是文学意义论的空场和断流！

**邱晓林：**从建构意义上看，你的《重建意义论的文学理论》（2016）也只是一个提纲式的想法。

**吴兴明：**我在专著《比较研究：诗意论与诗言意义论》（2013）中也有相关分析。

**卢迎伏：**我记得有次研讨会，吴老师说自己的学术研究最终要建立"新三论"（意义论、物感论、交往论）来解释世界。

**吴兴明：**抱歉啊，这么说太大言不惭啊。我想经过这么多年的积累，我们对世界的解释应该有所更新了。这些更新的要点至少包括：（1）意义论，解释意义问题，分析意义文本的解释根据和方法规则，由此延伸到对世界意义结构的深度分析。（2）物感论（物美学），解释设计、物的感性价值，重构人与物的关系理解，而不仅仅是人与生态。（3）交往论，解释社会的规则系统，正义的根据与社会合法性支撑。用大言不惭的话来说，就是想用"新三论"来解释世界……

# 附录二
# 设计作品图例

许燎源建筑景观 / 空间设计

许燎源建筑景观 / 空间设计

许燎源瓷器设计

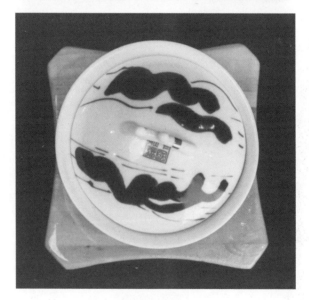

许燎源瓷器设计

许燎源瓷器设计

许燎源玻璃杯设计

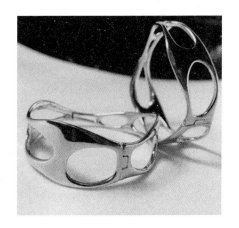

许燎源首饰设计

宽窄巷子项目设计

宽窄巷子项目设计

锦江绿道项目设计

锦江绿道项目设计

锦江绿道项目设计

锦江绿道项目设计

锦江绿道项目设计

锦江绿道项目设计

# 后记

这是一本稍微延后出版了的书稿。

书稿的基本骨架是按内容的逻辑关系递进性构成的,其中部分内容曾发表于《文艺研究》和《文艺理论研究》杂志。

在此谨向许燎源先生,向《文艺研究》杂志、《文艺理论研究》杂志,向成都文化旅游发展集团表示衷心感谢!

同时,也向为编选拍摄文中插图付出辛劳的我的博士生王妍同学表示感谢!

吴兴明 谨记

2019 年 8 月 19 日

**图书在版编目(CIP)数据**

设计哲学论/吴兴明著.—上海:上海人民出版
社,2020
ISBN 978-7-208-16815-2

Ⅰ.①设…　Ⅱ.①吴…　Ⅲ.①设计学-哲学　Ⅳ.
①TB21-02

中国版本图书馆 CIP 数据核字(2020)第 217374 号

**责任编辑**　陈佳妮
**特约编辑**　屠毅力
**封面设计**　胡　斌　刘健敏

**设计哲学论**

吴兴明　著

出　　版　上海人民出版社
　　　　　　(200001　上海福建中路 193 号)
发　　行　上海人民出版社发行中心
印　　刷　上海商务联西印刷有限公司
开　　本　720×1000　1/16
印　　张　17.75
插　　页　2
字　　数　242,000
版　　次　2021 年 3 月第 1 版
印　　次　2021 年 3 月第 1 次印刷
ISBN 978-7-208-16815-2/J·587
定　　价　78.00 元